財務管理

袁蘊 主編

前　言

　　財務管理是一門理論與實務兼備的課程，一本以恰當的理論為基礎、以應用實踐為導向、將理論與實踐相互融合的教材，能為高等院校本科教學提供良好的教學資源。在理論方面，財務管理廣泛借鑒經濟學、管理學等相關理論的研究成果，利用高等數學、統計學等研究方法，形成了一套比較完備的現代財務理論體系，並且這種理論還在不斷發展成熟；在實踐方面，隨著環境變遷，財務活動不斷創新，財務關係不斷變化、豐富，對財務管理實踐性也提出了更高要求。在當前經濟環境下編寫一本能在內容和形式上符合上述兩方面特性，覆蓋理論和實踐要求的教材是本書的初衷。

　　在理論方面，本教材積極吸取並借鑒當代財務理論研究的最新成果，深入淺出、通俗易懂地表達了理論含義和概念；在內容體系方面，力求精益求精，是一線教師幾十年財務教學成果的總結，包含了他們在長期會計教學和實踐中的心得體會和經驗，也體現了「財務管理」課程的教學特色；在實務方面，盡可能貼近中國財務管理的實踐，以提高學生解決企業財務管理實際問題的能力和提升綜合管理素質為目標。本教材以市場經濟為背景，以公司制企業為研究對象，以財務活動為主線，在財務管理基本理論的基礎上系統地介紹了企業融資、投資、營運及利潤分配等方面的財務管理知識。其中的數學模型不是簡單羅列公式，而是盡量按由淺入深的原則安排。

　　本教材結構清晰、特色鮮明，每一章前均有案例引導，以案例形式導入該章的主要內容與關鍵點，讓讀者從案例中有所啟發，增強了學習興趣。在案例故事的基礎上引出章節學習目標，簡明扼要地表達清楚本章理論知識要點，為學生學習指明了方向、明確了重點，讓學生能帶著問題進行學習，明確學習目的。各章節的理論知識介紹中安排了大量的實例，對深刻理解和應用理論知識起到了輔助作用。各章節後設計了思考題並輔以練習題，能對進一步理解和消化本章知識起到鞏固作用；在各章後均配有相應的企業實務案例和小組討論案例以及一些相關的閱讀資料，以檢驗學生的知識掌握情況，培養學生獨立思考的能力並進一步拓展學生的知識面，為以後學習其他相關課程奠定基礎。部分案例參考了相關網站，無法查明確切的原始出處，在本書出版之際，向資料的原始作者、相關報刊網站表示衷心的感謝。

　　本教材既可以作為高等院校經濟類、管理類本科生以及相關專業碩士研究生的教材，也可以作為從事會計、審計、財務管理、企業管理、金融投資等實際工作者的自學培訓參考資料。

　　本教材由袁蘊主編，負責全書總纂、修改和定稿。全教材各章分工如下：袁蘊執筆第一章、第二章；周軼英執筆第三章；周靜執筆第四章、第七章；鄭婉萍執筆第五

章；劉浩執筆第六章；孟萍執筆第八章；陳麗霖執筆第九章。本教材的撰寫還得到了張為波教授、仁孜澤仁老師、劉曉紅教授、劉毅教授和徐雪紅老師的寶貴意見，使教材在編寫過程中日臻完善。在此，對他們表示誠摯的謝意。

　　本教材在編寫過程中參考了國內外有關專家、教授編著的財務管理學教材和專著，在此表示衷心的感謝。鑒於編者學識有限而財務管理領域的發展日新月異，如有不當之處，敬請各位讀者批評指正。

編者

目 錄

第一章　總論 ……………………………………………………（1）
　　第一節　財務管理的概念 ………………………………………（2）
　　第二節　企業財務管理的目標 …………………………………（5）
　　第三節　財務管理的環境 ………………………………………（11）
　　第四節　企業組織的類型 ………………………………………（19）

第二章　資金時間價值及風險 …………………………………（24）
　　第一節　資金的時間價值 ………………………………………（24）
　　第二節　風險和報酬 ……………………………………………（36）
　　第三節　投資組合的風險與報酬 ………………………………（42）

第三章　財務報表分析 …………………………………………（50）
　　第一節　財務報表分析概述 ……………………………………（50）
　　第二節　財務比率分析 …………………………………………（64）
　　第三節　財務綜合分析 …………………………………………（78）

第四章　證券估價 ………………………………………………（86）
　　第一節　證券及其種類 …………………………………………（86）
　　第二節　債券估價 ………………………………………………（88）
　　第三節　優先股估價 ……………………………………………（93）
　　第四節　普通股估價 ……………………………………………（95）

第五章　投資管理 ………………………………………………（100）
　　第一節　投資管理概述 …………………………………………（101）
　　第二節　現金流量的估算 ………………………………………（104）

1

第三節　投資項目決策的基本方法 ……………………………… (108)
　　第四節　投資項目風險分析 ……………………………………… (119)

第六章　融資管理 ……………………………………………………… (130)
　　第一節　融資管理概述 …………………………………………… (131)
　　第二節　資金需求量的預測 ……………………………………… (136)
　　第三節　權益性資本的籌集 ……………………………………… (141)
　　第四節　債務性資本的籌集 ……………………………………… (151)
　　第五節　其他長期融資方式 ……………………………………… (158)

第七章　資本成本及資本結構 ………………………………………… (168)
　　第一節　資本成本 ………………………………………………… (168)
　　第二節　資本結構決策 …………………………………………… (177)
　　第三節　槓桿效應 ………………………………………………… (186)

第八章　營運資金管理 ………………………………………………… (198)
　　第一節　營運資金管理概述 ……………………………………… (199)
　　第二節　流動資產投資管理 ……………………………………… (203)
　　第三節　流動負債籌資管理 ……………………………………… (214)

第九章　利潤分配管理 ………………………………………………… (223)
　　第一節　利潤分配概述 …………………………………………… (223)
　　第二節　股利分配理論及股利分配政策 ………………………… (227)
　　第三節　股票股利與股票分割 …………………………………… (233)

參考文獻 ………………………………………………………………… (242)

附　表 ·· （243）
　附表一　複利終值系數表 ·· （243）
　附表二　複利現值系數表 ·· （246）
　附表三　年金終值系數表 ·· （249）
　附表四　年金現值系數表 ·· （252）

第一章　總論

引例

　　格林柯爾系曾經以短時間締造了總資產過百億元，橫跨制冷、家電和汽車等行業而成為中國資本市場的「神話」。其創建者顧雛軍於1990年在英國註冊了格林柯爾制冷劑生產公司，1998年成立北京格林柯爾環保工程有限公司，2000年格林柯爾科技控股有限公司在香港創業板上市，募集資金5.4億元。之後短短幾年時間內，先後成功入主科龍、美菱電器，收購揚州亞星、襄陽軸承、冰熊冷藏設備公司，並在2004年全資收購了法國汽車配件生產商的汽車管件工廠、英國汽車設計公司LPD。一系列收購完成後，格林柯爾系已悄然形成，產業頂端是格林柯爾制冷劑，作為產業鏈的上游資源，一條線路是直接向下游兩家電器類上市公司出口，另一條線路是向兩家汽車及其配套類上市公司產業延伸。

　　以顧雛軍為首的格林柯爾系經營管理者在把企業做大做強的過程中，伴隨著管理者自身的效用目標函數——追求「資本神話」、成為「資本大鱷」。在這樣的效用目標的指導下，管理高層選擇了更具操作性的利潤最大化財務目標，利用虛增收入、少計費用等多種手段，同時通過一系列的違規操作，挪用科龍資金、損害其他產權主體的利益。各種違法違規行為導致中國證監會深入調查，格林柯爾債權人也紛紛向法院申請凍結其相關股權或資產，科龍電器大量中小股東也開始維護自己的權益，提議罷免包括顧雛軍在內的現任董事會成員，內部經營管理層也出現較大矛盾分歧。

　　種種矛盾最終導致輝煌只是曇花一現，格林柯爾系神話破滅，說明企業由諸多的產權主體構成，主體之間利益目標是不一致的。在企業實際經營過程中，由於企業實質上的掌控者自身利益的影響，企業財務目標往往會偏離最優目標。因此，需要強化公司治理結構，完善現代企業制度來約束和激勵企業真正的控制者，使財務目標盡可能地接近最優化。

　　通過本章的學習，你將瞭解有關財務管理的概念、財務管理目標等相關知識，為企業發展做出正確決策提供支撐。

學習目標：

1. 掌握財務管理的概念。
2. 企業財務活動與財務關係是什麼？
3. 財務管理的環境及其對企業財務管理的影響。

第一節　財務管理的概念

財務管理是基於企業在經營中客觀存在的財務活動和財務關係而產生的，是企業組織財務活動、處理與各方面財務關係的一項經濟管理工作，是企業管理的重要組成部分。財務管理作為以現金流量為對象的價值管理活動，其主要內容包括籌資活動、投資活動、分配活動和營運資金的日常管理，通過協調各個方面的經濟關係，實現企業價值最大化的理財目標。

企業財務管理作為新興的管理學科，與經濟學、管理學等相關學科存在著交叉關係，我們應在把握財務管理學科特徵的基礎上，樹立與市場經濟體制相適應的理財觀念和理財原則，採用科學的理財方法，以實現企業發展戰略目標。

一、企業財務活動

企業財務活動是以現金收支為主的企業資金收支活動的總稱。財務活動包括資金的籌集、運用、耗費、收回及分配等一系列行為，其中資金的運用、耗費和收回統稱為投資。財務活動具體由籌資活動、投資活動、經營活動和分配活動四部分組成。

（一）企業資金籌集活動

籌資是指企業為了滿足生產經營活動的需要，從一定的渠道，採用特定的方式籌措和集中所需資金的過程。籌集資金是企業進行生產經營活動的前提，也是資金運動的起點。一般而言，企業的資金可以從以下三個方面籌集並形成三種性質的資金來源，從而為企業開展生產經營業務活動提供資金保障。

（1）從投資者取得的資金形成企業資本金。
（2）從債權人取得的資金形成企業負債。
（3）從企業盈利中取得的資金形成部分所有者權益。

（二）企業資金投放活動

企業籌資的目的是為了投資，投資是為了實現企業的經營目標，追求股東價值最大化。投資有廣義和狹義之分。廣義的投資是指企業將籌集的資金投入使用的過程，包括企業內部使用資金的過程以及企業對外投放資金的過程；狹義的投資是指企業採取一定的方式以現金、實物或無形資產對外或其他單位進行投資。

企業內部使用資金的過程構成企業內部投資，具體由流動資產投資、固定資產投資、無形資產投資、遞延資產投資等組成。

（三）企業資金經營活動

企業在正常的經營活動中，會發生一系列的資金收支。首先，企業要採購材料或商品，以便從事生產和銷售活動，同時還要支付工資和其他營業費用；其次，當企業把產品或商品售出後，便可取得收入、收回資金；最後，如果企業現有資金不能滿足

企業經營的需要，還要採取短期借款方式來籌集所需資金。上述各方面都會產生企業資金的收支，這就屬於企業經營引起的財務活動。

（四）企業資金分配活動

企業通過資金的投放和使用，必然會取得各種收入，各種收入抵補各種支出、繳納稅金後形成利潤。企業必須在國家的分配政策指導下，根據公司章程確定的分配原則，合理分配企業利潤，以使企業獲得最大的長期利益。

上述財務活動的四個方面不是相互割裂、互不相關的，而是相互聯繫、相互依存的。正是上述相互聯繫又有一定區別的四個方面，構成了完整的企業財務活動。這四個方面也正是財務管理的基本內容：企業籌資管理、企業投資管理、營運資金管理、利潤及其分配管理。

二、企業的財務關係

企業的財務關係是指企業資金活動中發生的企業與企業內外相互關聯的各方面之間的經濟利益關係，它反應了企業理財環境的客觀狀況。財務關係主要體現在以下幾個方面：

（一）企業與政府間的財務關係

企業在資金分配過程中，需要按規定的程序對利潤進行分配，包括向政府上繳各種稅款。企業按國家稅法的規定繳納各種稅款，這是生產經營者對國家應盡的義務和責任。這些稅收是國家財政收入的重要來源。政府則以管理者的身分，在行使國家政府職能的同時，向一切經濟實體徵收各種稅金，無償地參與企業的分配。可見，企業與政府之間通過稅收的形式體現了一種強制、無償的分配關係。

（二）企業與投資者之間的財務關係

企業與投資者之間的財務關係表現為投資者按約定向企業投入資金，企業向投資者支付投資報酬所形成的經濟關係。企業投資者按照投資主體的不同可分為國家、法人、個人、外商和民間組織等。投資者因向企業投入資本金，而擁有對企業的最終所有權，成為企業的所有者，享受企業收益和剩餘價值的分配權，在企業實現利潤後，企業應按照投資者的出資比例或者合同、章程等的規定，向投資者分配利潤。因此，企業與投資者之間也體現了所有權性質的投資與受資關係，同時也是一種共同承擔風險並共同享受剩餘收益的關係。

（三）企業與債權人之間的財務關係

企業除採用自有資金進行經營活動外，還要借入一定數量的資金，以擴大企業的經營規模。企業的債權人主要有銀行、非銀行金融機構、商業信用的提供者、其他出借資金給企業的單位和個人等。企業與這些債權人之間的財務關係表現為企業按合同、協議向債權人借入資金，並按借款合同按時支付利息、歸還本金所形成的經濟關係。這種財務關係實質上是一種債務和債權關係。債權人向企業投入資金的目的除了安全收回本金外，更重要的是為了獲取固定的利息收益。企業吸收債權人的資金形成借入

資金後，必須按期歸還，並依合同、協議的約定支付利息。

（四）企業與債務人之間的財務關係

這主要是指企業將其資金以購買債券、提供借款或商業信用等形式出借給其他單位所形成的經濟關係。企業將資金借出後，有權要求其債務人按照合同或協議約定的條件支付利息，並歸還本金。當債務人破產時，也有權按相應的地位享有優先求償權。企業與債務人之間的關係體現了一種債權與債務的關係。

（五）企業內部各單位之間的財務關係

企業內部各單位之間的財務關係表現為企業內部各單位之間因相互提供商品、勞務而形成的經濟利益關係。各經濟責任主體的經濟往來又需要內部責任核算和結算，這體現了企業內部分工協作的資金結算關係和利益關係。只有嚴格分清各單位的經濟利益與經濟責任，才能科學地制定內部崗位責任制，才能真正落實約束與激勵措施，以充分發揮激勵機制和約束機制的作用，才能使企業內部各職能部門各執其能，在互相合作過程中構成一個完整的企業系統。

（六）企業與職工之間的財務關係

企業與其職工之間的財務關係表現為職工向企業提供勞動，企業向職工支付勞動報酬而形成的經濟利益關係。企業職工是企業經營管理的直接參與者，他們通過提供勞動來參與企業收益分配。企業按照按勞分配原則，以職工為企業提供勞動的數量和質量為依據，向職工支付工資、獎金、津貼和福利等勞動報酬。如果職工對企業投資，如以購買公司股票的方式、以技術作價出資入股的方式擁有公司部分股份時，企業與職工的經濟關係則是一種企業與投資者之間的財務關係，這種關係也體現了以權責為依據的收益分配關係。總之，企業與職工之間的財務關係無論是按勞分配還是收益分配，實質上都是一種參與和分配的關係。

三、財務管理的特點

企業生產經營活動的複雜性，決定了企業管理必須包括多方面的內容，如生產管理、技術管理、勞動人事管理、設備管理、銷售管理、財務管理等。各項工作是互相聯繫、緊密配合的，同時又是科學分工的，具有各自的特點。財務管理具有以下特點：

（一）財務管理是一項綜合性管理工作

企業管理在實行分工、分權的過程中形成了一系列專業管理，有的側重使用價值的管理，有的側重價值的管理，有的側重勞動要素的管理，有的側重信息的管理。社會經濟的發展，要求財務管理主要是運用價值形式對經營活動實施管理，通過價值形式，把企業的一切物質條件、經營過程和經營結果都合理地加以規劃和控制，以達到企業效益不斷提高、財富不斷增加的目的。因此，財務管理既是企業管理的一個獨立方面，又是一項綜合性的管理工作。

（二）財務管理與企業各方面具有廣泛聯繫

在企業中，一切涉及資金的收支活動，都是財務管理的觸角，常常伸向公司經營

的每個角落。每一個部門都會通過資金的使用與財務部門發生關係；每一個部門也都要在合理使用資金、節約資金支出等方面接受財務部門的指導，受財務制度的約束，以此來保證企業經濟效益的提高。

(三) 財務管理能迅速反應企業生產經營狀況

在企業經營中，決策是否得當、經營是否合理、技術是否先進、產銷是否順暢，都可以迅速地在企業財務指標中得到反應。例如，如果企業生產的產品適銷對路，質量優良可靠，則可以帶動生產發展，實現產銷兩旺，資金週轉加快，盈利能力增強，這一切都可以通過各種財務指標迅速反應出來。這也說明，財務管理工作既有獨立性又受整個企業管理工作的制約。財務部門應通過自己的工作，向企業領導及時通報有關財務指標的變化情況，以便把各部門的工作都納入提高經濟效益的軌道，努力實現財務管理目標。

第二節　企業財務管理的目標

由系統論可知，正確的目標是系統良性循環的前提條件，企業財務管理的目標對企業管理系統的運行也具有同樣的意義。為此，應首先明確財務管理的目標。

一、財務管理目標的概念

財務管理目標是企業理財活動所希望實現的結果，是評價企業理財活動是否合理的基本標準。為了完善財務管理理論，有效指導財務管理實踐，必須對財務管理目標進行認真的研究。因為財務管理目標直接反應理財環境的變化，並根據環境的變化做適當調整，它是財務管理理論體系中的基本要素和行為導向，是財務管理實踐中進行財務決策的出發點和歸宿。財務管理目標制約著財務運行的基本特徵和發展方向，是財務運行的驅動力。不同的財務管理目標，會產生不同的財務管理運行機制，科學地設置財務管理目標，對優化理財行為、實現財務管理的良性循環具有重要意義。財務管理目標作為企業財務運行的導向力量，設置若有偏差，財務管理的運行機制就很難合理。

二、財務管理目標的基本特點

(一) 財務管理目標具有相對穩定性

任何一種財務管理目標的出現，都是一定政治經濟環境的產物，隨著環境因素的變化，財務管理目標也可能發生變化。例如，西方財務管理目標就經歷了「籌資數量最大化」「利潤最大化」「股東財富最大化」等多種提法。這些提法雖然有相似之處，但也有很大的區別。人們對財務管理目標的認識是不斷深化的，財務管理目標是財務管理的根本目的，對財務管理目標的概括凡是符合財務管理基本環境和財務活動基本規律的，就能為人們所認同，否則就會被摒棄。但在一定時期或特定條件下，財務管

理目標是相對穩定的。

(二) 財務管理目標具有多元性

多元性是指財務管理目標不是單一的，而是適應多因素變化的綜合目標群。現代財務管理是一個系統，其目標也是一個多元的有機構成體系。在這個多元目標中，有一個處於支配地位、起主導作用的目標，成為主導目標；其他一些處於被支配地位、對主導目標的實現由配合作用的目標，成為輔助目標。例如，企業在努力實現「企業價值最大化」這一主導目標的同時，還必須努力實現履行社會責任、加速企業成長、提高企業償債能力等一系列輔助目標。

(三) 財務管理目標具有層次性

層次性是指財務管理目標是由不同層次的系列目標所組成的目標體系。財務管理目標之所以具有層次性，主要是因為財務管理的具體內容可以劃分為若干層次。例如，企業財務管理的基本內容可以劃分為籌資管理、投資管理、營運資金管理、利潤及其分配管理幾個方面，而每個方面又可以再進行細分，如投資管理可以再分為研究投資環境、確定投資方式、做出投資決策等幾個方面。財務管理內容的這種由不同層次構成的財務管理目標體系如下：

（1）整體目標是指整個企業財務管理所要達到的目標。整體目標決定著分部目標和具體目標，決定著整個財務管理過程的發展方向，是企業財務活動的出發點和歸宿。

（2）分部目標是指在整體目標的制約下，進行某一部分財務活動所要達到的目標。財務管理的分部目標會隨整體目標的變化而變化，但對整體目標的實現有重要作用。分部目標一般包括籌資管理目標、投資管理目標、營運資金管理目標、利潤及其分配管理目標等幾個方面。

（3）具體目標是在整體目標和分部目標的制約下，從事某項具體財務活動所要達到的目標。比如，企業發行股票要達到的目標、進行證券投資要達到的目標等。具體目標是財務管理目標層次體系中的基層環節，它是整體目標和分部目標的落腳點，對保證整體目標和分部目標的實現具有重要意義。

財務管理目標多元性的所謂主導目標和財務管理目標層次性中的所謂整體目標，都是指整個企業財務管理工作所要達到的最終目的，是對同一事物的不同提法。因此，這兩個目標應該是統一的和一致的，對企業財務活動起著決定性的影響，可以把他們統稱為財務管理的基本目標。基本目標在財務管理體系中具有極其重要的地位，當人們談到財務管理目標時，通常是指基本目標。

財務管理目標的相對穩定性、多元性和層次性是財務管理目標的基本特徵。研究這三個特徵對確定財務管理目標體系具有重要意義。

（1）財務管理目標的相對穩定性要求在財務管理中必須把不同時期的經濟形勢、外界環境的變化與財務管理的內在規律結合起來，適時提出並堅定不移地抓住企業財務管理的基本目標，防止忽冷忽熱、忽左忽右。

（2）財務管理目標的多元性要求我們既要瞭解各個目標之間的統一性，又要瞭解各個目標之間的差異性，要以主導目標為中心，協調各個目標之間的矛盾。

（3）財務管理目標的層次性要求我們把財務管理的共性與財務管理具體內容的個性結合起來，以整體目標為中心，做好各項具體工作。

根據財務管理目標的相對穩定性、多元性、層次性，可以建立一種協調不同時間、不同系列、不同層次的財務目標體系，以完善企業財務理論，指導企業財務管理實踐。

三、財務管理目標的各種表述

財務管理目標是財務管理工作的出發點，也是評價財務管理工作效果的標準。由於企業的目標受到多種因素的影響，因此財務管理的目標也有著不同的觀點。主要有以下幾種表述：

（一）以利潤最大化為目標

利潤最大化是企業發展初期的產物，在企業發展初期，規模較小，大都由一個或有限個投資人投資。這些投資人的主要目的是要使投資資本實現價值增值，而這種增值直接表現在利潤上，因此利潤最大化就成為企業財務管理的目標。

將利潤最大化作為財務管理的目標有其合理的一面。企業追求利潤最大化，就必須講求經濟核算，加強管理，改進技術，提高勞動生產率，降低產品成本。這些措施都有利於資源的合理配置，有利於經濟效益的提高。

但是，將利潤最大化作為財務管理目標存在如下缺點：

（1）利潤最大化沒有考慮利潤實現的時間，沒有考慮資金的時間價值。如今年獲利100萬元和明年獲利100萬元，哪一個更符合企業的目標？若不考慮資金時間價值，難以做出正確判斷。

（2）沒有考慮投入與產出之間的關係。如，兩個企業同樣獲利100萬元，但一個企業投入資本500萬元，另一個企業投入資本400萬元，哪一個更符合企業的目標？若獲利不與投入資本聯繫起來，則難以做出正確判斷。

（3）利潤最大化沒能有效地考慮風險問題，這可能會使財務人員不顧風險的大小去追求更多的利潤。如為了獲利在銷售中更多使用賒銷方式，則大量的應收帳款發生壞帳的概率增加，企業的風險也隨之擴大。若不考慮風險大小，就難以做出正確判斷。

（4）利潤最大化往往會使企業財務決策帶有短期行為的傾向，即只顧實現目前的最大利潤，而不顧企業的長遠發展。

應該看到，將利潤最大化作為企業財務管理的目標，只是對經濟效益的淺層次的認識，存在一定的片面性，所以，現代財務管理理論認為，利潤最大化並不是財務管理的最優目標。

（二）以股東財富最大化為目標

股東財富最大化是指通過財務上的合理經營，為股東帶來更多的財富。在股份公司中，股東財富由其所擁有的股票數量和股票市場價格兩方面決定。在股票數量一定時，當股票價格達到最高時，股東財富也達到最多。所以，股東財富最大化又演變為股票價格最大化。

與利潤最大化目標相比，股東財富最大化目標有其積極的方面。這是因為：①股

東財富最大化目標考慮了風險因素，因為風險的高低會對股票價格產生重要影響；②股東財富最大化在一定程度上能夠克服企業在追求利潤上的短期行為，因為不僅目前的利潤會影響股票價格，預期未來的利潤對企業股票價格也會產生重要影響；③股東財富最大化目標比較容易量化，便於考核和獎懲。

應該看到，股東財富最大化目標也存在一些缺點：①它只適應於上市公司，對非上市公司則很難適用；②它只強調股東的利益，而對企業其他關係人的利益重視不夠；③股票價格受多種因素影響，並非都是企業所能控制的，把不可控因素引入理財目標是不合理的。儘管股東財富最大化目標存在上述缺點，但如果一個國家的證券市場高度發達、市場效率高，上市公司就可以把股東財富最大化作為財務管理的目標。

(三) 以企業價值最大化為目標

1. 企業價值最大化的含義和內容

傳統上，人們都認為股東承擔了企業全部剩餘風險，也享受經營發展帶來的全部稅後收益，所以，股東所持有的財務要求權成為「剩餘索取權」。正因為持有剩餘索取權，股東在企業業績良好時可以最大限度地享受收益，在企業虧損時也將承擔全部虧損。與債權人和職工相比，股東的權利、義務、風險、報酬都比較大，這決定了他們在企業中有著不同的地位。所以傳統思路在考慮財務管理目標時，更多的是從股東利益出發，選擇「股東財富最大化」或「股票價格最大化」。但是，現代意義上的企業與傳統企業有很大差異，現代企業是多邊契約關係的總和，股東自然要承擔風險，但債權人和職工所承擔的風險也很大，政府也承擔了相當大的風險。從歷史的角度來考察，現代企業的債權人所承擔的風險，遠遠大於歷史上債權人承擔的風險。例如，20世紀50年代以前，企業的資產負債率一般較低，很少有超過50%的，但現代企業的資產負債率一般都較高，多數國家企業的平均資產負債率都超過了60%，有些國家的企業的資產負債率還接近甚至超過了80%。巨額的負債使債權人承擔的風險大大增加，實際上他們與股東共同承擔著剩餘風險。現代企業職工所承擔的風險，也比歷史上職工承擔的風險大。因為歷史上，工人的勞動主要是簡單的體力勞動，當工人在一個企業失去工作時，可以很容易地在其他企業找到基本相同的工作。而在現代企業中，簡單的體力勞動越來越少，複雜的腦力勞動越來越多，職工上崗之前都必須經過較好的學歷教育和職業培訓，由於專業分工越來越細，他們一旦在一個企業失去工作，將很難再找到類似的工作，必須經過再學習或再培訓才能重新就業，因此承擔的風險越來越大。

從上述風險可以看出，財務管理目標應與企業多個利益集團有關，它是這些利益集團共同作用和相互妥協的結果，在一定時間和一定環境下，某一利益集團可能會起主導作用，但從企業長遠發展來看，不能只強調某一利益集團的利益而置其他利益集團的利益於不顧。也就是說，不能將財務管理的目標僅僅歸結為某一利益集團的目標。

企業價值最大化是指通過企業財務上的合理經營，採用最優的財務政策，充分考慮資金的時間價值和風險與報酬的關係，在保證企業長期穩定發展的基礎上使企業總價值達到最大。其基本思想是將企業的長期穩定發展擺在首位，強調在企業價值增長

中滿足各方利益的關係。

企業價值最大化的具體內容包括如下幾個方面：①強調風險與報酬的均衡，將風險限制在企業可以承擔的範圍之內；②創造與股東之間的利益協調關係，努力培養安定性股東；③關心本企業職工利益，創造優美和諧的工作環境；④不斷加強與債權人的聯繫，重大財務決策請債權人參加討論，培養可靠的資金供應者；⑤關心客戶的利益，在新產品的研製和開發上有較大投入，不斷推出新產品來滿足客戶的要求，以保持銷售收入的長期穩定增長；⑥講信譽，注意企業形象的宣傳；⑦關心政府政策的變化，努力參與政府制定政策的有關活動，以便爭取出現對自己有利的法規，但一旦立法頒布實施，不管是否對自己有利，都要嚴格執行。

2. 企業價值的計量

在企業價值最大化這一目標下，最大的問題可能是其計量問題，從實踐來看，可以通過資產評估來確定企業價值的大小。理論上，企業價值可以通過下列公式進行計量：

$$V = \sum_{t=1}^{n} FCF_t \frac{1}{(1+i)^t} \tag{1-1}$$

式中：V 為企業價值；t 為取得報酬的具體時間；FCF_t 為第 t 年的企業報酬，通常用自由現金流量表示；i 為與企業風險相適應的貼現率；n 為取得報酬的持續時間，在持續經營假設的條件下，n 為無窮大。

如果各年的自由現金流量相等，則式（1-1）可簡化為：

$$V \approx \frac{FCF}{i} \tag{1-2}$$

從式（1-2）可以看出，企業的總價值 V 與 FCF 呈正比，與 i 呈反比。在 i 不變時，FCF 越大，企業價值越大；在 FCF 不變時，i 越大，企業價值越小。i 的高低，主要由企業風險的大小決定，風險大時，i 就高；風險小時，i 就低。也就是說，企業的價值與預期的報酬呈正比，與預期的風險呈反比。由財務管理假設可知，報酬和風險是同增的，即報酬越大，風險越大，報酬的增加是以風險的增加為代價的，而風險的增加將會直接威脅企業的生存。企業的價值只有在風險和報酬達到比較好的均衡時才能達到最大。

3. 企業價值最大化目標的優點

以企業價值最大化作為企業財務管理的目標具有以下優點：①企業價值最大化目標考慮了取得報酬的時間，並用時間價值的原理進行了計量；②企業價值最大化目標科學地考慮了風險與報酬的聯繫；③企業價值最大化能克服企業在追求利潤上的短期行為，因為不僅目前的利潤會影響企業的價值，而且預期未來的利潤對企業價值的影響更大。進行企業財務管理，就是要正確權衡報酬增加與風險增加的得與失，努力實現二者之間的最佳平衡，使企業價值達到最大。因此，企業價值最大化的觀點，體現了對經濟效益的深層次認識，它是現代財務管理的最優目標。應以企業價值最大化作為財務管理的整體目標，並在此基礎上，確立財務管理的理論體系和方法體系。

四、財務管理的分部目標

財務管理的分部目標取決於財務管理的具體內容。一般而言，有哪些財務管理的內容，就會隨之有相應的各分部目標。據此，財務管理的分部目標可以概括為以下四個方面：

（一）企業籌資管理的目標——在滿足生產經營需要的情況下，不斷降低資金成本和財務風險

任何企業為了保證生產的正常進行或擴大再生產的需要，都必須具有一定的資金。企業的資金可以從多種渠道用多種方式來籌集。不同來源的資金，其可使用時間的長短、附加條款的限制和資金成本的高低都不同，這就要求企業在籌集資金時，不僅要從數量上滿足生產經營的需要，而且要考慮到各種籌資方式給企業帶來的資金成本的高低、財務風險的大小，以便選擇最佳籌資方式，實現財務管理的整體目標。

（二）企業投資管理的目標——認真進行投資項目的可行性研究，力求提高投資報酬，降低投資風險

企業籌集的資金要盡快用於生產經營，以便取得盈利。但任何投資決策都有一定風險，因此，在投資時必須認真分析影響投資決策的各種因素，科學地進行可行性研究。對於新增的投資項目，一方面要考慮項目建成後給企業帶來的投資報酬；另一方面要考慮投資項目給企業帶來的風險，以便在風險與報酬之間進行權衡，不斷提高企業價值，實現財務管理的整體目標。

（三）企業營運資金管理的目標——合理使用資金，加速資金週轉，不斷提高資金的使用效率

企業的營運資金，是為了滿足企業日常營業活動的要求而墊支的資金。營運資金的週轉與生產經營週期具有一致性。在一定期間內，資金週轉越快，就可以利用相同數量的資金生產出更多的產品，取得更多的收入。因此，加速資金的週轉，是提高資金利用效果的重要措施。

（四）企業收益分配的目標——採取各種措施，努力提高收益水平，合理分配企業收益

企業進行生產經營活動，要發生一定的生產消耗，並可以取得一定的生產經營成果，即獲得一定收益。企業財務管理必須努力挖掘企業潛力，促使企業合理使用人力和物力，以盡可能少的生產消耗取得盡可能多的生產經營成果，增加企業盈利，提高企業價值。企業實現的收益，要合理進行分配。企業的收益分配，關係著國家、企業、企業所有者、債權人和企業職工的經濟利益。在分配時，要按照發展優先、效率優先的原則，正確處理國家利益、企業利益、企業所有者利益和企業職工利益之間可能發生的矛盾，要統籌兼顧、合理安排，不能顧此失彼。

第三節　財務管理的環境

任何事物總是與一定的環境相聯繫而產生、存在和發展的，財務管理活動也一樣離不開管理環境。例如：企業要進行對外融資，離不開外部金融環境；企業要進行投資決策，必須要考慮稅收因素對決策的重大影響等。企業的財務人員只有合理地預測財務管理環境的發展狀況，才能更好地研究企業的財務管理，客觀、公正地解釋企業的財務現象。

財務管理的環境又稱為理財環境，是指對財務管理產生重大影響的所有外部條件和因素的綜合。財務管理環境涉及的範圍很廣，如國家的政治、經濟形勢，國家經濟法規的完善程度，企業所面臨的市場狀況等。一般來說，財務管理環境可分為經濟環境、金融環境和法律環境等方面。

一、經濟環境

在影響財務管理的各種外部環境中，經濟環境最為重要。經濟環境的內容十分廣泛，它是影響企業財務管理的各種經濟因素，包括經濟週期、經濟發展水平、通貨膨脹狀況和經濟政策等。

（一）經濟週期

在市場經濟條件下，經濟發展與運行帶有一定的波動性，社會經濟增長會規律性地交替出現高速、低速、停滯，有時甚至是負增長階段。因此，把這種經濟的交替循環過程稱為經濟週期。經濟週期大體上會經歷復甦、繁榮、衰退和蕭條幾個階段。不同的經濟週期階段要選擇不同的財務管理策略。企業在經濟週期中的財務管理策略，如表 1-1 所示。

表 1-1　　　　　　　　經濟週期中的財務管理策略

復甦	繁榮	衰退	蕭條
1. 增加廠房設備 2. 實行長期租賃 3. 增加存貨 4. 引入新產品 5. 增加勞動力	1. 擴充廠房設備 2. 繼續增加存貨 3. 提高價格 4. 開展營銷規劃 5. 增加勞動力	1. 停止擴張 2. 出售多餘設備 3. 停止不利產品 4. 停止長期採購 5. 削減存貨 6. 停止擴招雇員	1. 建立投資標準 2. 保持市場份額 3. 縮減管理費用 4. 放棄次要部門 5. 削減存貨 6. 裁減雇員

中國的經濟發展也存在一定的經濟波動。例如，中國曾出現經濟高速增長的過快勢頭，政府為了協調經濟的發展，通過財稅、金融等手段對國民經濟總運行機制及其各個子系統提出了一些具體的政策措施，進行國家宏觀調控。這些宏觀調控政策對企業財務管理的影響是直接的。

對於經濟週期的週期性波動，財務人員應該及時預測經濟變化規律，適當調整財

務管理的政策，適應經濟波動，合理分配使用資金。一般情況下，國家在經濟復甦階段，社會購買力逐步提高，企業應及時確定合適的投資機會，開發新產品，採取寬鬆的信用管理政策，擴大產品存貨，為企業後續發展打下基礎。在經濟繁榮階段，市場需求旺盛，企業財務人員應迅速籌集所需要的各項資金，採取擴張的財務管理策略，擴大生產規模，增加各項投資，增置機器設備；在經濟衰退階段，企業為保證獲得穩定的投資收益，應採取收縮政策，削減風險過大的投資，而去投資那些無風險的項目；在經濟蕭條階段，企業應維持現有的生產規模，並重新設置投資標準，適當考慮風險較低的投資項目。

（二）經濟發展水平

財務管理的發展水平和經濟的發展水平緊密相連。經濟發展水平是一個相對概念，按照通常的標準可以把不同的國家分別歸為發達國家、發展中國家和不發達國家三大類，不同經濟發展水平的國家對其財務管理的影響也不同。在經濟發展水平較高的國家，其財務管理水平也較高，財務管理職能發揮也較充分，勢必會推動企業降低成本、改進效率、提高效益。而經濟發展水平的提高，也將改變企業的財務管理模式和財務管理的方法手段，從而促進企業財務管理水平的提高。

發展中國家的經濟發展水平不高，其經濟基礎薄弱但發展速度較快，經濟政策變更頻繁。這些因素決定了發展中國家的財務管理具有以下特徵：①財務管理的總體發展水平在世界上處於中間位置，但發展速度較快；②財務管理時間中還存在著財務管理方法簡單、財務管理目標不明確等不足，仍需進一步改進；③與財務管理有關的法規政策頻繁變更，給企業理財造成了很多困難。

最不發達國家是經濟發展水平很低的那一部分國家，這些國家主要以農業為主要經濟部門，工業特別是加工工業不太發達，而且這些國家的企業規模小、組織結構簡單、財務管理水平低、發展速度慢。

可見，財務管理是以經濟發展水平為基礎，經濟的發展給企業帶來更多商機的同時，也給企業的財務管理工作帶來了更大的挑戰。

（三）通貨膨脹狀況

通貨膨脹不僅降低了消費者的購買力，也給企業財務管理工作帶來了很多麻煩。通貨膨脹對企業財務活動的影響非常大，通常表現在以下幾個方面：①引起企業利潤虛增，企業在分配利潤時造成資金流失；②引起資金占用的大量增加，從而增加企業的資金需求；③引起有價證券價格下降，加大企業籌資的難度；④引起資金供應緊張；⑤引起利率上升，加大企業的資金成本。

儘管企業對通貨膨脹本身無能為力，但是企業財務人員也應當採取積極的措施加以防範。財務人員需要分析通貨膨脹對資金成本的影響以及對投資報酬率的影響。例如：①在通貨膨脹貨幣面臨貶值風險時，企業可以進行適當的投資，實現資本保值；②與客戶簽訂長期購貨合同，以減少物價上漲造成的損失；③企業可以採用比較嚴格的信用條件、減少企業債權等辦法，減少通貨膨脹給企業帶來的不利影響。

(四) 經濟政策

一個國家的經濟政策，包括經濟的發展計劃、國家的產業政策、財稅政策、金融政策、外匯政策、外貿政策、貨幣政策以及政府的行政法規等，這些政策會深刻地影響企業的發展及生產經營活動，對企業的財務管理活動產生非常重大的影響。企業的財務人員要認真學習和把握經濟政策，以國家經濟政策為導向，按政策規定進行相應的財務管理活動。

二、金融環境

(一) 金融市場

1. 金融市場的含義

金融是所有資本的流動和融通活動的總稱。金融市場是資金融通的市場，是資本供應者和資本需求者相互融通資金的場所，借助這一場所，可以實現資本的信貸與融通，從而有效地配置資本資源。企業資金的取得與投放都與金融市場密不可分，金融市場發揮著金融仲介、調節資金餘缺的功能。

2. 金融市場的分類

金融市場的劃分標準有很多，由於不同類型的金融市場的交易工具不同，決定了其所服務的顧客也不同。不同金融市場的主要區別在於交易工具的到期日及其實際代表的資產、熟悉金融市場的各種類型，可以讓企業財務人員有效地組織資金的籌措和資本投資活動。只有金融市場的存在和有效運行，才能為企業外部融資提供有效保障。

金融市場可以根據不同的標準來進行分類，常見的分類方法如圖 1-1 所示。

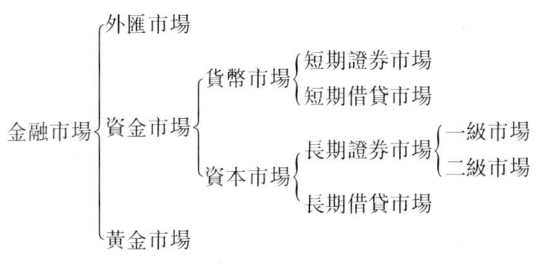

```
                      ┌ 外匯市場
                      │              ┌ 貨幣市場 ┌ 短期證券市場
                      │              │          └ 短期借貸市場
金融市場 ┤ 資金市場 ┤
                      │              │          ┌ 長期證券市場 ┌ 一級市場
                      │              └ 資本市場 ┤               └ 二級市場
                      │                         └ 長期借貸市場
                      └ 黃金市場
```

圖 1-1　金融市場的基本類型

(1) 外匯市場、金融市場與黃金市場。以融資對象為標準，金融市場可以分為外匯市場、資金市場與黃金市場。外匯市場以各種外匯金融工具為交易對象；資金市場以貨幣和資本為交易對象；黃金市場則是集中進行黃金買賣和金幣兌換的交易市場。

(2) 貨幣市場與資本市場。按照交易對象的期限，金融市場可以劃分為貨幣市場與資本市場。貨幣市場又稱為短期資金市場或短期金融市場，是指交易期限不超過 1 年的短期金融工具的資金市場。其金融工具的期限多為 3~6 個月，長的可以達 9 個月或 1 年。該市場提供短期資金融通，主要包括短期存貸款市場、銀行同業拆借市場、票據市場、短期債券市場和可轉讓大額存單市場等。貨幣市場的主要特點是融資期限短、信用工具的流動性強。貨幣市場上的資金需求者進入市場的目的主要是為了獲得

現實的支付手段，而資金供應者向市場提供的資金也大多是短期內閒置的資金。貨幣市場的作用在於為各有關單位調劑其資金流動性提供便利。資本市場又稱為長期資金市場，是指交易期限在 1 年以上的長期金融工具的資金市場。其金融工具的期限均在 1 年以上，多為 3~5 年，有的在 10 年以上，甚至無確定期限，包括銀行中、長期貸款市場和證券市場。該市場主要為企業和政府提供中長期的資金融通。資本市場包括長期借貸市場和證券市場，其中，證券市場又包括股票市場和債券市場。資本市場的主要作用，一方面是為了滿足資金供應者的投資需要，另一方面是為資金使用者提供資本來源。

（3）一級市場與二級市場。按照交易的性質，金融市場可以分為一級市場與二級市場。一級市場又稱為發行市場或初級市場，是指發行新證券和票據等金融工具的市場，也是證券發行者籌集資金的場所；二級市場又稱為次級市場或流動市場，是指買賣已上市的證券和票據等金融工具的市場，是投資者之間轉讓證券的場所。

（4）其他分類。按照交易的地理區域，金融市場可以分為國內金融市場和國際金融市場。國內金融市場的活動範圍限於本國領土之內，交易者為本國的自然人和法人。國際金融市場是指國際性的資金借貸、結算、證券、黃金和外匯買賣等所形成的市場。

按照交易的直接對象，金融市場還可以分為票據貼現市場、證券市場、黃金市場、外匯市場、保險市場等。

3. 金融市場的作用

金融市場可以將想借款的人和機構與擁有多餘資金的人和機構聯繫起來。從公司財務管理的角度來看，金融市場在財務管理方面具有以下幾個方面的作用：

（1）金融市場為企業財務管理提供重要信息。金融市場為企業財務管理提供相關信息。金融市場的利率變動反應資金的供求狀況；有價證券市場的行情反應投資者對企業經營狀況和盈利水平的評價。這些信息是企業進行財務管理的重要依據，財務人員應隨時關注。

（2）金融市場為資本的籌措和投資提供場所。當企業需要資金時，可以通過金融市場採取各種方便靈活的融資方式，籌集到所需要的資金；當企業有多餘的資金時，又可以通過金融市場選擇靈活多樣的投資方式，為資金尋找出路。也就是說，企業在金融市場上既可以發售不同性質的金融資產或金融工具，以吸收不同期限的資本，也可以通過購買金融工具進行投資，以獲取額外收益。

（3）通過金融市場可以實現長短期資金的相互轉化。資本使用權出售者可以根據需要在金融市場上將尚未到期的金融資產轉售給其他投資者，或用其交換其他金融資產。當企業持有的是長期債券和股票等長期資產時，可以在金融市場轉手變現，成為短期資金，而遠期票據也可以通過貼現變為現金；與其相反，短期資金也可以在金融市場上轉變為股票和長期債券等長期資產。如果沒有金融資產的轉售市場之間的轉化，企業就幾乎不可能籌集巨額資本。

（4）通過金融市場可以降低交易成本。金融市場中的各種仲介機構可以為潛在的和實際的金融交易雙方創造交易條件，加強溝通促進買賣雙方的信息往來，從而使潛在的金融交易變為現實。金融仲介機構的專業活動降低了企業的交易成本和信息成本。

(5) 通過金融市場可以分散風險。在金融市場的初級交易過程中，資本使用權的出售者在獲得資本使用權購買者（生產性投資者）部分收益的同時，也有條件地分擔了資本使用權購買者（生產性投資者）所面臨的部分風險。這樣，資本使用權出售者本身也變成了風險投資者，使經濟活動中風險承擔者的數量大大增加，從而減少了每個投資者的風險。除此之外，在期貨市場和期權市場上，金融市場參與者還可以通過期貨、期權交易進行籌資、投資的風險防範與控制。

(二) 金融機構

金融機構主要包括銀行和非銀行金融機構。銀行是指經營存款、放款、匯兌、儲蓄等金融業務，承擔信用仲介的金融機構，包括各種商業銀行和政策性銀行。例如，中國工商銀行、中國農業銀行、中國銀行、中國建設銀行、中國光大銀行、上海浦東發展銀行等。非銀行金融機構主要包括保險公司、信託投資公司、證券公司、財務公司、金融資產管理公司、金融租賃公司等機構。

1. 中國人民銀行

中國人民銀行作為國家的中央銀行，代表政府對國內金融機構和金融活動進行管理和監督，從事有關國際金融活動等。中國人民銀行履行下列職責：

(1) 發布與職責有關的命令和規章。
(2) 依法制定和執行與貨幣相關的政策。
(3) 發行人民幣，調控與管理人民幣的流通。
(4) 監督管理銀行兼同業拆借市場和銀行兼債券市場。
(5) 實施外匯管理，監督管理銀行兼外匯市場。
(6) 持有、管理、經營國家外匯儲備、黃金儲備、監督管理黃金市場。
(7) 代理國庫。
(8) 維護支付、清算系統的正常運行。

2. 商業銀行

商業銀行是指按照《中華人民共和國商業銀行法》和《中華人民共和國公司法》設立的吸收公眾存款、發放貸款、辦理結算等業務的企業法人。商業銀行是以營利為主要目標的金融企業，其主要業務是金融存款、放款、辦理轉帳結算等業務。商業銀行的主要作用是資金存放，從廣大居民中吸取存款，再以借款的形式將這些資金提供給企業等資金需要者。

3. 政策性銀行

政策性銀行是由政府成立，以貫徹國家產業政策、區域發展政策為目的，不以盈利為目的的金融機構。與商業銀行相比，政策性銀行的主要特點有：①銀行的資本主要是國家財政撥款；②不吸收社會存款，資金主要靠財政撥款和發行政策性金融債券；③經營業務是主要考慮國民經濟發展需要及社會效益等。目前，中國政策性銀行包括國家開發銀行、中國農業發展銀行和中國進出口銀行三家。

4. 非銀行金融機構

中國非銀行金融機構主要包括以下幾類：

（1）保險公司。保險公司和各類基金管理公司是金融市場上主要的機構投資者，它們從廣大投保人和基金投資者手中聚集了大量資金，同時，又投資於證券市場，成為公司資金的一項重要來源。

（2）證券機構。它是指從事證券經營的機構，包括證券交易所、證券公司、證券登記結算公司等。

（3）信託投資公司。它是指以受託人身分開展代理理財活動、辦理信託存款和信託投資、代理資產保管、辦理國際租賃等業務的機構。

（4）財務公司。在中國一般是指企業集團內部單位組建的金融股份制有限公司，其業務限定在集團內部。

（5）金融租賃公司。它是指從事籌資及租賃業務的金融機構。

(三) 金融工具

財務管理人員要想瞭解金融市場，必須熟悉各種金融工具。金融工具是指融通資金雙方在金融市場上進行資金交易、轉讓的工具。借助金融工具，資金從供給方轉移到需求方。金融工具分為基本金融工具和衍生金融工具兩大類。基本金融工具是指一切能證明債權、權益、債務關係的具有一定格式的合法書面文件，既包括具有廣泛應用性的現金，也包括具有限制性應用性的票據和有價證券。衍生金融工具是指建立在基本金融工具之上，其價格隨基礎金融產品的價格（或數值）變動的派生金融產品。

常見的基本金融工具有貨幣、票據、債券、股票、期貨等；衍生金融工具又稱為派生金融工具，是在基本金融工具的基礎上通過特定技術設計形成的新的融資工具，如各種遠期合約、互換、資金支持債券等。衍生金融工具種類複雜且繁多，具有高風險、高回報等特點。

不同金融工具用於不同的資金供求場合，具有不同的法律效力和流通功能，並承擔不同的風險和成本。企業要根據實際情況，選擇適合自身需要的金融工具，以便降低風險和成本。

(四) 利率

在金融市場的運作過程中，引導資本流動的重要機制是其價格，而價格由於利率有一定的聯繫。利率是衡量資金增值量的基本單位，即資金的增值同投入資金的價值之比。它是進行財務決策的基本依據，離開了利率因素，就無法正確做出籌資決策和投資決策。

1. 利率的分類

利率按不同的標誌可以進行不同的分類：

（1）按利率間的變動關係劃分，可以分為基本利率和套算利率。基本利率也成為基準利率，是其他利率變動的基礎。在中國，基本利率是指中央銀行對商業銀行的貸款利率；在西方，通常是中央銀行的再貼現率。套算利率是指在基準利率確定後，各金融機構根據基準利率和借貸款項的特點而換算出的利率。

（2）按利率形成的機制劃分，可以分為法定利率和市場利率。法定利率是指政府金融管理部門確定的利率；市場利率是指由市場供求關係變動而形成的利率。

（3）按利率與市場資金供求關係劃分，可以分為浮動利率與固定利率。浮動利率是指在借貸期內可以調整的利率，一般在通貨膨脹較高的情況下採用；固定利率是指在借貸期內不能調整、固定不變的利率。

2. 利率的決定因素

在金融市場中，影響利率形成的因素主要包括以下五個方面：

（1）純利率。它是指在不考慮通貨膨脹和零風險條件下的供求均衡點利率，一般將國庫券利率視為純利率。在理論上，純利率是在產業平均利潤率、資金供求關係和國家政策調節下形成的利率水平。純利率的高低受產業平均利潤率的高低、資金供求關係及國家政策調節的影響，其中，產業平均利潤率是決定利率的主要因素。國家政策調節的主要經濟手段有控制貨幣發行總量、提高或降低存款準備金率和再貼現率、參與或退出公開市場買賣業務等。

（2）通貨膨脹貼補率。通貨膨脹貼補率又稱為通貨膨脹貼補，是指當貨幣發行量超過市場流通量時，貨幣讓步者要求補償實際購買力下降所造成的損失而應提高的利率。

（3）違約風險貼補率。債務人未能按時支付利息和償還本金稱為違約。而違約風險就是指債券人為了彌補債務到期，債務人無法支付本息所要求提高的利率。違約風險貼補大小主要取決於債務人的信譽程度。信譽程度高，違約的可能性就小，債權人要求的違約風險貼補就低；反之，債權人要求的違約風險貼補就高。通常情況下，政府發行的債券是無違約風險的。

（4）變現風險貼補率。變現風險貼補率是指債權人為了彌補所持有的金融資產變現能力不足所要求提高的利率。債務金融資產的變現能力取決人債務人的資產靈動性、營運能力、信譽和金融市場環境的變化。變現力強，變現風險貼補就低；反之，所要求的變現風險貼補就高。對於金融市場而言，金融資產的變現力視金融證券發行主體的財務實力而定。例如，小公司的債券變現力相對低於大公司，從而作為小公司債券的購買者（即投資者），就會要求該公司提高利率（即變現風險貼補率）作為補償。

（5）到期風險貼補率。到期風險貼補是指債權人在讓渡資金使用期間，面臨利率變動的風險所要求的補償利率。持有不同期限的金融資產的利率水平也存在差異。其原因就在於，長期金融資產的風險高於短期金融資產的風險，要求補償的到期風險貼補就高；反之，要求補償的到期風險貼補就低。

利率構成可用以下模式概括：

利率＝基礎利率＋風險補償率

＝（純利率＋通貨膨脹貼補率）＋（違約風險貼補率＋變現風險貼補率＋到期風險貼補率）

其中，前兩項構成基礎利率，後三項都是在考慮風險情況下的風險補償率。

三、法律環境

企業財務管理總是在一定的法律環境下進行的。法律環境是指企業與外部發生經濟關係時所應遵循的各種法律法規和規章。這些不同類型的法律，分別從不同方面約

束企業的經濟活動和行為，對企業財務管理產生影響。企業財務活動作為一種社會行為，只有在良好的法律環境下，才能正常有序地開展。影響企業財務管理的法律環境主要有企業組織法規、財務會計法規和稅收法規等。

(一) 企業組織法律規範

企業是市場經濟的主體，企業組織必須依法成立，不同組織形式的企業所試用的法律是不同的。在中國，這些法律包括《中華人民共和國公司法》《中華人民共和國獨資企業法》《中華人民共和國合夥企業法》《中華人民共和國中外合資經營企業法》《中華人民共和國中外合作經營企業法》《中華人民共和國外資企業法》等。這些法律詳細規定了不同類型的企業組織設立的條件、設立的程序、組織機構、組織變更及終止的條件和程序等。不同組織形式的企業在進行財務管理時，必須熟悉企業組織形式對財務管理的影響，從而做出相應的財務決策。

在這些法律中，《中華人民共和國公司法》對公司制企業來說是最為重要的一部法律。公司制企業包括有限責任公司和股份有限公司兩種類型。2005 年 10 月 27 日第十屆全國人民代表大會常務委員會第十八次會議修訂通過的《中華人民共和國公司法》（以下簡稱《公司法》）第一條明確規定，《公司法》的立法宗旨是：規範公司的組織和行為，保護公司、股東和債權人的合法利益，維護社會經濟秩序，促進社會主義市場經濟的發展。《公司法》從公司設立、組織機構、股份發行、股權轉讓、公司董事監事和高級管理人員的資格和義務、公司財務與會計、公司組織變更（合併、分立、增減資本、解散和清算等）等方面，對公司的組織和行為進行了明確的規範。

(二) 財務會計法律規範

財務會計法規主要包括《企業財務通則》《企業會計準則》《小企業會計準則》等。

《企業財務通則》是各類企業進行財務活動、實施財務管理的基本規範。中國《企業財務通則》於 1994 年 7 月 1 日起施行。2005 年中國重新修訂該通則，修訂後的《企業財務通則》與 2007 年 1 月 1 日開始實施。新通則圍繞企業財務管理環節，明確了資金籌集、資產營運、成本控制、信息管理、財務監督、收益分配六大財務管理要素，並結合不同財務管理要素，對財務管理方法和政策要求做出了規範。

《企業會計準則》是針對所有企業制定的會計核算規則，包括基本準則和具體準則。實施範圍包括大中型企業和上市公司，上市公司已於 2007 年 1 月 1 日起實施，中央企業已於 2008 年 1 月 1 日起實施。其中，基本準則已於 2014 年修訂，其他準則也在進一步完善之中。

《小企業會計準則》是財政部規範小企業會計行為頒發的，已於 2013 年 1 月 1 日起在全國小企業範圍內實施。

除了上述法規，與企業財務管理有關的經濟法規還包括證券法規、結算法規等。《中華人民共和國證券法》（以下簡稱《證券法》）是從規範證券發行和交易行為保護投資者合法權益等角度而制定的法律規範。但從企業角度看，它是規範企業證券發行和融資行為所應遵循的主要法律。企業要想從證券市場通過發行股票或債券方式等進行

融資，就必須按照《證券法》的要求從事證券發行、證券交易。例如，根據《證券法》的規定，公司公開發行新股，發行人必須符合下列條件：①具有健全且運行良好的組織機構；②具有持續盈利能力，財務狀況良好；③最近三年財務會計文件無虛假記載，無其他重大違法行為；④經國務院批准的國務院證券監督管理機構規定的其他條件。

(三) 稅收法律規範

稅法是稅收法律制度的總稱，是調整稅收徵納關係的法律規範。稅法直接影響企業和個人的稅負及企業的利潤，國家稅收制度是企業財務管理的重要外部條件。稅收是國家參與經濟管理，實行宏觀調控的重要手段之一。稅收具有強制性、無償性和固定性三個顯著特徵。

稅法按徵收對象的不同主要有以下五種：①對流轉額課徵的稅法。以納稅人商品生產、流通環節的流轉額或者數量以及非商品交易的營業額為徵收對象，主要包括增值稅、消費稅、營業稅和進出口關稅。②對所得額課稅的稅法，包括企業所得稅和個人所得稅。其中，企業所得稅適用於在中華人民共和國境內的企業和其他取得收入的組織（不包括個人獨資企業和合夥企業）。上述企業在中國境內和境外的生產、經營所得和其他所得為應納稅所得額，按25%的稅率計算繳納稅款。③對自然資源課稅的稅法。目前主要以礦產資源和土地資源為徵稅對象，包括資源稅等。④對財產課稅的稅法。以納稅人所得財產為徵稅對象，主要有房產稅。⑤對行為課稅的稅法。以納稅人的某種特定行為為徵稅對象，主要有印花稅、車船稅等。

納稅對企業來說是一項現金流出，是直接影響企業財務管理決策的一個重要環境因素。這就要求財務人員熟悉並精通稅法，自覺按照稅收法規進行經營活動和財務活動。

第四節　企業組織的類型

企業組織形式是指企業財產及其社會化大生產的組織狀態，它表明一個企業的財產構成、內部分工協作與外部社會經濟聯繫的方式。根據市場經濟的要求，現代企業的組織形式按照財產的組織形式和所承擔的法律責任劃分。國際上通常分為獨資企業、合夥制企業和公司制企業。

一、獨資企業

個人獨資企業是由一個自然人投資，財產為投資人個人所有，投資人以其個人財產對企業債務承擔無限責任的經營實體。個人獨資企業不具有法人資格，不繳納企業所得稅，其收益歸到投資人其他收入一併繳納個人所得稅。個人獨資企業是最簡單的企業組織形式，多數個人獨資企業的規模較小，抵禦經濟衰退和承擔經營失誤損失的能力不強，其平均存續年限較短。有一部分個人獨資企業能夠發展壯大，規模擴大之

後會發現其固有缺點日益被放大，於是轉為合夥制企業或公司制企業。

獨資企業的財務管理通常有以下優勢：①其財務管理往往只由出資者個人負責，財務管理效率較高；②獨資企業業主承擔無限責任，業主高度關心企業發展，不存在中小股東利益保護問題；③獨資企業的經營者就是業主本身，不存在所有者與經營者之間的代理問題，因此代理成本比較低。

但獨資企業在財務管理方面也存在這樣的劣勢：①出資者對企業承擔無限責任，導致業務風險增大；②與公司制企業相比，獨資企業存在一定融資難度；③獨資企業的存續從屬於業主，難以獲得關聯性企業的長期戰略性支持，從而影響其發展戰略和前景；④獨資企業的所有權沒有進行分割，若要轉移必須先將企業清算，再將資產轉移給其他主體，影響了投資人的積極性。

二、合夥制企業

合夥制企業是由兩個或兩個以上的合夥人訂立合夥協議，共同出資，合夥經營，共享收益、共擔風險，並對合夥債務承擔無限連帶責任的營利性組織。通常，合夥人是兩個或兩個以上的自然人，有時也包括法人或其他組織。按照合夥人權利和義務的不同，合夥制企業分為普通合夥企業和有限合夥企業兩類。在中國，大部分會計師事務所、律師事務所等都採用合夥制形式。

此外，《中華人民共和國合夥企業法》規定，中國普通合夥制企業具有如下特徵：①每個合夥人對企業債務承擔無限連帶責任。每個合夥人都可能因償還企業債務而失去其原始投資以外的個人財產。如果一個合夥人沒有能力償還其應分擔的債務，其他合夥人須承擔連帶責任，即有責任替他償還債務。②合夥人轉讓其所有權時需要取得其他合夥人的同意，有時甚至還需要修改合夥協議，因此其所有權的轉讓比較困難。③合夥制企業的生產經營所得和其他所得，按照國家有關稅收規定，由合夥人分別繳納所得稅。合夥人對執行合夥事務享有同等的權利。按照合夥協議的約定或者經全體合夥人決定，可以委託一個或者數個合夥人對外代表合夥制企業，執行合夥事務。不執行合夥事務的合夥人有權監督執行情況。

合夥制企業具有開辦容易、費用較低等優點，但也存在責任無限、企業壽命有限、所有權轉讓困難等缺點。雖然合夥制企業的資金籌措能力要優於獨資企業，但仍然要受到一定程度的限制，因此資金不足也是這類企業發展壯大的一大障礙。

三、公司制企業

公司制企業是按所有權和管理權分離，出資者按出資額對公司承擔有限責任創辦的企業，是一個獨立的法人實體。公司享有股東投資和企業經營形成的全部法人財產，依法享有民事權利，承擔民事義務。公司股東作為出資人享有資產收益權、參與重大決策和選擇管理者權利，以及合法轉讓股份的權利，並以出資額或所持有的股份對公司承擔有限責任。其類型主要包括有限責任公司和股份有限公司。

（一）有限責任公司

有限責任公司是指不通過發行股票，而由為數不多的股東集資組建的公司（一般

由 2 人以上 50 人以下股東共同出資設立），其資本無須劃分為等額股份，股東在出讓股權時受到一定的限制。在有限責任公司中，董事和高層經理人員往往具有股東身分，使所有權和管理權的分離程度不如股份有限公司那樣高。有限責任公司的財務狀況不必向社會披露，公司的設立和解散程序比較簡單，管理機構也比較簡單，比較適合中小型企業。

《公司法》規定，有限責任公司的成立條件須具備如下條件：
（1）股東符合法定人數。
（2）股東出資達到法定資本最低限額。
（3）股東共同制定公司章程。
（4）有公司名稱，建立符合有限責任公司要求的組織結構。
（5）有固定的生產經營場所和必要的生產經營條件。

（二）股份有限公司

股份有限公司全部註冊資本由等額股份構成並通過發行股票（或股權證）籌集資本，公司以其全部資產對公司債務承擔有限責任的企業法人。其主要特徵是：①公司的資本總額平分為金額相等的股份；②股東以其所認購股份對公司承擔有限責任，公司以其全部資產對公司債務承擔責任；③每一股有一票表決權，股東以其持有的股份，享受權利，承擔義務。

設立股份有限公司，應當有 5 人以上（含 5 人）為發起人，其中必須有過半數的發起人在中國境內有住所。國有企業改建為股份有限公司的，發起人可以少於 5 人，但應當採取募集設立方式。

根據《公司法》的規定，設立股份有限公司應當具備以下條件：
（1）發起人符合法定人數。
（2）發起人認繳和社會公開募集的股本達到法定資本最低限額。
（3）股份發行及籌辦事項符合法律規定。
（4）發起人制定公司章程，並經創立大會通過。
（5）有公司名稱，建立符合股份有限公司要求的組織機構。
（6）有固定的生產經營場所和必要的生產經營條件。

有限責任公司和股份有限公司的區別：①公司設立時對股東人數要求不同。設立有限責任公司必須有兩個以上股東，最多不得超過 50 個；設立股份有限公司發起人則沒有上限。②股東的股權表現形式不同。有限責任公司的權益總額不做等額劃分，股東的股權是通過投資人所擁有的比例來表示的；股份有限公司的權益總額平均割分為相等的股份，股東的股權是用持有多少股份來表示的。③股份轉讓限制不同。有限責任公司不發行股票，對股東只發放一張出資證明書，股東轉讓出資需要由股東會或董事會討論通過；股份有限公司可以發行股票，股票可以自由轉讓和交易。

公司制企業的優點在於容易轉讓所有權、有限債務責任、企業可以無限存續等。一個公司在最初的所有者和經營者退出後仍然可以繼續存在。公司制企業融資渠道較多，更容易籌集所需資金。尤其是股份有限公司，其股東人數沒有上限，它可以採取

發行股票的形式吸納眾多新的投資者進入，極大地擴展了公司的資金來源。同時，公司資本的增加提高了債務融資能力，這也拓寬了公司制企業的融資渠道。

當然，公司制企業也存在以下缺點：組建公司的成本高、存在代理問題、雙重課稅等。所有者成為委託人，經營者成為代理人，代理人可能為了自身利益而傷害委託人利益；公司作為獨立的法人，其利潤需繳納企業所得稅，企業利潤分配給股東後，股東還需繳納個人所得稅。

思考題

1. 什麼是企業財務管理？財務管理在企業管理中的地位與作用是怎樣的？
2. 什麼是企業財務活動？企業的財務活動可以概括為哪幾個方面？
3. 什麼是財務管理目標？財務管理目標包括哪些？
4. 什麼是財務管理環境？財務管理環境包括哪些？
5. 企業組織的類型有哪幾種？

案例分析

案例一：財務管理內容

小張是某高校財務管理專業本科大二學生，暑假回家，到叔叔的工廠參觀學習。叔叔告訴小張，由於金融危機的影響，他的企業出現了一些問題，主要有：①工廠的產品為玩具，主要出口銷往歐洲國家，由於出口下降，生產開工不足；②一些客戶雖然訂購了工廠的產品，但由於是採取應收帳款結算，客戶遲遲不支付貨款；③由於銷量下降產品積壓，資金週轉出現困難，而供應商又在催討貨款。

叔叔請小張幫忙解決工廠出現的這些問題。

思考：這些問題具體屬於哪個方面的財務問題？如何解決？

案例二：瓦倫汀商店企業組織形式選擇

馬里奧·瓦倫汀擁有一家經營得十分成功的汽車經銷商——瓦倫汀商店。現如今瓦倫汀已經70歲了，打算從管理崗位上退下來，但是他希望汽車經銷商店仍能掌握在家族手中，他的長遠目標是將這份產業留給自己的兒孫。所以，他考慮是否應該將他的商店轉為公司制經營。為了能夠選擇正確的企業組織形式，瓦倫汀制定了五個目標，分別是所有權、存續能力、管理、所得稅、所有者的債務。

（1）所有權。瓦倫汀希望他的兩個兒子各擁有25%的股份，五個孫子各擁有10%的股份。

（2）存續能力。瓦倫汀希望即使發生兒孫死亡或放棄所有權的情況也不會影響經營的存續性。

（3）管理。瓦倫汀希望將產業交給雇員喬·漢茲來管理。瓦倫汀認為他的兩個孫

子根本不具有經濟頭腦，所以他並不希望他們參與管理工作。

（4）所得稅。瓦倫汀希望產業採取的組織形式可以盡可能減少他的兒孫們應繳納的所得稅。他希望每年的經營所得都可以盡可能多地分配給商店的所有人。

（5）所有者的債務。雖然商店已投了保，但瓦倫汀還是希望能夠確保在商店發生損失時，他的兒孫們的個人財產不受任何影響。

思考題：

（1）從瓦倫汀的各項期望分析，哪種企業組織形式能滿足以上條件？

（2）瓦倫汀對企業股權的分配和對經營管理的想法是否合理？

第二章 資金時間價值及風險

引例

佩頓曼寧，大聯盟最富有的橄欖球運動員。2004年，他和小馬隊簽訂了9年價值9,200萬美元的巨額合同，同時還一次性獲得3,400多萬美元的簽字費。如此，他的平均年薪達到了創紀錄的1,400萬美元，成為歷史上最富有的橄欖球運動員。在這一年，他的收入僅次於泰格·伍茲、沙克·奧尼爾和勒布朗·詹姆斯，在所有體育明星中位居第四。

仔細看看，數字表明佩頓曼寧的待遇的確優厚，但是與報出的數字相差甚遠。雖然合約的價值被報導為1.26億美元，但確切地講，它要分為9年支付。它包括3,404萬美元的簽約獎金以及9,150萬美元的工資和未來的獎金。工資分年支付，2004年53.5萬美元，2005年66.5萬美元，2006年1,000萬美元，2007年1,100萬美元，2008年1,150萬美元，2009年1,400萬美元，2010年1,580萬美元，2011年和2012年則都是1,400萬美元。

假如在市場利率為5%的情況下，考慮資金時間價值，佩頓曼寧到底每年能獲得多少收入？

學習目標：

1. 掌握資金時間價值概念及計算。
2. 理解風險與收益之前的關係。
3. 掌握風險及風險報酬率的計算。
4. 瞭解資本資產定價模型。

第一節 資金的時間價值

資金的時間價值觀念是現代財務管理中的一個基本概念，它是分析資本支出、評價投資經濟效果、進行財務決策的重要依據。企業的財務活動，都是在特定的時空中進行的，而資金時間價值原理，正確地揭示了不同時點上資金之間的換算關係，從而為財務決策提供了可靠的依據。

一、資金時間價值的概念

資金時間價值又稱為貨幣時間價值，是指資金在週轉使用中，由於時間因素而形成的不同的價值，或者說，是指資金經歷一定時間的投資和再投資所增加的價值。它具有增值性的特點，是一定量的資金在不同的時點上具有的不同價值，即今天的一定量資金比未來的同量資金具有更高的價值。例如，現在的 100 元錢和 1 年後的 100 元錢的經濟價值不相等，或者說它們的經濟效用不同。若把現在的 100 元錢存入銀行，在存款利率為 10% 的情況下一年後可得到 110 元，100 元錢經過一年的時間增加了 10 元錢。簡單地說，這 10 元錢就是 100 元資金的時間價值。

貨幣投入生產經營過程後，其數額隨著時間的持續不斷增長。這是一種客觀的經濟現象。企業資金循環和週轉的起點是投入貨幣資金，企業用它來購買所需的資源，然後生產出新的產品，產品出售時得到的貨幣量大於最初投入的貨幣量。資金的循環和週轉以及因此實現的貨幣增值，需要或多或少的時間，每完成一次循環，貨幣就增加一定數額，週轉的次數越多，增值額也就越大。因此，隨著時間的延續，貨幣總量在循環和週轉中按幾何級數增長，使得資金具有時間價值。

從量的規定來看，資金的時間價值是沒有風險和沒有通貨膨脹條件下的社會平均資金利潤率。由於競爭，市場經濟中各部門投資的利潤率趨於平均化。每個企業在投資某項目時，至少要取得社會平均的利潤率，否則不如投資於其他的項目或行業。因此，資金的時間價值成為評價投資方案的基本標準。財務管理對時間價值的研究，主要是資金的籌集、投放、使用和收回等從量上進行分析，以便找出適用於分析方案的數字模型，改善財務決策的質量。

由於貨幣隨時間的延續而增值，現在的 1 元錢與將來的 1 元多錢甚至是幾元錢在經濟上是等效的。換一種說法，就是現在的 1 元錢和將來的 1 元錢的經濟價值不相等。由於不同時間單位貨幣的價值不相等，所以，不同時點的貨幣收入不宜直接進行比較，需要把它們換算到相同的時點上，然後才能進行大小的比較和比率的計算。由於貨幣隨時間的增長過程與利息的增值過程在數學上相似，因此，在換算時廣泛使用計算利息的各種方法。

在財務管理實務中，人們習慣於使用相對數來表示資金的時間價值，即用增加價值占投入資金的百分比表示：

$$資金時間價值率 = \frac{增加價值}{投資資金} \times 100\%$$

二、資金時間價值的計算

資金時間價值的計算涉及若干基本概念，包括本金、利率、終值、現值等。

本金是指能夠帶來時間價值的資金投入，即產生資金時間價值的基礎；利率是指本金在一定時期內的價值增值額占本金的百分比；終值是指本金經過若干期後加上利息的總數；現值是指未來一筆資金按規定利率折算成的現在價值。

在資金時間價值計算過程中，通常有單利計息和複利計息兩種方式。複利計息運

用較為廣泛，資金價值的計算通常採用複利的方式進行。

(一) 單利終值與現值的計算

單利是指只對本金計算利息，而不將以前計息期所產生的利息累加到本金中去計算利息的一種計息方法，即利息不再產生利息。

1. 單利終值的計算

單利終值是指現在一筆資金按單利計算的未來價值。其計算公式為：

$$F = P \cdot (1+i \times n) \tag{2-1}$$

式中：F 為單利終值；P 位單利現值；i 為利息率；n 為計息期數。

【例2-1】2014年6月1日存款10,000元，年利率為5%，存期為2年，求到期日的本利和。

F = 10,000×（1+5%×2）= 11,000（元）

2. 單利現值的計算

單利現值是指若干年以後收入或支出一筆資金按單利計息計算相當於現在的價值，單利現值的計算同單利終值的計算是互逆的。其計算公式為：

$$P = F \times \frac{1}{1+i \times n} \tag{2-2}$$

【例2-2】張某存入銀行一筆資金，年利率為5%，想在2年後得到11,000元，問現在應該存入多少錢？

$P = F \times \frac{1}{1+i \times n} = 11,000 \times \frac{1}{1+5\% \times 2} = 10,000$（元）

(二) 複利終值和現值的計算

所謂複利，就是不僅本金要計算利息，利息也要計算利息，利息在下一期間也轉作本金並與原來的本金一起再計算利息，如此隨計息期數不斷下推，即通常所說的「利滾利」。資金時間價值按複利計算，是建立在資金再投資這一假設基礎之上的。

1. 複利終值的計算

終值又稱未來值、本利和，是指若干期後包括本金和利息在內的未來價值。其計算公式為：

$$FV_n = PV \cdot (1+i)^n \tag{2-3}$$

式中：FV_n 為複利終值；PV 為複利現值；i 為利息率；n 為計息期數。

【例2-3】將100元存入銀行，利息率為10%，5年後的終值應為：

$FV_5 = PV \cdot (1+i)^5 = 100 \times (1+10\%)^5$

= 161.1（元）

式（2-3）中的 $(1+i)^n$ 稱為複利終值系數，可以寫成 $FVIF_{i,n}$，也用符號（F/P, i, n）表示。複利終值的計算公式也可以寫成：

$$FV_n = PV \cdot (1+i)^n = PV \cdot FVIF_{i,n} \tag{2-4}$$

為了簡化和加速計算，可編製複利終值系數表，詳見書後附表一，表2-1是其簡表。表中 i 和 n 的範圍及其詳細程度可視具體情況而定。教學用表中的系數一般只取

3~4位小數，實際工作中所取位數要多一些。

表 2-1　　　　　　　　　　1 元的複利終值係數表

利息率 i 時間 n	5.00%	6.00%	7.00%	8.00%	9.00%	10.00%
1	1.050	1.060	1.070	1.080	1.090	1.100
2	1.103	1.124	1.145	1.166	1.188	1.210
3	1.158	1.191	1.225	1.260	1.295	1.331
4	1.216	1.262	1.311	1.360	1.412	1.464
5	1.276	1.338	1.403	1.469	1.539	1.611
6	1.340	1.419	1.501	1.587	1.667	1.772
7	1.407	1.504	1.606	1.714	1.828	1.949
8	1.477	1.594	1.718	1.851	1.993	2.144
9	1.551	1.689	1.838	1.999	2.172	2.385
10	1.629	1.791	1.967	2.159	2.367	2.594

根據表 2-1 計算如下：

$FV_5 = 100 \times (1+i)^5 = 100 \times (1+10\%)^5 = 100 \times FVIF_{10\%,5}$
$\quad\quad = 100 \times 1.611 = 161.1$（元）

2. 複利現值的計算

複利現值是指以後年份收到或支出資金的現在的價值，可用倒求本金的方法計算。由終值求現值叫做貼現，在貼現時使用的利息率叫做貼現率。

現值計算公式可由終值的計算公式導出。

由公式 $FV_n = PV \cdot (1+i)^n$，可得

$$PV = \frac{FV_n}{(1+i)^n} = FV_n \cdot \frac{1}{(1+i)^n} \tag{2-5}$$

式（2-5）中的 $\frac{1}{(1+i)^n}$ 叫做複利現值係數或貼現係數，可以寫成 $PVIF_{i,n}$，也用符號（P/F, i, n）表示。複利現值的計算公式也可以寫為：

$$PV = FV_n \cdot PVIF_{i,n} \tag{2-6}$$

為了簡化計算，也可以編製複利現值係數表，詳見書後附表二，表 2-2 是其簡表。

表 2-2　　　　　　　　　　　1 元的複利現值係數表

時間 n ＼ 利息率 i	5.00%	6.00%	7.00%	8.00%	9.00%	10.00%
1	0.952	0.943	0.935	0.926	0.917	0.909
2	0.907	0.890	0.873	0.857	0.842	0.826
3	0.864	0.840	0.816	0.794	0.772	0.751
4	0.823	0.792	0.763	0.735	0.708	0.683
5	0.784	0.747	0.713	0.681	0.650	0.621
6	0.746	0.705	0.666	0.630	0.596	0.564
7	0.711	0.665	0.623	0.583	0.547	0.513
8	0.677	0.627	0.582	0.540	0.502	0.467
9	0.645	0.592	0.544	0.500	0.460	0.424
10	0.614	0.558	0.508	0.463	0.422	0.386

【例 2-4】若計劃在 3 年以後得到 400 元，利息率為 8%，現在應存金額可計算如下：

$$PV = FV_n \cdot \frac{1}{(1+i)^n} = 400 \times \frac{1}{(1+8\%)^3} = 317.5（元）$$

或查複利現值係數表計算如下：

$$PV = FV_n \cdot PVIF_{8\%,3} = 400 \times 0.794 = 317.6（元）$$

（三）年金終值和現值的計算

前面介紹的是一次性收付款項的時間價值，在現實生活中還存在一定時期內多次收付款項，而且每次收付款項金額相等，這樣的系列收付款項稱為年金（annuity）。在經濟生活中，有多種形式的年金，如定期收付的保險費、折舊、租金、利息、分期付款、等額收回的投資等，都表現為年金的形式。

年金按每次收付款時間發生的時點不同，分為普通年金或後付年金（ordinary annuity）、即付年金或先付年金（annuity due）、延期年金（deferred annuity）和永續年金（perpetual annuity）。

1. 普通年金終值與現值的計算

普通年金是指每期期末有等額收付款項的年金，又稱為後付年金。在現實經濟生活中這種年金最為常見，故稱為普通年金。

（1）普通年金終值。

普通年金終值如同零存整取的本利和，它是一定時期內每期期末等額收付款項的複利終值之和。

假設 A 為年金數額；i 為利息率；n 為計息期數；FVA_n 為年金終值，可用符號（F/A, i, n）表示。則普通年金終值的計算可用圖 2-1 來說明。

```
        0   1   2         n-2 n-1 n
            │   │          │   │  │
            A   A          A   A  A
                                  └──→ A(1+i)⁰
                               └─────→ A(1+i)¹
                           └─────────→ A(1+i)²
            │
            └──────────────────────→ A(1+i)ⁿ⁻²
                └──────────────────→ A(1+i)ⁿ⁻¹
                                     ─────────
                                       FVAn
```

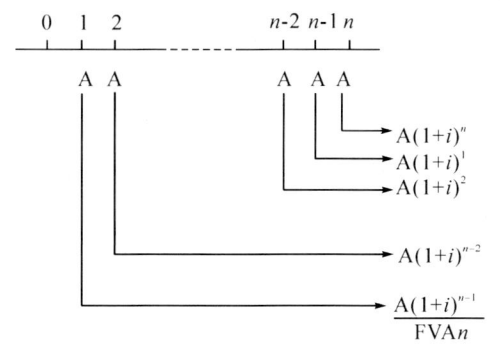

圖 2-1　普通年金終值計算示意圖

由圖 2-1 可知，普通年金終值的計算公式為：

$$FVA_n = A(1+i)^0 + A(1+i)^1 + A(1+i)^2 + \cdots + A(1+i)^{n-2} + A(1+i)^{n-1}$$
$$= A[(1+i)^0 + (1+i)^1 + (1+i)^2 + \cdots + (1+i)^{n-2} + (1+i)^{n-1}]$$
$$= A\sum_{t=1}^{n}(1+i)^{t-1} \tag{2-7}$$

式（2-7）中的 $\sum_{t=1}^{n}(1+i)^{t-1}$ 叫做年金終值系數或年金複利系數，通常寫作 $FVIFA_{i,n}$ 或 $ACF_{i,n}$，則年金終值的計算公式可寫成：

$$FVA_n = A \cdot FVIFA_{i,n} = A \cdot ACF_{i,n} \tag{2-8}$$

為了簡化計算，可編製年金終值系數表（簡稱 FVIFA 系數表），表中各期年金終值系數表可按下列公式計算：

$$FVIFA_{i,n} = \frac{(1+i)^n - 1}{i} \tag{2-9}$$

年金終值系數表見書後附表三，表 2-3 是其簡表。

表 2-3　1 元年金終值系數表

貼現率 i 時間 n	5.00%	6.00%	7.00%	8.00%	9.00%	10.00%
1	1.000	1.000	1.000	1.000	1.000	1.000
2	2.050	2.060	2.070	2.080	2.090	2.100
3	3.153	3.184	3.215	3.246	3.278	3.310
4	4.310	4.375	4.440	4.506	4.573	4.641
5	5.526	5.637	5.751	5.867	5.985	6.105
6	6.802	6.975	7.153	7.336	7.523	7.716
7	8.142	8.394	8.654	8.923	9.200	9.487
8	9.549	9.897	10.260	10.637	11.028	11.436
9	11.027	11.491	11.978	12.488	13.021	13.579
10	12.578	13.181	13.816	14.487	15.193	15.937

【例 2-5】5 年中每年年底存入銀行 100 元，存款利率為 8%，求第 5 年年金終值為多少。

$FVA_5 = A \cdot FVIFA_{8\%,5} = 100 \times 5.867 = 586.7$（元）

（2）償債基金。

償債基金是指為使年金終值達到既定金額而每年末應支付的年金數額。償債基金的計算是普通年金終值的逆運算。普通年金終值的計算公式為：

$$F = A \times \frac{(1+i)^n - 1}{i}$$

由此可知：

$$A = F \times \frac{i}{(1+i)^n - 1} \qquad (2\text{-}10)$$

式（2-10）中，$\dfrac{i}{(1+i)^n - 1}$是普通年金終值系數的倒數，成為償債基金系數。它可以把普通年金終值折算為每年需要支付的金額。

【例2-6】一公司準備在5年後還清1,000,000元債務，從現在起每年年末等額存入銀行一筆款項，銀行存款年利率為4%，求每年需要存入多少元？

將有關數據代入式（2-10），得：

$$\begin{aligned}
A &= F \times \frac{i}{(1+i)^n - 1} \\
&= 1,000,000 \times \frac{4\%}{(1+4\%)^5 - 1} \\
&= 1,000,000 \times \frac{1}{5.416} \\
&= 184,638.11 \text{（元）}
\end{aligned}$$

每年需存入184,638.11元，5年後即可得1,000,000元用來償還債務。

（3）普通年金現值。

一定期間每期期末等額的系列收付款項的現值之和，叫做普通年金現值。年金現值的符號為PVA_n，普通年金現值的計算情況可用圖2-2加以說明。

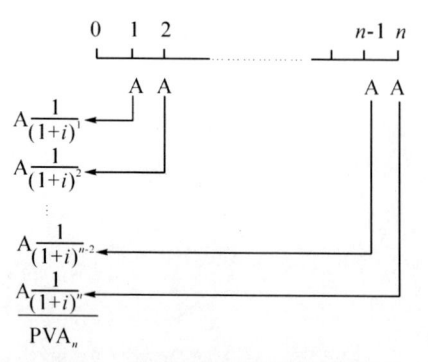

图2-2　普通年金現值計算示意圖

由圖2-2可知，年金現值的計算公式為：

$$PVA_n = A\frac{1}{(1+i)^1} + A\frac{1}{(1+i)^2} + \cdots + A\frac{1}{(1+i)^{n-1}} + \frac{1}{(1+i)^n}$$

$$= A\sum_{t=1}^{n}\frac{1}{(1+i)^t} \tag{2-11}$$

式中，$\sum_{t=1}^{n}\frac{1}{(1+i)^t}$叫做年金現值系數，可簡寫為 $PVIFA_{i,n}$ 或 $ADF_{i,n}$。普通年金現值的計算公式可寫為：

$$PVA_n = A \cdot PVIFA_{i,n} = A \cdot ADF_{i,n} \tag{2-12}$$

為了簡化計算，可編製年金現值系數表（簡稱 PVIFA 系數表），見書後附表四，表2-4是其簡表。

表 2-4　　　　　　　　　　1 元年金現值系數表

貼現率 i 時間 n	5.00%	6.00%	7.00%	8.00%	9.00%	10.00%
1	0.952	0.943	0.935	0.926	0.917	0.909
2	1.859	1.833	1.808	1.783	1.759	1.736
3	2.723	2.673	2.624	2.577	2.531	2.487
4	3.546	3.465	3.387	3.312	3.240	3.170
5	4.329	4.212	4.100	3.993	3.890	3.791
6	5.076	4.917	4.767	4.623	4.486	4.355
7	5.786	5.582	5.389	5.206	5.033	4.868
8	6.463	6.210	5.971	5.747	5.535	5.335
9	7.108	6.802	6.515	6.247	5.995	5.759
10	7.722	7.360	7.024	6.710	6.418	6.145

在編表時，年金現值系數按下列公式計算：

$$PVIFA_{i,n} = \frac{(1+i)^n - 1}{i(1+i)^n} = \frac{1 - \frac{1}{(1+i)^n}}{i} \tag{2-13}$$

【例2-7】現在存入一筆錢，準備在以後5年中每年年末得到100元，如果利息率為10%，現在應存入多少元？

$PVA_5 = A \cdot PVIFA_{10\%,5} = 100 \times 3.791 = 379.1$（元）

（4）年資本回收額。

年資本回收額是指在約定的年限內等額回收的初始投入資本額或清償所欠的債務額。其中未收回或清償的部分要按複利計息構成需回收或清償的內容。年資本回收額的計算也就是普通年金現值的逆運算。其計算公式如下：

$$A = PVA \times \frac{i}{1-(1+i)^{-n}}$$

$$= PVIFA \times \frac{1}{\sum_{t=1}^{n}[1/(1+i)^t]}$$

$$= PVA \times \frac{1}{PVIFA_{i,n}} \qquad (2-14)$$

式中，$\dfrac{1}{\sum_{t=1}^{n}\left[1/\left(1+i\right)^{t}\right]}$ 稱為資本回收系數，可以通過普通年金現值系數的倒數求得。

【例 2-8】某公司於 2014 年借款 37,910 元，借款年利率為 10%，本息自借款之日起 5 年中在每年年底等額償還，求該公司每次償還的本息金額為多少？

$$A = PVA \times \frac{i}{1-(1+i)^{-n}}$$
$$= 37{,}910 \times \frac{10\%}{1-(1+10\%)^{-5}}$$
$$= 10{,}000 \text{（元）}$$

2. 先付年金終值和現值的計算

先付年金是指在一定時期內，各期期初等額的系列收付款項。先付年金與普通年金的區別僅在於收付款時間的不同。由於普通年金是最常用的，因此，年金終值和現值的系數表是按普通年金編製的，為了便於計算和查表，必須根據普通年金的計算公式推導出先付年金的計算公式。

(1) 先付年金終值。

n 期先付年金終值和 n 期普通年金終值的關係可用圖 2-3 加以說明。

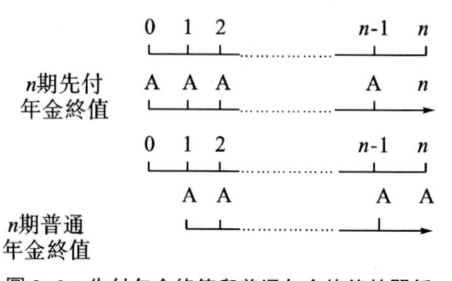

```
                0   1   2         n-1   n
n期先付          A   A   A          A    n
年金終值         ├───┼───┼── ⋯ ──┼────┤→

                0   1   2         n-1   n
                    A   A          A    A
n期普通          ├───┼───┼── ⋯ ──┼────┤→
年金終值
```

圖 2-3　先付年金終值與普通年金終值的關係

從圖 2-3 中可以看出，n 期先付年金與 n 期普通年金的付款次數相同，但由於付款時間的不同，n 期先付年金終值比 n 期普通年金終值多計算一期利息。所以，可先求出 n 期普通年金的終值，然後再乘以 $(1+i)$ 便可求出 n 期先付年金的終值。其計算公式為：

$$XFVA_n = A \cdot FVIFA_{i,n} \cdot (1+i) \qquad (2-15)$$

此外，還可以根據 n 期先付年金終值與 n+1 期普通年金終值的關係推導出另一計算公式。n 期先付年金與 n+1 期普通年金的計息期數相同，但比 n+1 期普通年金少付一次款，因此，只要將 n+1 期普通年金的終值減去一期付款額 A，便可以求出 n 期先付年金終值。其計算公式為：

$$XFVA_n = A \cdot FVIFA_{i,n+1} - A = A\left(FVIFA_{i,n+1} - 1\right) \qquad (2-16)$$

【例2-9】某人每年年初存入銀行1,000元，銀行存款利率為8%，第10年年末的本利和應為多少？

①用式（2-15）計算的結果為：

XFVA$_{10}$ = 1,000×FVIFA$_{8\%,10}$×（1+8%）

　　　　 = 1,000×14.487×1.08

　　　　 = 15,646（元）

②用式（2-16）計算的結果為：

XFVA$_{10}$ = 1,000×（FVIFA$_{8\%,11}$－1）

　　　　 = 1,000×（16.645－1）

　　　　 = 15,645（元）

（2）先付年金現值。

n期先付年金現值與n期普通年金現值的關係，可以用圖2-4加以說明。

n期先付年金現值

```
0   1   2         n-1  n
    A   A   A ........ A
```

n期普通年金現值

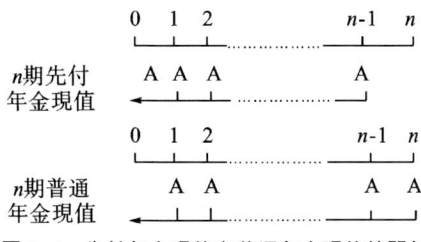

```
0   1   2         n-1  n
        A   A ........ A   A
```

圖2-4　先付年金現值與普通年金現值的關係

從圖2-4中可以看出，n期先付年金現值與n期後付年金現值的付款次數相同，但由於付款時間不同，在計算現值時，n期普通年金比n期先付年金多貼現一期。所以，可先求出n期普通年金的現值，然後再乘以（1+i）便可求出n期先付年金的現值。其計算公式為：

$$\text{XPVA}_n = A \cdot \text{PVIFA}_{i,n} \cdot (1+i) \tag{2-17}$$

此外，還可以根據n期先付年金現值與n-1期普通年金現值的關係推導出另一計算公式。n期先付年金現值與n-1期普通年金現值的貼現期數相同，但比n-1期普通年金多一期不用貼現的付款A，因此，只要將n-1期普通年金的現值加上一期不同貼現的付款額A，便可以求出n期先付年金現值。其計算公式為：

$$\text{XPVA}_n = A \cdot \text{PVIFA}_{i,n-1} + A = A(\text{PVIFA}_{i,n-1} + 1) \tag{2-18}$$

【例2-10】某企業租用一臺設備，在10年中每年年初要支付租金5,000元，年利息率為8%，問這些租金的現值為多少？

①用式（2-16）計算的結果為：

XPVA$_{10}$ = 5,000×PVIFA$_{8\%,10}$×（1+8%）

　　　　 = 5,000×6.710×1.08

　　　　 = 36,234（元）

②用式（2-17）計算的結果為：

XPVA$_{10}$ = 5,000×（PVIFA$_{8\%,11}$+1）

= 5,000×（6.247+1）

= 36,235（元）

3. 遞延年金現值的計算

遞延年金是指最初若干期沒有收付款項的情況下，後面若干期有等額的系列收付款項的年金。它是普通年金的特殊形式。遞延年金終止的計算與普通年金相似，故不再重複介紹，此處著重介紹遞延年金現值的計算。假定最初有 m 期沒有收付款項，後面 n 期每年有等額的系列收付款項，則此延期年金的現值即為後 n 期年金先貼現至 m 期期初，再貼現至第 1 期期初的現值。可以用圖 2-5 加以說明。

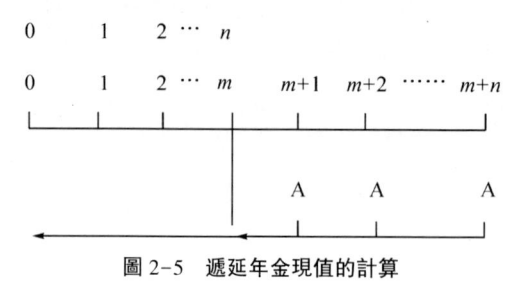

圖 2-5　遞延年金現值的計算

從圖 2-5 中可以看出，先求出遞延年金在 n 期期初（m 期期末）的現值，在將其作為終值貼現至 m 期的第 1 期期初，便可以求出遞延年金的現值。其計算公式為：

$$V_0 = A \cdot PVIFA_{i,n} \cdot PVIF_{i,m} \tag{2-19}$$

遞延年金現值還可以用另外一種方法計算，即先求出 $m+n$ 期普通年金現值，再減去沒有付款的前 m 期後付年金現值，二者之差便是遞延 m 期的 n 期普通年金現值。其計算公式為：

$$V_0 = A \cdot PVIFA_{i,m+n} - A \cdot PVIFA_{i,m} \tag{2-20}$$

$$V_0 = A \cdot (PVIFA_{i,m+n} - PVIFA_{i,m})$$

【例 2-11】 某企業向銀行借入一筆款項，銀行貸款的年利息率為 8%，銀行規定前 10 年不需要還本付息，但從第 11~20 年每年年末需償還本息 1,000 元，問這筆款項的現值應是多少?

（1）用式（2-19）計算的結果為：

$V_0 = 1,000 \times PVIFA_{8\%,10} \times PVIF_{8\%,10}$

= 1,000×6.710×0.463

= 3,107（元）

（2）用式（2-20）計算的結果為：

$V_0 = 1,000 \times (PVIFA_{8\%,20} - PVIFA_{8\%})$

= 1,000×（9.818-6.710）

= 3,108（元）

4. 永續年金現值的計算

永續年金是指無限期支付的年金。由於永續年金持續期無限，沒有終止時間，因此沒有終值，只有現值。西方有些債券為無期債券，這些債券的利息可以視為永續年

金；優先股因為有固定的股利又無到期日，因而優先股股利可以看成永續年金。另外，期限長、利率高的年金現值，可以按永續年金現值的計算公式計算其近似值。

永續年金現值系數的計算公式為：

$$\text{PVIFA}_{i,n} = \frac{1-\frac{1}{(1+i)^n}}{i} \quad [當 n \to \infty 時, \frac{1}{(1+i)^n} \to 0] \qquad (2\text{-}21)$$

永續年金現值的計算公式為：

$$V_0 = A \times \frac{1}{i} \qquad (2\text{-}22)$$

【例 2-12】某永續年金在每年年末收入 800 元，利率為 5%，求該項永續年金的現值。

$$V_0 = 800 \times \frac{1}{5\%} = 16,000 （元）$$

三、如何用內插法計算利率和期限

【例 2-13】某公司於第一年年初借款 20,000 元，每年年末還本付息額均為 4,000 元，連續 9 年還清。問借款利率為多少？

根據題意，已知 P = 20,000, A = 4,000, n = 9, 則

$$年金現值系數 = \frac{1-(1+i)^{-9}}{i}$$

其中，利率 i 和普通年金現值系數兩者的關係為線性關係，即直線關係。

該題屬於普通年金現值問題：20,000 = 4,000 × (P/A, i, 9)，通過計算普通年金現值系數應為 5。查表不能查到 n = 9 時對應的系數 5，但可以查到和 5 相鄰的兩個系數 5.328,2 和 4.916,4。假設普通年金現值系數 5 對應的利率為 i（如圖 2-6 所示），則有：

$$\left.\begin{matrix} 12\% \\ i \\ 14\% \end{matrix}\right\} \quad \left.\begin{matrix} 5.328,2 \\ 5 \\ 4.916,4 \end{matrix}\right\}$$

$$\frac{i-12\%}{14\%-12\%} = \frac{5-5.328,2}{4.916,4-5.328,2}$$

$$i = 13.6\%$$

內插法的口訣可以概括為：求利率時，利率差之比等於系數差之比；求年限時，年限差之比等於系數差之比。

四、名義利率與實際利率的換算

名義利率：當每年複利次數超過一次時，這樣的年利率叫做名義利率。

實際利率：每年只複利一次的利率是實際利率。

實際利率和名義利率之間的換算公式為：

图 2-6　内插法的计算

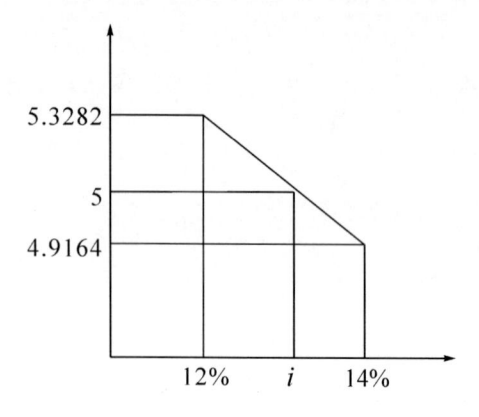

$$i = (1+\frac{r}{M})^M - 1 \tag{2-23}$$

式中：i 為實際利率；r 為名義利率；M 為每年複利次數。

【例 2-14】某企業於年初存入 10 萬元，在年利率為 10%、半年複利一次的情況下，到第 10 年年末，該企業能得到多少本利和？

F = 1,000,000×（1+5%）^{20} = 1,000,000×2.653 = 265,300（元）

或：F = 100,000×（1+i）^{10}

則：100,000×（1+5%）^{20} = 100,000×（1+i）^{10}

（1+i）^{10} = （1+5%）^{20}

故：i =（1+5%）^{2} - 1 = 10.25%

第二節　風險和報酬

企業的財務決策幾乎都是在有風險和不確定性的情況下做出的。不考慮風險因素，企業就無法評價企業風險報酬，從而做出正確決策。

一、風險的概念與特點

（一）風險的概念

風險是客觀存在的，是在一定條件下、一定時間內可能的各種結果的變動程度。或者說風險是在一定條件下和一定時期內行為主體做出決策時的主觀預期與客觀現實偏離的可能性。按風險程度，可以將企業的財務決策分為以下三種類型：

1. 確定性投資決策

未來情況確定不變或已知，稱為確定性決策。但由於未來情況不可能完全掌握，因此完全確定的方案是極少的。

2. 風險性投資決策

決策者對未來情況不完全確定，但各種情況發生的可能性——概率的分佈是已知或者可以估計的。這種情況下的決策稱為風險性決策。

3. 不確定性投資決策

決策者對未來情況不確定，各種情況發生的可能性也不清楚。這種情況下的決策稱為不確定性決策。

風險與不確定性密不可分，但嚴格意義上講，風險和不確定性是有區別的。風險是在事前可以知道某一決策所有可能的後果，以及每一後果出現的概率；而不確定性是事前不知道所有可能的後果，或者知道可能後果但不知道它們出現的概率。但在實踐中難以將兩者嚴格加以區分，因為給不確定性估計一個概率後，與風險就很近似了。談到風險時，可能是風險，也可能是不確定性。因此，風險可以被定義為是預期結果的不確定性。

(二) 風險的特點

1. 風險存在的客觀性

無論決策者是否意識到風險，風險都是客觀存在的，只要做出決策，就必須承擔相應的風險。

2. 風險發生的不確定性

風險雖然是客觀存在的，但就某一風險而言，它的發生卻是不確定的，是一種隨機現象。在其發生之前，人們無法準確預測風險何時發生，以及其發生的後果。這是因為導致任一風險的發生，都是多種風險因素共同作用的結果。由於決策者受到所掌握信息有效性、準確性的約束，不可能對每一種因素的出現都做出與事實相符的判斷，因而導致了風險發生的不確定性。

3. 風險的可變性

風險的可變性是指在一定條件下，風險可轉化的特性。隨著各種風險管理技術的不斷完善，對風險預測日趨精確，可以在一定範圍內消除一定的風險。同時，隨著新業務的開始，環境因素的變化，有時會帶來新的風險。因此，風險總是處在不斷變化之中。

二、風險的類別

風險可以從不同角度對其進行分類，財務管理活動中所討論的風險一般來自於經濟、政治、法律、社會等各個方面。

(一) 按風險的來源分類

1. 系統風險

系統風險又稱為市場風險或不可分散風險，是指由於某些因素給整個市場各類企業都產生影響的風險。這類風險來自企業外部，是企業無法控制和迴避的。如宏觀經濟的變化、國家稅法的變化、國家財政政策和貨幣政策的變化等給企業帶來的收益變化。同時，這類風險涉及所有的投資對象，無論投資哪個企業都無法避免，不能通過

多元化投資進行分散，故又稱為不可分散風險。

2. 非系統風險

非系統風險又稱為公司特別風險或可分散風險，是指由於特殊因素引起，只對某個行業或個別公司產生影響的風險。這類風險來自於行業或企業自身因素，與整個市場沒有系統、全面的聯繫。如某行業產品更新換代而逐漸衰退、個別公司工人的罷工、新產品開發失敗、訴訟失敗等。這種風險可以通過分散投資來抵消，即一家公司的不利事件可以通過其他公司的有利事件來抵消。

(二) 按風險的具體內容分類

1. 經濟週期風險

經濟週期風險是指由於經濟週期的變化所引起投資報酬變動的風險。因為經濟週期的變化決定了企業的經濟效益和景氣狀況，從而決定了企業的投資回報。對於經濟週期風險，投資者無法迴避但可以減輕。

2. 利率風險

利率風險是指由於市場利率變動而使投資者遭受損失的風險。一般而言，市場利率與投資報酬呈反向變動關係，利率上升，投資報酬下降；利率下降，投資報酬上升。企業無法決定市場利率的高低，不能影響利率風險。

3. 購買力風險

購買力風險又稱為通貨膨脹風險，是指由於通貨膨脹而使貨幣購買力下降的風險。在通貨膨脹期間，雖然隨著商品價格的普遍上漲，投資者的投資收入會有所增加，但由於資金貶值，購買力水平下降，投資者的實際報酬可能並沒有增加，反而有所下降。

4. 經營風險

經營風險是指因一些經營管理方面的不確定性而使企業經營狀況變化引起盈利水平的改變，從而導致投資報酬下降、遭受損失的風險。影響公司經營狀況的因素很多，如市場競爭狀況、政治經濟形勢、產品種類、企業管理水平等。經營風險可能來自公司外部，也可能來自公司內部。外部因素主要有經濟週期、產業政策、競爭對手等客觀因素；內部因素主要有經營決策能力、企業管理水平、技術開發能力、市場開拓能力等。其中，經營風險主要來源於企業內部，同時與外部事件密切相關。

5. 財務風險

財務風險是指因不同的融資方式而帶來的風險。由於它是籌資決策帶來的，故又稱為籌資風險。企業在籌資過程中，由於籌資規模不當、籌資成本費用過大、利率過高、債務期限結構或資本結構不合理均可能造成財務風險。就資本結構而言，如果公司的資本中除普通股權益資本外，還有負債或優先股，那麼公司就存在財務槓桿，這將使公司股東淨報酬的變化幅度超過營業收入的變化幅度，從而產生較大的財務風險。

6. 違約風險

違約風險又稱為信用風險，是指證券發行人無法按時還本付息而使投資者遭受損失的風險。違約風險是債券的主要風險，它是在發行人財務狀況不佳時出現違約和破產的可能性。在各類債券中，違約風險從低到高排列依次為中央政府債券、地方政府債券、金融債券、企業債券等。不同企業發行的企業債券其違約風險也有所不同，它

受到企業的經營能力、盈利水平、規模大小、行業狀況等因素的影響。

7. 流動風險

流動性風險是指企業資金的流動性出現問題，無法滿足日常生產經營、投資活動的需要，或者無法及時償還到期債務。流動性風險與流動性密切相關，即企業獲取現金的能力和隨時滿足當時現金支付的能力，即使一個盈利的企業也可能因為流動性不足而在短時間內產生流動性風險，從而面臨財務危機。

三、風險計量

對風險的計量有多種方法，較常見的是使用概率統計方法進行風險的衡量與計算。風險事件是隨機事件，它發生的時間、空間、損失程度都是不確定的。

（一）確定概率分佈

事件的概率是指這一事件可能發生的機會。在財務管理中，投資報酬、現金流量等都可以看成一個個隨機事件。

概率就是用百分比或小數表示隨機事件發生的可能性及出現某種結果可能性大小的數值。例如，一個企業的投資利潤率有30%的可能性增加，有70%的可能性減少。必然發生的事件概率為1，不可能發生事件的概率為0，一般隨機事件的概率在0~1之間。所有可能結果出現的概率之和為1。

概率分佈則是指一項活動可能出現所有結果的概率的集合。概率分佈有兩種類型：一種是離散概率分佈，即隨機事件可能出現的結果只取有限個值，對應這種有限個結果的概率分佈在各個特定的值上；另一種是連續性概率分佈，即隨機事件可能出現的結果有無數個，也對應無數個相應的概率，概率分佈在連續圖像的兩點之間的區間上。

【例2-15】ABC公司有兩個投資機會，甲投資機會是一個高科技項目，該領域競爭很激烈。如果經濟發展迅速並且該項目搞得好，取得較大市場佔有率，利潤會很大，否則利潤很小甚至虧本。乙項目是一個老產品並且是必需品，銷售前景可以準確預測出來。假設未來的經濟情況只有三種：繁榮、正常、衰退。有關概率分佈和預期報酬率見表2-5。

表2-5　　　　　　　　甲、乙項目預期報酬與概率分佈表

經濟情況	發生概率	甲項目預期報酬（%）	乙項目預期報酬（%）
繁榮	0.3	90	20
正常	0.4	15	15
衰退	0.3	-60	10

（二）期望值

期望值是一個概率分佈中的所有可能結果，以各自相對應的概率為權數計算的加權平均值，通常用符號E表示。其計算公式為：

$$\overline{E} = \sum_{i=1}^{n} X_i P_i \qquad (2\text{-}24)$$

其中：$\overline{E}$ 為期望報酬率；n 表示所有可能結果的數目；X_i 為第 i 種可能結果的報酬率；P_i 為第 i 種結果的概率。

【例2-16】以【2-15】為例，計算 ABC 公司的甲、乙項目分別的期望值，即期望報酬率。

甲項目的預期綜合報酬 = 0.3×90%+0.4×15%−0.3×60% = 15%

乙項目的預期綜合報酬 = 0.3×20%+0.4×15%+0.3×10% = 15%

甲項目和乙項目的期望報酬率相同，但是概率分佈不同。

(三) 離散程度

離散程度是用以衡量風險大小的指標。表示隨機變量離散程度的指標主要有方差、標準離差和標準離差率等。

1. 方差

方差是用來表示隨機變量與期望值之間離散程度的一個量，通常用 δ^2 示。其計算公式為：

$$\delta^2 = \sum_{i=1}^{n} (x_i - \overline{E})^2 \times p_i \qquad (2\text{-}25)$$

2. 標準差

標準差是用來反應概率分佈中各種可能結果對期望值的偏離程度，是方差的平方根，通常用 δ 表示。其計算公式為：

$$\delta = \sqrt{\sum_{i=1}^{n} (x_i - \overline{E})^2 \times p_i} \qquad (2\text{-}26)$$

標準離差是以絕對數來衡量待決策方案的風險。在期望值相同的情況下，標準離差越大，風險越大；反之，標準離差越小，風險越小。

【例2-17】仍以【2-15】為例，計算 ABC 公司兩個投資項目的標準離差。

甲項目的標準差：

$$\delta_\varphi = \sqrt{(90\%-15\%)^2 \times 0.3 + (15\%-15\%)^2 \times 0.4 + (-60\%-15\%)^2 \times 0.3}$$
$$= 58.09\%$$

乙項目的標準差：

$$\delta_\varphi = \sqrt{(20\%-15\%)^2 \times 0.3 + (15\%-15\%)^2 \times 0.4 + (10\%-15\%)^2 \times 0.3}$$
$$= 3.87\%$$

在此例中，ABC 公司兩個投資項目期望報酬率相等，可以直接根據標準差來比較兩方案的風險程度。如果投資方案的期望值不相等，則必須計算標準離差率才能對不同方案的風險程度進行衡量。

3. 標準離差率

標準離差能反應隨機變量離散程度，但它的局限性在於它是一個絕對數，通常只適用於相同期望值決策方案風險程度的比較。要比較期望報酬率不同的各個項目的風險程度，則需要通過標準離差率（又稱為變異系數）。標準離差率是標準差與期望值之比。其計算公式為：

$$v = \frac{\delta}{E} \times 100\% \qquad (2-27)$$

【例2-18】仍以【2-15】為例,計算ABC公司兩個投資項目的標準離差率。

$$V_{甲} = \frac{58.09\%}{15\%} = 387.27\%$$

$$V_{乙} = \frac{3.87\%}{15\%} = 25.8\%$$

標準離差率是以相對數來衡量待決策方案的風險。一般情況下,標準離差率越大,風險越大;反之,標準離差率越小,風險越小。標準離差率指標的適用範圍較廣,尤其適用於期望值不同的決策方案風險程度的比較。

四、風險報酬

風險報酬是指投資者因冒風險進行投資而要求的、超過資金時間價值的那部分額外的收益。承擔風險就要求得到相應的額外報酬,期望報酬率的高低取決於風險的大小,風險越大要求的期望報酬率越高。

風險報酬、風險價值系數和標準離差率之間的關係可用公式表示如下:

$$R_R = bv \qquad (2-28)$$

其中:R_R 表示風險收益率;b 表示風險價值系數;V 表示標準離差率。
投資的總報酬率為:
投資報酬率＝無風險投資報酬率＋風險報酬率

$$K = R_F + R_R \qquad (2-29)$$

式中,R_F 為無風險報酬率。
無風險報酬率是加上通貨膨脹補償率之後的貨幣時間價值,用公式可表示為:
投資報酬率＝貨幣時間價值＋通貨膨脹補償率＋風險報酬率

第三節 投資組合的風險與報酬

投資者進行證券投資時,都會自覺或不自覺地將資金分散開,並不孤注一擲地投資於一種證券,而是同時持有多種證券。同時投資於多種證券稱為證券投資組合,簡稱證券組合或投資組合。由於投資組合能分散風險,因此無論是機構投資者還是個人投資者,在投資時都會同時投資於多種證券。

一、證券組合的風險

投資於多樣化所形成的證券組合的總風險分為兩個部分,即系統性風險和非系統性風險。系統性風險,一般是由整個經濟的變動造成的市場全面風險,其影響是全面性的,是不可避免的,不能通過投資的多樣化來衝減和分散,也稱為不可分散的風險。非系統性風險,是公司特有風險,因而投資者可以通過投資多樣化來相對沖減或分散,

也稱為分散風險。這兩類風險可用證券風險構成圖來表示,見圖2-7。

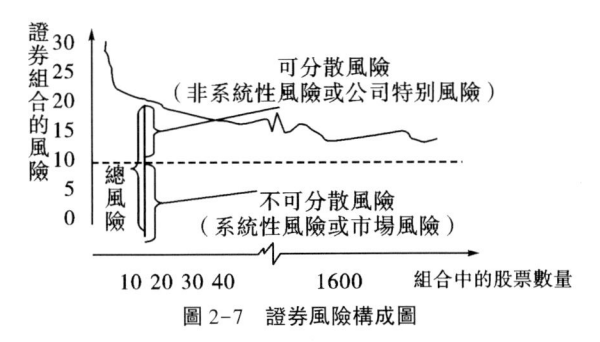

圖2-7 證券風險構成圖

從圖2-7中可以看出,可分散風險隨證券組合中股票數量的增加而逐漸減少。根據最近幾年的資料,一種股票形成的證券組合的標準差大約為28%,由所有股票組成的證券組合稱為市場證券組合,其標準差為15.1%,即 $\delta m = 15.1\%$。這樣,如果是一個包含有40種股票而又比較合理的證券組合,則大部分可分散風險都能消除。

(一) 可分散風險

可分散風險是指某些因素對單個證券造成經濟損失的可能性,如個別公司工人的罷工、公司在市場競爭中的失敗、訴訟失敗等。這種風險可通過持有證券的多樣化來抵消。即多買幾家公司的股票,其中某些公司的股票報酬上升,另一些下降,升降相抵,風險抵消。至於風險相抵的程度,則取決於相關係數 r。相關係數總在 $-1 \sim 1$ 之間。關於證券組合的相關係數,大致有以下三種比較特殊的情況:

(1) 當相關係數 $r = +1.0$ 時,為完全正相關,投資組合不發揮作用,兩個完全正相關的股票報酬將一起上升或下降,這樣的組合不能衝減或抵消任何風險。

(2) 當相關係數 $r = 0$ 時,為兩者不相關,此時每種證券的報酬相對於其他證券的報酬獨立變動。

(3) 當相關係數 $r = -1.0$ 時,為完全負相關,風險正好完全抵消。這樣的兩種股票組成的證券組合是最佳組合,能夠組成一個完全無風險的證券組合,這是因為它們的報酬正好成相反的循環,即當A股票報酬上升時,B股票報酬正好下降,升降的幅度正好相互抵消。事實上,在現實生活中完全負相關的兩種證券幾乎不存在,絕大多數情況是正相關的。

因此,現金生活中,證券投資組合可以降低風險,但不能完全消除風險。組合中的證券種類越多,風險越小。若投資組合中包括全部證券,則不承擔公司可分散風險,只承擔市場風險即不可分散風險。

(二) 不可分散風險

不可分散風險是指由於某些因素給市場上所有的證券都帶來經濟損失的可能性,如宏觀經濟狀況的變化、國家財政政策和貨幣政策的變化、世界能源狀況的改變都會使股票報酬發生變動。這些風險影響到所有的證券,因此,不能通過證券組合分散掉。換句話說,即使投資者持有的是經過適當分散的證券組合,也會遭受這種風險。因此,

對投資者來說，這種風險是無法消除的，但是這種風險對不同企業的影響程度是有差別的，對於這種風險的計量，可通過β係數來進行。

β係數是衡量一種證券投資（風險性資產）或證券組合的風險報酬率，對整個資本市場風險報酬率變動的反應的一種度量標準。其計算公式如下：

$$\beta = \frac{某種證券的風險報酬率}{證券市場上所有證券平均的風險報酬率}$$

上述公式是一個高度簡化的公式，實際計算過程非常複雜，在實際工作中，不用投資者自己計算，而是由專門機構定期計算並公布。其中，整個股票市場的β=1；若某種股票的β=1，說明其風險等於整個市場風險；若某種股票的β>1，說明其風險大於整個市場風險；若某種股票的β<1，說明其風險小於整個市場風險。一些標準的β值如下：

（1）β=0.5，說明該股票的風險只有整個市場股票風險的一半。
（2）β=1.0，說明該股票的風險等於整個市場股票的風險。
（3）β=2.0，說明該股票的風險是整個市場股票風險的2倍。

以上是單個股票β係數的計算方法，證券組合的β係數是單個證券β係數的加權平均。權數為各種股票在證券組合中所占的比重。其計算公式如下：

$$\beta_p = \sum_{i=1}^{n} X_i \beta_i \qquad (2-30)$$

式中：β_p表示證券組合的β係數；X_i表示證券組合中第i種股票所占的比重；β_i表示第i中股票的β係數；n表示證券組合中股票的數量。

【例2-19】若A、B、C三種證券投資總額為10萬元，其中：證券A為2萬元，β=2；證券B為5萬元，β=1；證券C為3萬元，β=0.5。求證券組合的β係數。

$\beta_p = 0.2 \times 2.0 + 0.5 \times 1 + 0.3 \times 0.5 = 1.05$

通過以上分析可得出如下結論：
（1）證券投資的總風險由可分散風險和不可分散風險兩部分組成。
（2）可分散風險可通過證券組合來消減，消減程度取決於相關係數r。
（3）不可分散風險不能通過證券組合來消減，需通過β係數來衡量。

二、證券組合的風險報酬

證券組合的風險報酬是指投資者因承擔不可分散風險而要求的，超過資金時間價值的那部分額外報酬。在現實生活中，證券組合投資與單項投資一樣，都要求對其承擔的風險進行補償，股票的風險越大，要求的報酬率越高。但是，證券組合投資所能補償的只是不可分散風險，不能補償可分散風險。若可分散風險也能補償的話，那些精通組合之術的人，就會利用證券組合來抬高證券價格，進而擾亂整個證券市場的價格水平。

證券組合風險報酬率的計算公式如下：

$$R_R = \beta_p (K_m - R_f) \qquad (2-31)$$

式中：K_m表示所有股票的平均報酬率，簡稱市場報酬率；R_f表示無風險報酬率，一般可用政府債券的利率來衡量。

【例2-20】某公司持有價值為150萬元的股票,是由甲、乙、丙三種股票構成的證券組合,它們的β系數分別為2.0、1.0、0.5,它們在證券組合中所占的比重分別為70%、20%和10%,股票的市場報酬率為15%,無風險報酬率為10%。試求這種組合的風險報酬率、風險報酬額和總投資報酬額。

(1) 確定證券組合的β系數。

$\beta_p = 70\% \times 2.0 + 20\% \times 1.0 + 10\% \times 0.5 = 1.65$

(2) 計算證券組合的風險報酬率。

$R_R = 1.65 \times (15\% - 10\%) = 8.25\%$

(3) 計算證券組合的風險報酬額。

$P_R = 150 \times 8.25\% = 12.38$(萬元)

(4) 計算投資總報酬額。

$K_K = 150 \times (10\% + 8.25\%) = 27.38$(萬元)

在其他因素不變的條件下,風險報酬率和風險報酬額的大小,取決於證券組合中的β系數。β系數越大,風險報酬率就越大,風險報酬額也就越大;反之,風險報酬額就越小。此種情況可通過下面的例題加以說明。

【例2-21】仍沿用上例資料,若該公司重新調整證券組合,賣出部分甲股票,買進部分丙股票,使證券組合的比重變為甲20%、乙20%、丙60%。求此時的風險報酬率、風險報酬額和總投資報酬額。

$\beta_p = 20\% \times 2.0 + 20\% \times 1.0 + 60\% \times 0.5 = 0.9$

$R_R = 0.9 \times (15\% - 10\%) = 4.5\%$

$P_R = 150 \times 4.5\% = 6.75$(萬元)

$K_K = 150 \times (10\% + 4.5\%) = 21.75$(萬元)

由此可見,調整甲、乙、丙三種股票在證券組合中的比重,縮小了β較大的甲股票的比重,擴大了β較小的丙股票的比重,使得綜合β系數變小,從而降低了風險同時也降低了風險報酬額和總投資報酬額,因此,在證券組合中,β系數起著關鍵的作用。

三、資本資產定價模型

由前邊的討論可知,證券組合的風險一般小於組合中各項證券的平均風險,這一現象對於研究風險和報酬之間的關係有重要的意義。西方管理學中的資本資產定價模型(Capital Asset Pricing Model,CAPM)表明了證券投資充分多樣化的組合中某風險與要求的報酬率之間的均衡關係。

介紹資本資產定價模型,需要先引入β系數。β系數表示的是相對市場收益率變動、個別資產收益率同時發生變動的程度,是一個標準化後的度量單項資產對市場組合方差貢獻的指標。當市場組合的β值為1時,反應的是所有風險資產的平均風險水平。β的值可正可負,標明單個股票對市場組合的變化方向;β的絕對值越大,表明單個股票收益率的波動越大,即系統風險程度越大。

有了這個模型,在不需要知道每個證券期望報酬率的情況下,就能確定有效的投

資組合。用圖形表示的資本資產定價模型，稱為證券市場線（Security Market Line，簡稱 SML）。它說明了必要報酬率 K 與不可分散風險 β 係數之間的關係，如圖 2-8 所示。

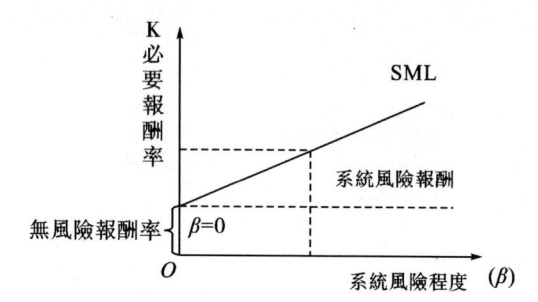

圖 2-8 必要報酬率 K 與不可分散風險 β 係數之間的關係

圖 2-8 中的縱軸代表必要報酬率、橫軸代表風險係數（β），證券市場線的起點為無風險報酬率，即 β 為 0 的報酬率，從此點向右延伸，報酬率隨風險程度的增加而增加，形成一個傾斜向上的直線，即為證券市場線，反應報酬與風險之間的「均衡」關係。沿著證券市場線的報酬率，是補償投資者持有證券承擔一定風險所要求的報酬率，所以稱為「必要報酬率」。SML 表明在系統風險一定的前提下，必要報酬率在市場上變動的趨勢，平行線所示為無風險報酬率。當風險增加時，報酬增加，必要報酬率也相應提高。資本資產定價模型的計算公式如下：

$$K_i = R_F + \beta_i (K_m - R_F) \tag{2-32}$$

式中：K_i 表示第 i 種股票或第 i 種證券組合的必要報酬率；R_F 表示無風險報酬率；β_i 表示第 i 種股票或第 i 種證券組合的必要報酬率；K_m 表示所有股票的平均報酬率。

對資本資產定價模型的說明如下：

（1）單個證券的期望收益率由兩個部分組成，無風險收益率和風險補償收益率。

（2）風險報酬的大小取決於 β 值的大小。β 值越高，表明單個證券的風險越高，所得到的風險補償報酬也就越高。

（3）β 值衡量的是單個證券的系統風險，非系統風險沒有風險補償。

【例 2-22】如果現行國庫券的利率為 7%，市場平均收益率為 16%，某種股票的 β 係數為 1.5，求該股票的必要報酬率。

$K_i = 7\% + 1.5 \times (16\% - 7\%)$

$\quad = 20.5\%$

計算結果表明，只有該股票的必要報酬率達到或超過 20.5%，投資者才能進行投資。

思考題

1. 什麼是貨幣時間價值？
2. 如何計算複利終值與現值？怎樣理解年金？
3. 如何理解風險與報酬之間的關係？

4. 投資者如何進行證券投資組合？
5. 如何理解資本資產定價模型？

練習題

1. 某公司希望在 3 年後能有 180,000 元的款項，用於購買一臺機床，假定目前存款年利率為 9%。計算該公司現在應存入多少錢。

2. 某公司每年年末存入銀行 80,000 元，銀行存款年利率為 6%。計算該公司第 5 年年末可從銀行提取多少錢。

3. 某人購入 10 年期債券一張，從第 6 年年末至第 10 年年末每年可獲得本息 200 元，市場利率為 9%。計算該債券的現值。

4. 某公司擬購置一處房產，房主提出兩種付款方案：
(1) 從現在起，每年年初支付 20 萬元，連續支付 10 次，共 200 萬元。
(2) 從第 5 年開始，每年年初支付 25 萬元，連續支付 10 次，共 250 萬元。假設該公司的資金成本率（即最低報酬率）為 10%，你認為該公司應選擇哪個方案。

5. 某企業擬購買一臺新機器設備，更換目前的舊設備。購買新設備需要多支付 2,000 元，但使用新設備後每年可以節約成本 500 元。若市場利率為 10%，則新設備至少應該使用多少年才對企業有利？

6. 某企業集團準備對外投資，現有三家公司可供選擇，分別為甲公司、乙公司和丙公司。這三家公司的年預期收益及其概率的資料如下表所示：

表 2-6　　　　　　　　　　年預期收益及其概率表

市場狀況	概率	年預期收益（萬元）		
		甲公司	乙公司	丙公司
良好	0.3	40	50	80
一般	0.5	20	20	10
較差	0.2	5	−5	−25

要求：假定你是該企業集團的風險規避型決策者，請依據風險與收益原理做出選擇。

7. 現有四種證券的 β 系數資料如下表所示：

表 2-7　　　　　　　　　　β 系數表

證券類別	A	B	C	D
β 系數	1.2	2.3	1.0	0.5

假定無風險報酬率為 5%，市場上所有證券的平均報酬率為 12%。求四種證券各自的必要報酬率。

案例分析

案例一：可怕的時間

據說，美國房地產價格最高的紐約曼哈頓是當初歐洲移民花費大約28美元從印第安人手中購買的。如果按照10%的年利息率，且按複利計息計算，這筆錢現在要相當於美國幾年的國內生產總值之和，遠遠大於整個紐約曼哈頓的所有房地產價值。假定現在你有1元，年利息率為10%，分別按照單利和複利計息計算，比較50年後的終值差異。

案例二：銀行收罰息了嗎

張女士買房時向銀行按揭貸款10萬元，商業貸款的年利率為5.04%，即月利率為0.42%，她選擇了10年期，即120個月等額還款法還款。每月還款為：

$$A = 100{,}000 \times \frac{0.42\% \times (1+0.42\%)^{120}}{(1+0.42\%)^{120}-1} = 1{,}062.6 \text{（元）}$$

在還款6年後，該女士希望把餘款一次還清。銀行要求該女士償還：

$$P = 1{,}062.6 \times \frac{1}{0.42\%} \times \left[1 - \frac{1}{(1+0.42\%)^{48}}\right] = 46{,}104.95 \text{（元）}$$

該女士在償還完餘款後發現，自己一共償還了銀行：$1{,}062.6 \times 72 + 46{,}104.95 = 122{,}612.15$元，扣除本金後，共還利息22,612.15元的利息。假如當初貸款時直接選擇6年期的貸款，則每月還款：

$$A = 100{,}000 \times \frac{0.42\% \times (1+0.42\%)^{72}}{(1+0.42\%)^{72}-1} = 1{,}612.3 \text{（元）}$$

6年共還款$1{,}612.3 \times 72 = 116{,}085.6$元，即利息為16,085.6元。

該女士認為自己同樣6年還款，為什麼要多支付利息$22{,}612.15 - 16{,}085.6 = 6{,}526.55$元，故認為銀行收取了罰息，而銀行否認。假如你是銀行工作人員，如何給該女士一個正確的答復？

案例三：諾貝爾獎獎金

諾貝爾獎獎金是以瑞典化學家諾貝爾的遺產設立的獎金。

埃弗雷·諾貝爾是位傑出的化學家，他於1833年10月出生在瑞典首都斯德哥爾摩。他的一生中有多項發明，其中最為重要的是安全炸藥。這項發明使他獲得了「炸藥大王」的稱號，並使他成為百萬富翁。他希望這項發明能夠為促進人類的繁榮做出貢獻，但事與願違，炸藥被廣泛地用於戰爭。這使他在人們心中成了一個「販賣死亡的人」。為此，他深感失望和痛苦。諾貝爾在逝世前立下遺囑，把遺產的一部分——920萬美元作為基金，以其每年約20萬美元的利息作為獎金，獎勵那些為人類的幸福和進步做出卓越貢獻的科學家和學者。

诺贝尔奖奖金分为物理学奖、化学奖、生理学和医学奖、文学奖、和平奖五项。物理学和化学由瑞典皇家科学院负责颁发,生理学和医学奖由瑞典卡罗琳医学研究院负责颁发,文学奖由瑞典文学院负责颁发,和平奖由挪威议会(当时挪威与瑞典同存于一个王国)负责颁发。1968年瑞典银行决定增设经济学奖,这项奖金由瑞典银行提供。

思考题:

(1) 如果以920万美元作为基金,每年基金投资回报率为6%,那么每年可用于发放奖金的数额可以有多少?

(2) 按照诺贝尔当初的意愿,较为理想的诺贝尔奖奖金金额,应能保证一位教授20年不拿薪水仍能继续他的研究。若2013年每个奖项的奖金均为140万美元,则这一年诺贝尔基金会的总资产需要达到多少才能满足奖金额度?

第三章　財務報表分析

引例

　　本杰明・格雷厄姆（Benjamin Graham，1894—1976）是華爾街的傳奇人物，被稱為「現代證券分析之父」，他的財務分析學說和思想在投資領域產生了極為重要的影響，為沃倫・巴菲特、馬里奧・加貝利、約翰・奈夫以及米謝爾・普賴斯等大批頂尖證券投資專家所推崇。格雷厄姆認為，如果一家公司真的營運良好，則其股票所含的投資風險便小，其未來的獲利能力一定比較高；反之，如果只是依靠消息進行投機，其風險則會非常高。那麼，如何判斷一家公司的營運狀況和未來發展，如何預測公司未來盈餘和股票內在價值呢？財務分析便是尋求答案的過程中不可或缺的工具，也是以格雷厄姆為領軍人物的秉承價值投資理念的投資者進行投資決策的制勝法寶。可以說，誰能運用財務分析分析出更有效率的信息，誰就佔有了信息優勢。

學習目標：

1. 明確財務報表分析的目的和作用。
2. 掌握財務報表分析的基本方法和程序。
3. 能夠正確理解和運用財務比率進行財務分析。
4. 掌握財務綜合分析方法。

第一節　財務報表分析概述

一、財務報表分析的概念

　　財務報表分析是以企業的財務報告等會計資料為基礎，對企業的財務狀況和經營成果進行分析評價的一種方法。它屬於狹義的財務分析，分析依據主要是財務報表、報表附註及其他財務報告信息（如管理報告、審計報告、社會責任報告等）。

　　現代財務報表分析一般包括戰略分析、會計分析、財務分析和前景分析四個部分。戰略分析的目的是確定主要的利潤動因及經營風險並定性評估企業的盈利能力，包括宏觀分析、行業分析和企業競爭策略分析等內容；會計分析的目的在於評價企業會計反應基本經濟現實的程度，包括評估企業會計的靈活性和恰當性，並修正會計數據等內容；財務分析的目的是運用財務數據評價企業當前及過去的業績並評估其可持續性，

包括比率分析和現金流量分析等內容；前景分析的目的是預測企業未來，包括財務報表預測和企業估值等內容。本章主要討論財務分析的相關內容。與其他分析相比，財務分析更強調分析的系統性和有效性，並強調透過財務數據發現企業問題。

財務報表分析的最基本功能是將大量的報表數據轉換為對特定決策有用的信息，減少決策的不確定性。財務報表分析的起點是財務報表，分析使用的數據大部分來源於公開發布的財務報表。因此，財務報表分析的前提是正確理解財務報表。

二、財務報表分析的目的

財務報表分析的信息用戶是企業各類利益相關者群體，他們通過利用財務報告和其他資料對企業經營狀況和財務狀況進行分析，發現當前企業存在的主要問題，並對企業未來發展做出合理預測，判斷自身權利是否能夠實現、契約是否能夠得到順利履行。由於不同的信息用戶與企業有著不同的利益關係，對企業的關注重點也有所不同。因此，企業財務報表分析的目的受制於分析主體和分析的服務對象。

（一）投資者

按照《公司法》的要求，企業投資者一旦把資金投入企業，一般情況下不能隨意抽走。投資者可以參與企業分紅以及剩餘財產的分配。可以說，企業和投資者之間利益共享、風險共擔。因此，投資者需要平衡投資的收益和風險，最為關注的是企業的成長性，以期獲得最佳的投資回報。在財務報表分析中，投資者會側重於分析企業的盈利能力、發展前景、競爭能力、資產質量、現金流量以及破產風險等，以判斷企業是否具備潛在的投資價值。

（二）債權人

企業的債權人包括貸款銀行、供應商、企業債券持有者等。相對於投資者而言，企業的債權人更為關注的是企業是否能在償還期內及時、足額地歸還所欠債務，因此，其分析重點主要在於企業的信用水平、償債能力、信貸風險等。

（三）管理層

管理層接受投資者委託管理企業，目的也是通過產品市場和資本市場運作以增加投資人的財富。為了實現受託責任，管理層進行財務報表分析的主要目的不僅要瞭解當前企業的財務狀況、經營情況以及現金流狀況等，而且要結合外在的經營環境對企業的未來財務及經營狀況進行合理估計。

（四）其他主體

除了上述信息用戶，企業財務報表分析的信息使用者還包括一些專業的投資諮詢、基金管理、資產評估、會計師事務所等仲介服務機構，它們也將通過財務報表分析滿足客戶的不同需要；國家相關監管機關如工商、稅務、證券交易所等，也需要通過財務報表分析，瞭解企業損益狀況、納稅情況、是否遵紀守法等。此外，企業內部職工也希望通過分析瞭解企業盈利與自身收入的匹配性，以維護自身權益。

三、財務報表分析的依據

財務報表分析的核心是發現企業存在的主要問題及產生這些問題的主要原因，從而為企業財務報表信息用戶提供決策依據。廣義的財務報表分析的依據不僅包括公司財務報告、公司公告、專業財務數據庫中相關行業、相關競爭公司的財務數據，還包括有關國內外宏觀經濟的研究報告、行業景氣指數分析報告等。本章主要進行的是狹義的財務報表分析，分析依據主要是公司財務報表以及報表附註等信息。其中，財務報表包括資產負債表、利潤表、現金流量表、所有者權益變動表四大主表及相關附表，如圖3-1所示。

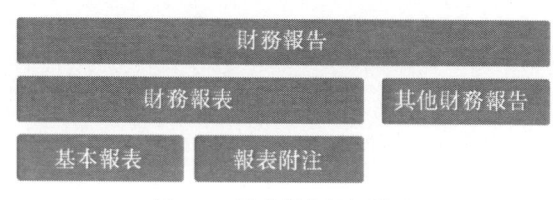

```
           ┌──────────────────────┐
           │       財務報告        │
           └──────────────────────┘
              ┌─────────┐    ┌─────────────┐
              │ 財務報表 │    │ 其他財務報告 │
              └─────────┘    └─────────────┘
          ┌─────────┐  ┌─────────┐
          │ 基本報表 │  │ 報表附註 │
          └─────────┘  └─────────┘
```

圖3-1　財務報告框架體系

（一）資產負債表

資產負債表是反應企業在某一時點財務狀況的會計報表，反應企業在某一特定日期所擁有或控制的經濟資源、所承擔的現時義務和所有者對淨資產的要求權。它是根據「資產＝負債＋所有者權益」的會計等式，依照一定的分類標準和次序，對企業一定日期的資產、負債和所有者權益項目予以適當安排，按一定的要求編製而成。利用資產負債表的資料可以分析企業資產的分佈狀態、負債和所有者權益的構成狀況，據以評價企業的資產結構、融資結構是否合理；可以分析企業資產的流動性或變現能力，長、短期債務金額及償債能力；還可以借助該資料分析企業獲利能力，評價企業經營業績。

資產負債表（如表3-1所示）按帳戶式結構分為左右兩邊，左邊列示企業資產，右邊列示企業負債和所有者權益。它可以為報表使用者提供以下五種信息：①企業資產的規模和結構；②企業資產質量；③企業負債規模和結構；④股東權益規模和結構；⑤企業融資結構和資本結構。

表3-1　　　　　　　　　　　　資產負債表
編製單位：A公司　　　　　　2014年12月31日　　　　　　　單位：萬元

資產	年末餘額	年初餘額	負債和所有者權益	年末餘額	年初餘額
流動資產：			流動負債：		
貨幣資金	44	25	短期借款	60	45
交易性金融資產	6	12	交易性金融負債	28	10
應收票據	14	11	應付票據	5	4

表3-1(續)

資產	年末餘額	年初餘額	負債和所有者權益	年末餘額	年初餘額
應收帳款	398	199	應付帳款	100	109
預付帳款	22	4	預收帳款	10	4
應收利息	0	0	應付職工薪酬	2	1
應收股利	0	0	應交稅費	5	4
其他應收款	12	22	應付利息	12	16
存貨	119	326	應付股利	0	0
一年內到期的非流動資產	77	11	其他應付款	25	22
其他流動資產	8	0	一年內到期的非流動負債	0	0
流動資產合計	700	610	其他流動負債	53	5
			流動負債合計	300	220
非流動資產：			非流動負債：		
可供出售金融資產	0	45	長期借款	450	245
持有至到期投資	0	0	應付債券	240	26
長期應收款	0	0	長期應付款	50	60
長期股權投資	30	0	專項應付款	0	0
固定資產	1,238	955	預計負債	0	0
在建工程	18	35	遞延所得稅負債	0	0
固定資產清理	0	12	其他非流動負債	0	15
無形資產	6	8	非流動負債合計	740	580
開發支出	0	0	負債合計	1,040	800
商譽	0	0	股東權益：		
長期待攤費用	5	15	股本	100	100
遞延所得稅資產	0	0	資本公積	10	10
其他非流動資產	3	0	減：庫存股	0	
非流動資產合計	1,300	1,070	盈餘公積	60	4
			未分配利潤	790	730
			股東權益合計	960	880
資產總計	2,000	1,680	負債和所有者權益總計	2,000	1,680

在分析資產負債表時應注意：

(1) 企業資產結構的合理性。即企業經營狀況和資源配置與使用的合理性，如有

形資產與無形資產的結構合理性，流動資產和固定資產的結構合理性等。

（2）企業資產的質量和管理水平。資產質量是以其營運效率為基礎，具體表現為資產產生主營業務收入現金流量的能力。如應收帳款質量表現為應收帳款能夠收回的數量和金額，如果不能及時收回將難以產生現金流入；存貨如果滯銷也將難以形成現金流。

（3）企業資產的變現力。如果企業流動資產的比例較高，由於其變現能力較強，將導致企業資產總體具有較強的變現力，從而有利於債權人、投資者以及企業管理層做出有效決策。

（4）企業的資本結構和債務結構。一般情況下，企業的負債不能過多，如果其遠遠大於企業淨資產，則企業面臨較大的財務風險。而在企業總體負債中，如果流動負債比重較大，也意味著企業有可能面臨較大的財務風險。

（5）企業資產結構和資本結構的匹配性。一般而言，短期資金用於流動資產的購置，長期資金用於長期資產的購建，其風險和收益才相匹配。如果是相反情況，則應密切關注企業的風險控制了。

(二) 利潤表

利潤表是反應企業在一定會計期間（如年度、月份或季度）的經營成果的會計報表。它是一張動態報表，反應的是一個「過程」的經營狀況。通過披露企業在某一期間內實現的收入、利潤以及發生的成本費用，充分反應企業經營業績的主要來源和構成，有利於報表使用者判斷利潤的質量及風險，進而預測其持續性，最終做出正確的決策。

中國企業利潤表採用的是多步式結構，通過將不同性質的收入和費用類別進行對比，從而得出一些中間性利潤數據，從而便於使用者理解企業經營成果的不同來源。具體結構如表 3-2 所示。

表 3-2　　　　　　　　　　　　利潤表

編製單位：A 公司　　　　　　2014 年度　　　　　　　　單位：萬元

項目	本年金額	上年金額
一、營業收入	3,000	2,850
減：營業成本	2,644	2,503
營業稅金及附加	28	28
銷售費用	22	20
管理費用	46	40
財務費用	110	96
資產減值損失	0	0
加：公允價值變動收益	0	0
投資收益	6	0

表3-2(續)

項目	本年金額	上年金額
二、營業利潤	156	163
加：營業外收入	45	72
減：營業外支出	1	0
三、利潤總額	200	235
減：所得稅費用	64	75
四、淨利潤	136	160

在分析利潤表時應注意：

(1) 在分析利潤總額的規模和結構時，要側重分析營業利潤對利潤總額的貢獻程度。由於營業外收支的偶發性強，且與主營業務無直接聯繫，通常不能反應企業的核心業務能力，而營業利潤則能很好地反應企業的持續發展能力。

(2) 分析企業營業收入的變動要結合企業產品市場份額的變動以及產品結構及業務類型的變動等。營業收入的持續增加是企業成長性的重要標誌。

(3) 分析營業成本和期間費用的變動時要結合營業收入的變動。如果收入的增長快於成本費用的增長，則意味著企業具有較高的成本費用控制能力和管理水平。

(4) 分析企業投資收益的數量以及被投資企業的業務類型與企業營業收入的數量及業務類型的相關性，從而瞭解企業投資的戰略方向。

(三) 現金流量表

現金流量表是反應企業一定會計期間現金及現金等價物流入和流出的報表。其中，現金等價物是指企業持有的期限短、流動性強、易於轉換成已知金額現金、價值變動風險較小的投資。如三個月內到期的國庫券等。現金流量表劃分為經營活動、投資活動和籌資活動，按照收付實現制原則編製，有利於全面揭示企業現金流量的方向、規模和結構，有利於評價企業的支付能力、償債能力、資金週轉能力以及預測企業未來現金流量。其具體結構及內容如表3-3所示。

表 3-3　　　　　　　　　　　　**現金流量表**

編製單位：A公司　　　　　2014年度　　　　　　　單位：萬元

項目	本年金額	上年金額（略）
一、經營活動產生的現金流量		
銷售商品、提供勞務收到的現金	2,810	
收到的稅費返還	0	
收到其他與經營活動有關的現金	10	
經營活動現金流入小計	2,820	
購買商品、接受勞務支付的現金	2,363	

表3-3(續)

項目	本年金額	上年金額（略）
支付給職工以及為職工支付的現金	29	
支付的各項稅費	91	
支付其他與經營活動有關的現金支出	14	
經營活動現金流出小計	2,497	
經營活動產生的現金流量淨額	323	
二、投資活動產生的現金流量		
收回投資收到的現金	4	
取得投資收益收到的現金	6	
處置固定資產、無形資產和其他長期資產收到的現金淨額	12	
處置子公司及其他營業單位收到的現金淨額	0	
收到其他與經營活動有關的現金	0	
投資活動現金流入小計	22	
購置固定資產、無形資產和其他長期資產支付的現金	369	
投資支付的現金	30	
支付其他與投資活動有關的現金	0	
投資活動現金流出小計	399	
投資活動產生的現金流量淨額	−377	
三、籌資活動產生的現金流量		
吸收投資收到的現金	0	
取得借款收到的現金	270	
收到其他與籌資活動有關的現金	0	
籌資活動現金流入小計	270	
償還債務支付的現金	20	
分配股利、利潤或償付利息支付的現金	152	
支付其他與籌資活動有關的現金	25	
籌資活動現金流出小計	197	
籌資活動產生的現金流量淨額	73	
四、匯率變動對現金及現金等價物的影響	0	
五、現金及現金等價物淨增加額	19	
加：期初現金及現金等價物餘額	25	
六、期末現金及現金等價物餘額	44	

分析現金流量表的注意事項：

（1）分析時要考慮企業所處的發展階段。企業發展通常要經歷初創階段、成長階段、成熟階段和衰退階段，各階段中企業各項活動產生的現金流量呈現不同特徵，如表 3-4 所示。

表 3-4　　　　　　　　　企業不同發展階段各類現金流量的一般性特徵

	初創階段	成長階段	成熟階段	衰退階段
經營活動現金流量	經營活動現金流量較少	經營活動現金流量增長性好	經營活動現金流量相對穩定	經營活動現金流量減少
投資活動現金流量	各類投資活動現金流量較大	投資活動現金流量持續增長	投資活動現金流量趨於穩定	投資活動現金流量減少
籌資活動現金流量	籌資活動現金流量較大	籌資活動現金流量增加	外部融資需求下降、股利分配、債務償還增加	外部籌資難度加大

（2）在分析企業現金流量時，要具體分析其流量構成。一般認為，經營活動現金流量是企業最重要的、持續性最強最穩定的資金來源，應在現金流量中占最主要的地位。

（3）分析經營活動現金流量時，應與淨利潤的形成過程結合起來進行分析，從而揭示二者之間的區別和聯繫，進而評價企業的盈利質量。

（四）所有者權益變動表

所有者權益變動表（在股份公司又稱為股東權益變動表）是反應企業一定期間（如年度、季度或月份）內，所有者權益的各組成部分當期增減變動情況的報表。它不僅包括股東權益總量的增減變動，還包括股東權益變動的重要結構性信息，讓報表使用者準確理解股東權益增減變動的根源。

所有者權益變動表採用矩陣形式列報，橫向列示股東權益各組成部分及其總額、交易或事項對股東權益的影響，縱向列示股東權益變動的交易或事項。其具體格式如表 3-5 所示。

表 3-5　　　　　　　　　　　　　股東權益變動表

編製單位：A 公司　　　　　　　　　2014 年　　　　　　　　　單位：萬元

項目	本年金額						上年金額（略）
	股本	資本公積	減：庫存股	盈餘公積	未分配利潤	股東權益合計	
一、上年年末餘額	100	10		40	730	880	
加：會計政策變更							
前期差錯更正							

表3-5(續)

項目	本年金額						上年金額(略)
	股本	資本公積	減：庫存股	盈餘公積	未分配利潤	股東權益合計	
二、本年年初餘額	100	10		40	730	880	
三、本年增減變動金額							
（一）淨利潤					136	136	
（二）其他綜合收益							
上述（一）和（二）小計					136	136	
（三）股東投入和減少資本							
1. 股東投入資本							
2. 股份支付計入股東權益金額							
3. 其他							
（四）利潤分配							
1. 提取盈餘公積				20	-20	0	
2. 對股東的分配					-56	-56	
3. 其他							
（五）股東權益內部結轉							
1. 資本公積轉增資本							
2. 盈餘公積轉增資本							
3. 盈餘公積彌補虧損							
4. 其他							
四、本年年末餘額	100	10		60	790	960	

(五) 四張報表間的關係

　　股東財富最大化或企業價值最大化是財務管理的目標。資產負債表是企業價值永恆的載體，資產、負債、所有者權益的存量記錄在資產負債表中，但它只記載了股東權益中各個項目的期末存量。只通過資產負債表，報表信息用戶無法瞭解股東權益的變動情況。而股東權益變動表則顯示了當期股東權益的變動過程。資產負債表的股本、資本公積、盈餘公積、未分配利潤的期初值和期末值，對應著股東權益變動表中各項目的期初值和期末值。

　　現金流量表中企業經營活動、投資活動、籌資活動產生的現金流量淨額是現金流量表中本期現金及現金等價物淨增加額，與資產負債表中貨幣資金的期初與期末餘額相聯繫。

企業經營損益狀況體現在利潤表的淨利潤中，其中利潤留存部分轉入股東權益變動表，並同時在資產負債表中反應出來，如圖3-2所示。

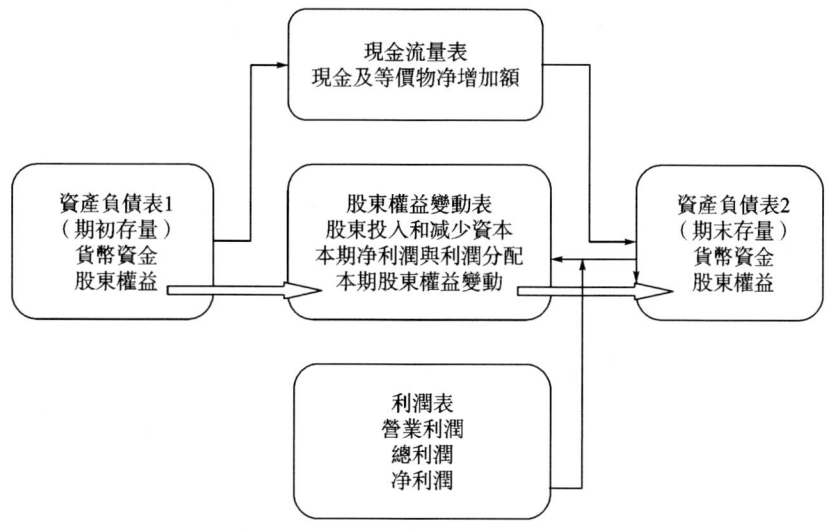

圖3-2　四張主要會計報表之間的關係

四、財務報表分析的程序和方法

（一）財務報表分析的基本程序

為確保財務報表分析工作的有效進行，財務報表分析應在遵循客觀、全面、系統、動態、定性與定量分析相結合的原則下按照一定的程序分步驟實施。一般可分為以下幾個步驟：

1. 明確分析目的，確定分析範圍

財務報表分析的第一步是明確分析的目的，如做的是投資可行性分析還是貸款可行性分析等；然後根據分析的目的，按照成本效益原則，合理確定分析的內容及重點，是全面分析還是專項分析，據以收集相關信息、提高分析的效率。如果分析的工作量較大，還應制訂工作計劃或方案。其內容包括分析目的和內容的確定、分析人員的分工和職責、分析工作的步驟和時間安排等。

2. 收集整理分析信息

分析內容和重點確定後，就要按照完整、及時、準確的原則收集相關資料。資料收集渠道通常包括企業、政府相關部門、同業公會、仲介機構、高校及其他科研機構、新聞媒體等。收集的資料應按分析的需要進行系統歸類整理。

3. 選擇適當的分析方法

分析的方法應按照分析的目的和範圍不同而選擇不同的方法。最適合分析目的、分析內容和所收集信息的方法就是最好的方法。常用的分析方法有比較分析法、比率分析法、因素分析法等，它們各有特點，在實際工作中常常需要結合使用，共同運用

於財務報表分析工作中。

4. 實際分析，得出分析結論

通過使用適當的分析方法對收集的資料進行定性和定量相結合的分析，這一步驟常常需要運用一定的職業判斷能力，商業和非商業的技術與知識，從而對企業財務狀況、經營情況做出正確的分析和評價，並對企業未來做出合理預測。

5. 撰寫分析報告

財務分析報告是財務報表分析工作的最終成果，其內容必須服務於分析目的，有利於分析主體據此做出正確的決策。報告的具體格式可以根據分析的目的和內容合理確定。企業內部的財務分析報告中主要應包括企業財務狀況和經營情況的總體評價、分析取得的成績和存在的問題、提出改進措施和建議等內容。在報告的撰寫中應遵循實事求是、觀點明確、注重實效、清楚簡練的原則。

總而言之，在實際的財務報表分析工作中，應不斷改進工作方法、完善工作程序，以得出更為有效的分析結論，服務於分析主體的不同分析目的。

(二) 財務報表分析的基本方法

1. 比較分析法

比較分析法又稱為水平分析法，即將相關數據進行比較，揭示差異並尋找原因，為改進企業經營管理指引方向的一種分析方法。它是財務分析最基本、最主要的方法。

比較的方式可以是絕對值變動量、變動率或變動比率值。其計算公式為：

絕對值變動量＝分析期實際值－基期實際值

變動率＝變動量／基期實際值×100%

變動比率值＝分析期實際值／基期實際值×100%

比較的標準（即對象）有：

（1）歷史標準：即將不同會計期間的數值進行比較，揭示其變動情況，進而預測其發展趨勢。在實際工作中，習慣將本期數值與上期數值或歷史最好水平進行比較。

（2）預算標準：即將分析期的實際數與計劃數（或預算數）進行比較，以確定實際與計劃的差異，從而檢查計劃的完成情況。

（3）行業標準：即將本企業的實際數與同行業平均水平或先進水平進行比較，以確定本企業在行業中所處的地位。

2. 結構分析法

結構分析法又稱為垂直分析法或比重分析法，即通過計算報表中各項目占總體的比重或結構，反應其與總體的關係，結合比較分析法，還可以進一步揭示項目結構的變動情況。會計報表經過結構分析法處理後，通常稱為同量度報表或共同比報表。結構分析法的基本步驟如下：

第一步，確定報表中各項目占總額的比重，即把分析對象（即分析總體）按一定的分類標準（性質或內容）劃分為若干類，然後測算其所占比重。其計算公式為：

$$某項目的比重 = \frac{該項目金額}{項目總金額}$$

第二步，通過各項目的比重，分析其在企業經營中的重要性。一般項目比重越大，說明其越重要，對總體影響越大。

第三步，將分析期比重與前期同項目比重或計劃比重對比，研究各項目比重的差異及變動情況；也可以將其與同行業先進企業或競爭對手企業同項目的比重進行比較，通過差異分析以瞭解企業的成績及存在的問題。

3. 趨勢分析法

趨勢分析法是根據企業連續幾個期間的有關財務數據，運用指數或完成率的計算，以確定企業分析其有關項目變動情況和趨勢的一種分析方法。它既可以用於對會計報表的整體分析，即研究一定時期報表各項目的變動趨勢，也可以就某些主要指標的發展趨勢進行分析。趨勢分析法的一般步驟為：

第一步，計算趨勢比率或指數。通常指數的計算有兩種：一是定基指數，即各個時期的指數都是以某一固定時期為基期進行計算；二是環比指數，即各個時期的指數都是以前一期為基期進行計算。實際工作中常採用的是定基指數。

第二步，根據指數計算結果，評價與判斷企業各項指標的變動趨勢及其合理性。

第三步，預測未來的發展趨勢。根據企業以前各期各指標的變動情況，研究其變動趨勢或規律，從而預測企業未來發展變動情況。

【例3-1】某企業2010—2014年有關銷售收入、淨利潤、每股收益的資料如表3-6、表3-7所示。

表3-6　　　　　　　　　　　財務指標表　　　　　　　　　　單位：萬元

	2014年	2013年	2012年	2011年	2010年
銷售收入	17,034	13,305	11,550	10,631	10,600
淨利潤	1,397	1,178	374	332	923
每股收益	4.31	3.52	1.10	0.97	2.54

表3-7　　　　　　　　　　　趨勢分析表　　　　　　　　　　單位：%

	2014年	2013年	2012年	2011年	2010年
銷售收入	160.7	125.5	109.0	100.3	100.0
淨利潤	151.4	127.6	40.5	36.0	100.0
每股收益	169.7	138.6	43.3	38.2	100.0

從表3-6、表3-7可以看出，該企業的銷售收入在逐年增長，2013年和2014年增長較快。但淨利潤和每股收益在2011年和2012年有所下降，2013年和2014年又加速增長。總體來講，儘管企業2011年和2012年盈利有所減少，但2013年和2014年實現了加速上漲，如果保持這一趨勢，則可以預計2015年該企業的盈利狀況仍將保持較好態勢。

4. 比率分析法

比率分析法是將影響財務狀況的兩個相關因素聯繫起來，通過計算比率，反應它

們之間的關係，借以評價企業財務狀況和經營狀況的一種財務分析方法。比率有百分率（如資產負債率為50%）、比（如流動比率為2∶1）和分數（如淨資產占總資產的2/3）三種形式。比率分析法以其簡單、明瞭、可比性強，成為財務分析中最重要的方法，在實踐中得到了廣泛的運用。常用的財務比率有三種類型：

（1）構成比率。

構成比率又稱為結構比率，是指某項財務指標的各個組成部分數值占總數值的百分比，如資產結構比率（某類資產占總資產的比重）、負債構成比率（流動負債或非流動負債占總負債的百分比）等。構成比率可以反應總體中各組成部分的安排是否合理，據此可以發現存在顯著問題的項目，從而有利於做出適當的調整。

（2）相關比率。

相關比率是以某個項目與其有關但又不同的項目加以對比所得的比率，反應有關經濟活動的相互關係，從而可以考察有聯繫的相關業務安排是否合理。如將流動資產和流動負債加以對比，計算出流動比率，可以判斷企業短期償債能力的大小。

（3）效率比率。

效率比率是將某項經濟活動的所得與所費相比得出的比率，反應了投入和產出的關係，可以用於評價經濟效益的好壞。如將利潤與總資產、淨資產、銷售收入、銷售成本等相比得出的總資產利潤率、淨資產收益率、銷售利潤率、成本利潤率等均是從不同角度說明企業盈利能力的高低的。

5. 因素分析法

因素分析法是依據分析指標與其影響因素之間的關係，按照一定的程序和方法，確定各因素對分析指標差異影響程度的一種技術方法。因素分析法具體又分為連環替代法和差額計算法兩種，後者是前者的簡化形式。因素分析法的基本步驟為：

第一步，確定分析對象，即確定需要分析的財務指標，比較其實際數額和標準數額，二者的差額即為分析對象。

第二步，確定分析指標的影響因素及其替代順序，並建立該指標與其影響因素的函數關係式。

第三步，按順序計算各影響因素對分析指標的影響程度，即將每次替代所計算的結果與該因素被替代前的結果進行對比，二者的差額即為替代因素對分析對象的影響程度。

第四步，檢驗分析結果。即將各因素對分析指標的影響額相加，其代數和應等於分析對象。如若不等，則說明分析結果是錯誤的。

【例3-2】某企業2014年1月材料費用實際數是6,720元，計劃數是5,400元，影響材料費用的有產品產量、單位產品材料耗用量和材料單價，三因素的乘積即為材料費用，請運用因素分析法合理確定各因素對該月材料費用的影響程度。相關資料如表3-8所示。

表 3-8　　　　　　　　　　某企業材料費用耗用表

項目	單位	計劃數	實際數	差異
產品產量	件	120	140	20
材料單耗	千克/件	9	8	-1
材料單價	元/千克	5	6	1
材料費用	元	5,400	6,720	1,320

第一步，確定分析對象：
分析對象＝實際數-計劃數＝6,720-5,400＝1,320（元）
第二步，確定分析指標的影響因素及其替代順序：
材料費用＝產品產量×材料單耗×材料單價
第三步，按順序計算各影響因素對分析指標的影響程度：
材料費用計劃數＝120×9×5＝5,400（元）
第一次替代產品產量：140×9×5＝6,300（元）
第二次替代材料單耗：140×8×5＝5,600（元）
第三次替代材料單價：140×8×6＝6,720（元）
各因素變動的影響程度分析：
產量增加的影響＝6,300-5,400＝900（元）
單耗下降的影響＝5,600-6,300＝-700（元）
單價提高的影響＝6,720-5,600＝1,120（元）
全部因素的影響＝900-700+1,120＝1,320（元）

從上述分析可以看出，本月材料費用上升的主要原因是材料單價的上升，其次是產量的提高，材料單價的下降對於材料費用的下降起到了有利的影響。企業應採取有力措施應對材料價格上漲的不利影響。

五、財務報表分析的局限性

（一）財務報表本身的局限性

財務報表是財務報表分析的主要數據來源和依據，而其本身存在的不足必將影響分析的質量。財務報表本身的局限性主要表現在以下幾個方面：

1. 信息的時滯性

財務會計主要是對已經發生和完成的經濟活動進行反應，歷史成本計量是其主要的計量手段，因此，根據財務會計資料編製的財務報表也主要反應歷史信息。而財務報表分析的目的主要服務於分析主體的各項決策，而決策的主要依據是企業未來的財務狀況和經營成果。所以，財務報表信息的時滯性，不符合決策及時性的要求。

2. 內容的局限性

財務會計採用貨幣作為主要的計量單位，因此財務報表反應的都是能以貨幣計量的經濟活動，不能反應非貨幣性事項，如產品質量、市場份額、勞動力素質、管理水

平等。而這些信息對分析判斷企業財務狀況和經營情況也是非常重要的,導致分析主體難以對一些與決策有重大參考價值而又不能用貨幣單位來計量的內容進行評價。同時,財務報表基於制度原因、保密原因等,不能提供詳盡的因素分析數據,如各成本項目數據、材料消耗數據等,難以滿足所有報表用戶的需要,特別是抱有某種特殊目的的人士的需要。

3. 會計政策選擇影響會計指標的可比性

近年來,整個世界範圍內的會計準則和制度都在發生重大調整和改革,中國會計準則也處於不斷發展完善過程中,每一項新的會計準則出抬,必然會影響同一企業前後期會計資料的可比性。而會計準則對於同一會計事項的會計處理允許在多種會計處理方法中選擇,如固定資產折舊方法、存貨計價方法等,不同企業選擇不同方法必然會影響不同企業會計報表的可比性。

4. 財務報表的可靠性問題

只有符合規範的、可靠的財務報表,才能得出正確的分析結論。在現實生活中,由於利益問題的存在,使得會計信息在生成過程中被人為地操縱,會計舞弊事件屢有出現,嚴重影響了報表信息的可靠性。

(二) 財務報表分析方法的局限性

財務報表分析中運用最主要的方法是比較分析法和比率分析法,但二者均存在一定的局限性,有可能會影響到分析結果的正確性。

1. 比較分析法的局限性

比較分析法的使用中很重要的是要選擇一個比較標準,從而計算出實際與標準的差異,並進一步分析導致差異的原因,最終發現存在的問題並提出解決措施。如果標準選擇不夠恰當,如選擇一個異常年份的財務數據作為比較標準則可能難以發現真實的變動情況。

2. 比率分析法的局限性

比率分析法的局限性主要表現為:一是財務比率缺乏可比性,不僅不同行業、不同規模、不同地區、不同發展階段的企業同一財務比率缺乏可比性,而且同一企業由於不同時期選擇不同會計政策和會計處理方法也會導致其不同時期的財務比率缺乏可比性;二是財務比率體系並不完善,每一種財務比率只能反應企業財務狀況或經營情況的某一方面,從而導致對企業的反應不夠全面;三是分析財務報表所使用的比率,隨報表使用者著眼點、目標和用途的不同而變化。根據計算出來的比率所做的解釋和評價也不一樣。

由於財務報表分析存在上述局限性,因此在分析時要做全面的調查,要充分利用能夠獲取的種種信息,發揮分析者的智慧和經驗,盡可能獲得滿意的效果。

第二節　財務比率分析

反應企業基本財務狀況和經營情況的分析指標包括償債能力指標、營運能力指標、

盈利能力指標和發展能力指標。

一、盈利能力分析

盈利能力是指企業在一定時期內賺取利潤的能力，表明企業以一定的資源投入能取得的經濟效益的多少。盈利能力越強，說明企業經營業績越好，經營管理水平越高。這是企業投資者、債權人以及企業經營管理層都非常關注的一大能力。反應企業盈利能力的指標很多，主要包括：

（一）權益報酬率

權益報酬率又稱為淨資產利潤率，是反應企業盈利能力的核心指標，反應企業資本的增值能力，是企業本期淨利潤與所有者權益的比率。該指標越高，反應企業盈利能力越好。其計算公式為：

$$權益報酬率 = \frac{淨利潤}{所有者權益平均餘額} \times 100\%$$

【例3-3】根據A公司財務報表資料計算該公司權益報酬率：

權益報酬率＝136÷〔(960+880)÷2〕
　　　　　＝14.78%

評價該指標時，可以結合社會平均利潤率或行業利潤率進行比較分析。

（二）總資產報酬率

總資產報酬率是指企業營運資產而產生利潤的能力，是息稅前利潤與平均總資產的比率。該指標是一個綜合指標。息稅前利潤的多少與企業資產的多少、資產結構、經營管理水平有著密切的關係。其計算公式為：

$$總資產報酬率 = \frac{利潤總額 + 利息支出}{平均總資產} \times 100\%$$

【例3-4】根據A公司財務報表資料，計算該公司總資產報酬率：

總資產報酬率＝(200+110[①])÷〔(2,000+1,680)÷2〕
　　　　　　＝16.85%

總資產報酬率越高，說明企業資產的運用效率越好。評價該指標時，需要與企業前期比率、同行業其他企業的這一比率進行比較。

（三）銷售毛利率和銷售淨利率

1. 銷售毛利率

銷售毛利率是銷售毛利與營業收入的比率，是指企業每實現1元的營業收入所能獲取的毛利額，反應企業銷售的初始盈利水平以及企業產品或項目本身的盈利空間，是計算銷售淨利率的基礎。其計算公式為：

$$銷售毛利率 = \frac{銷售毛利}{營業收入} \times 100\%$$

[①] 利息支出用財務費用代替。

$$=\frac{營業收入-營業成本}{營業收入}\times100\%$$

【例3-5】根據 A 公司財務報表資料計算該公司本年銷售毛利率：

銷售毛利率＝（3,000－2,644）÷3,000

＝11.87%

毛利是企業利潤的基本來源，是補償企業期間費用的重要保障。毛利率偏低，意味著企業經營的產品或勞務附加值低，影響著企業的持續發展。在分析這一指標時，要結合企業不同時期或同行業不同企業指標值進行比較，對毛利率持續下降的企業要引起高度重視。

2. 銷售淨利率

銷售淨利率是企業淨利潤與營業收入的比率，反應企業實現 1 元營業收入所能帶來的最終成效（稅後利潤）。一般來講，銷售淨利率越高，表明企業獲利能力越強。其計算公式為：

$$銷售淨利率=\frac{淨利潤}{營業收入}\times100\%$$

【例3-6】根據 A 公司財務報表資料計算該公司本年銷售淨利率：

銷售淨利率＝136÷3,000

＝4.53%

在分析這一指標時，應重點關注淨利潤構成中非經常性損益的多少。同時，分析時還應進一步結合企業不同時期或同行業不同企業指標值進行比較，以瞭解企業盈利能力的變動情況及在同行業中的盈利水平的高低。

(四) 營業費用利潤率

營業費用利潤率是企業當期營業利潤與營業費用總額的比率，即：

$$營業費用利潤率=\frac{營業利潤}{營業費用總額}\times100\%$$

其中，營業費用總額包括企業營業成本、營業稅金及附加、銷售費用、管理費用、財務費用、資產減值損失。由於成本費用是企業取得收益的代價，成本費用利潤率越高，說明企業取得單位收益付出的代價越小，投入產出比越大，企業在控制成本費用方面的工作成效越好。

【例3-7】根據 A 公司財務報表資料計算該公司本年營業費用利潤率：

營業費用利潤率＝156÷（2,644＋28＋22＋46＋110）

＝5.47%

(五) 全部成本費用利潤率

全部成本費用利潤率是指全部成本費用與利潤總額的比率，即：

$$全部成本費用利潤率=\frac{利潤總額}{全部成本費用總額}\times100\%$$

其中，全部成本費用總額包括營業費用總額和營業外支出。

【例3-8】根據A公司財務報表資料計算該公司本年全部成本費用利潤率：
全部成本費用利潤率＝200÷（2,644+28+22+46+110+1）
　　　　　　　　　＝7.02%

將全部成本費用利潤率與營業費用利潤率進行比較，可以反應營業外活動對盈利的影響。

（六）每股收益

隨著股份制企業的增多，上市公司也越來越多。由上市公司自身特點所決定，其盈利能力除了可以通過上述一般盈利能力指標分析外，還可以通過一些特殊指標進行分析，每股收益就是其中最重要的指標之一。

每股收益的基本含義是指每股發行在外的普通股所能分攤到的淨收益額。它是投資者進行股票投資的重要決策依據。其基本計算公式為：

$$普通股每股收益 = \frac{淨利潤 - 優先股股息}{發行在外的普通股加權平均數}$$

其中，發行在外的普通股加權平均數＝期初發行在外普通股股數+當期新發行普通股股數×(已發行時間÷報告期時間)－當期回購普通股股數×(已回購時間÷報告期時間)

【例3-9】假設上述A公司本期期初發行在外的普通股股數是1,000萬股，本期既沒有新發股票也沒有回購股票，該公司也沒有優先股，則其當期每股收益為：
每股收益＝136÷1,000
　　　　＝0.136（元）

（七）普通股權益報酬率

普通股權益報酬率是指企業淨利潤扣除應發放的優先股股利後的餘額與普通股權益之比。該指標是從股東角度反應企業的盈利能力，指標值越高，說明盈利能力越強，普通股股東可得收益越多。其計算公式為：

$$普通股權益報酬率 = \frac{淨利潤 - 優先股股息}{普通股權益平均額}$$

【例3-10】根據A公司財務報表資料計算該公司本年普通股權益報酬率：
普通股權益報酬率＝136÷[（960+880）÷2]
　　　　　　　　＝14.78%

（八）每股經營現金流量

每股經營現金流量是指經營活動淨現金流量與發行在外的普通股股數的比率，反應每股發行在外的普通股所平均佔有的經營淨現金流量。該指標越大，說明企業盈利質量越好，進行資本支出和支付股利的能力越強。其計算公式為：

$$每股經營現金流量 = \frac{經營活動淨現金流量}{發行在外的普通股加權平均數}$$

根據A公司財務報表資料計算該公司本年每股經營現金流量：
每股經營現金流量＝323÷1,000
　　　　　　　＝0.323（元）

比較每股經營現金流量和每股收益可以發現企業實現利潤的資金保證程度。如果每股經營現金流量大於每股收益，則說明實現的利潤是有充分的現金流做保證的；反之，則說明企業雖然實現了利潤，但沒有收回相應的貨幣資金，企業有可能仍存在資金緊缺的問題。

(九) 市盈率

市盈率又稱為價格與收益比率，反應普通股的市場價格與當期每股收益的關係。其計算公式為：

$$市盈率 = \frac{普通股每股市價}{普通股每股收益}$$

這個比率一般用來判斷企業股票與其他企業股票相比較所具有的潛在價值。發展前景較好的企業通常具有較高的市盈率；反之，發展前景不佳的企業市盈率指標往往較低。但這一判斷並不絕對，要準確估計企業發展前景還需結合其他盈利能力指標以及企業所處行業等予以綜合考慮。

(十) 托賓 Q 值

托賓 Q 值（Tobin Q）指標是指公司的市場價值與其重置成本之比。通常一般用總資產的帳面價值替代重置成本，用普通股的市場價格和債務的帳面價值之和表示市場價值。其計算公式為：

$$托賓\ Q\ 值 = \frac{股權市場價格 + 長短期債務帳面價值合計}{總資產帳面價值}$$

若公司的托賓 Q 值大於 1，表明市場上對該公司的估價水平高於其自身的重置成本，該公司的市場價值較高；反之，若公司的托賓 Q 值小於 1，表明市場上對該公司的估價水平低於其自身的重置成本，該公司的市場價值則較低。但由於影響股票價格的因素很多，托賓 Q 值也不一定能夠真實反應公司的價值。因此，在用托賓 Q 值判斷公司的盈利能力和市場價值時，要根據資本市場的現實狀況做出一定的調整。

二、償債能力分析

償債能力是指企業償還各種到期債務的能力，它揭示企業的財務風險。償債能力具體分為短期償債能力（又稱為支付能力）和長期償債能力。

(一) 短期償債能力分析

短期償債能力是指企業流動資產對流動負債及時足額償還的保證程度，是衡量企業當前支付能力的重要標誌。短期償債能力指標具體包括營運資本、流動比率、速動比率、現金比率等。

1. 營運資本

營運資本是指流動資產超過流動負債的部分。由於流動負債的償還日和流動資產的變現日不可能完全做到同步同量，因此，企業必須保有一定金額的營運資本作為緩衝。營運資本越多，說明流動負債的償還越有保障，短期償債能力越強。營運資本的

計算公式為：

營運資本＝流動資產－流動負債

【例3-11】計算A公司的營運資本。

根據前述表3-1中的A公司資產負債表數據可得：

上年營運資本＝610－220＝390（萬元）

本年營運資本＝700－300＝400（萬元）

本年營運資本比上年略有增加，說明A公司本年的短期償債能力有所提升。

2. 流動比率

流動比率是全部流動資產與全部流動負債的比值。作為一個相對數，流動比率消除了企業由於規模不同而缺乏可比性的問題，在實踐中，更適合同行業比較以及本企業不同時期的比較。流動比率的計算公式為

$$流動比率 = \frac{流動資產}{流動負債}$$

流動比率顯示企業有多少短期可變現資產來償還短期負債，反應了短期債權人安全邊際的大小，比率越大，表明企業資產流動性越高，短期償債能力越強。一般認為，流動比率維持在2:1是合適的。比率如果小於1，說明企業償債能力較弱；反之，如果比率大於3，則表示企業流動資產比重較大。由於流動資產雖然變現性強，但盈利性較弱，較多的流動資產意味著企業財務風險儘管較小，但獲利能力也較差。

實際上，流動比率並不存在統一、標準的數值。不同行業的流動比率往往存在較大的區別。營業週期越短的行業，合理的流動比率越低，許多成功企業的流動比率都低於2。隨著近年來企業經營方式以及金融環境的變化，這一比率還有下降的趨勢。

【例3-12】計算A公司的流動比率。

根據前述表3-1中的A公司資產負債表數據可得：

上年流動比率＝610÷220＝2.77

本年流動比率＝700÷300＝2.33

由於本年流動比率比上年略有下降，說明A公司本年的短期償債能力較上年有所減弱。

在運用流動比率進行評價企業短期償債能力時，應結合上年流動比率或同行業平均流動比率（或先進企業流動比率）進行比較，才能說明企業短期償債能力的變動趨勢和好壞狀況。如果比率變動較大或者與行業平均值出現重大偏離，就應對構成流動比率的流動資產和流動負債的各項目逐一分析，尋找形成差異的原因。

流動比率也存在一定的局限性，它是建立在所有的流動資產都能變現償債的基礎上。實際上，有些流動資產的帳面金額與其變現金額可能存在較大差異，且經營流動資產要用於日常經營活動，也不能全部用於償債，而經營性應付項目可以滾動存續，無須動用現金全部結清。因此，流動比率是對短期償債能力的粗略估計。

3. 速動比率

速動比率又稱為酸性試驗比率，是指企業的速動資產與流動負債的比率，用來衡量企業流動資產中可以立即變現償付流動負債的能力。其計算公式為：

$$速動比率 = \frac{速動資產}{流動負債}$$

速動資產是指能夠在較短時間內變現的流動資產，如貨幣資金、交易性金融資產和各種應收款項等；而流動資產中的存貨、預付款項、1 年內到期的非流動資產和其他流動資產則成為非速動資產。非速動資產的變現金額和時間具有較大的不確定性，如存貨的變現速度一般比應收款項慢，且部分存貨可能已經報廢、尚未處理，或已抵押給某些債權人，不能用於償債，存貨的帳面金額也與變現金額可能存在一定的差異。因此，速動比率比流動比率更能真實反應一個企業的短期償債能力。

【例3-13】計算 A 公司的速動比率。

根據前述表 3-1 中的 A 公司資產負債表數據可得：

上年速動比率＝（25+12+11+199+4+22）÷220＝1.24

本年速動比率＝（50+6+8+398+22+12）÷300＝1.65

一般認為，速動比率維持在 1：1 左右較為理想。該公司近兩年的速動比率都大於 1，且本年比上年的比率有所上升，說明公司具有較強的短期償債能力。

與流動比率一樣，不同行業的速動比率差別依然較大。如採用大量現金銷售的商場，幾乎沒有應收款項，其速動比率往往低於 1；而大量採用賒銷的一些企業，由於應收款較多，速動比率往往大於 1，但並不能說明後者的短期償債能力就好於前者。影響速動比率可信度的主要因素是應收帳款的變現能力。季節性生產經營的企業應收款變動較大，難以真實反應企業短期償債能力，在分析時應加以關注。

4. 現金比率

現金比率是指現金類資產對流動負債的比率。現金類資產具體包括貨幣資金和交易性金融資產，二者是速動資產中流動性最強、可用於直接償債的資產，而其他速動資產需要等待不確定的時間才能轉換為不確定金額的現金。因此，現金比率能夠更為準確地反應企業的直接償付能力。當企業需要大宗採購或發放工資支付現金時，這一比率更能顯示其重要作用。對於應收款和存貨變現存在問題的企業，這一指標尤為重要。

現金比率越高，說明企業可用於償債的現金類資產越多。但由於現金類資產盈利性較弱，如果企業現金類資產較多則可能會影響企業的盈利能力。一般認為，現金比率應在 20%左右較為合適。

【例3-14】計算 A 公司的現金比率。

根據前述表 3-1 中的 A 公司資產負債表數據可得：

上年現金比率＝（25+12）÷220＝0.17

本年現金比率＝（50+6）÷300＝0.19

公司本年的現金比率比上年有所上升，說明公司短期支付能力增強了。

5. 現金流量比率

現金流量比率是指經營活動現金流量淨額與流動負債的比率，用來衡量企業的流動負債用經營活動產生的現金來支付的程度。其計算公式為：

$$現金流量比率 = \frac{經營活動現金流量淨額}{流動負債}$$

經營活動現金流量淨額的大小反應企業某一會計期間生產經營活動產生現金的能力，是償還企業到期債務的基本資金來源。該指標大於或等於 1 時，表明企業有足夠的能力以生產經營活動產生的現金來償還其短期債務；反之，如果該指標小於 1，則表示企業生產經營活動產生的現金難以償還到期債務，企業需通過對外籌資或出售資產用以還債。

【例 3-15】計算 A 公司的現金流量比率。

根據上述 A 公司資產負債表和現金流量表數據可得：

本年現金流量比率 = 323÷300 = 1.08

該指標大於 1，說明該公司依靠本年生產經營活動產生的現金流量能夠歸還到期債務。

用經營活動現金流量淨額代替可償債資產存量，與短期債務進行比較以反應償債能力，更具說服力。因為它克服了可償債資產未考慮未來變化及變現能力等問題，而且實際支付債務的通常是現金，而非其他可償債資產。但需要注意的是，該比率是建立在以上一年的經營活動現金流量來估計下一年的經營活動現金流量的假設基礎之上，使用該比率時應注意影響下一年度經營活動現金流量變動的因素。

6. 影響短期償債能力的其他因素

上述比率均是依據報表數據而計算得出，而實際上一些表外因素也會影響企業短期償債能力，甚至影響相當大，如可動用的銀行貸款指標、準備很快變現的非流動資產以及良好的償債聲譽均會提升企業的短期償債能力；而與擔保有關的或有負債以及經營租賃合同中的承諾條款則會降低企業的短期償債能力。

(二) 長期償債能力分析

企業的長期債權人和所有者，不僅關心企業短期償債能力，更關心企業長期償債能力。

1. 資產負債率

資產負債率是總負債占總資產的百分比。其計算公式為：

$$資產負債率 = \frac{負債總額}{資產總額} \times 100\%$$

資產負債率可以衡量在企業的總資產中由債權人所提供的資金比例。資產負債率越低，企業償債越有保障，貸款越安全。如果資產負債率高到一定程度，則難以取得貸款。通常，企業資產在拍賣時的售價不到帳面價值的 50%，因此，資產負債率高於 50% 則債權人的利益難以保證。由於不同資產變現力有著較大區別，如專用設備的變現力就難於一般的房屋建築物。因此，持有不同資產的企業，對其資產負債率的評價也有所不同。

【例 3-16】計算 A 公司的資產負債率等長期償債能力指標。

根據 A 公司的報表數據可得：

上年資產負債率＝800÷1,680×100％＝48％

本年資產負債率＝1,040÷2,000×100％＝52％

由於本年的資產負債率略高於上年的資產負債率，說明公司長期償債能力有所下降，但仍在安全範圍內。

從穩健原則出發，該比率還可以再保守一些進行計算，即從資產中扣除無形資產，計算有形資產負債率。其計算公式為：

有形資產負債率＝負債總額÷（總資產－無形資產）×100％

根據 A 公司的報表數據可得：

上年有形資產負債率＝800÷（1,680－8）×100％＝47.85％

本年有形資產負債率＝1,040÷（2,000－6）×100％＝52.16％

由於無形資產比重較小，所以該公司有形資產負債率的上年和本年數與資產負債率的同期數據相差不大。

2. 所有者權益比率和權益乘數

所有者權益比率又稱為股東權益比率，是指所有者權益同資產總額的比率，反應企業全部資產中有多少是投資者投資形成的。其計算公式為：

$$所有者權益比率 = \frac{所有者權益總額}{資產總額} \times 100\%$$

該比率是表示企業長期償債能力保證程度的重要指標。該比率越高，說明企業資產中由投資人投資形成的資產越多，償還債務的保證越大。該比率與資產負債率的關係是「所有者權益比率＋資產負債率＝1」。

權益乘數是所有者權益比率的倒數形式，表明企業的所有者權益支撐著多大規模的投資。該比率越大，說明企業對負債經營利用得越充足，財務風險也就越大。其計算公式為：

$$權益乘數 = \frac{資產總額}{所有者權益總額}$$

【例3-17】計算 A 公司的權益乘數。

根據 A 公司的報表數據可得：

上年權益乘數＝1,680÷880＝1.91

本年權益乘數＝2,000÷960＝2.08

由以上數據可知，說明該公司本年更多地運用負債經營，財務風險有所增加。

3. 產權比率

產權比率是將負債與所有者權益直接對比。其計算公式為：

$$產權比率 = \frac{負債總額}{所有者權益總額}$$

該比率與資產負債率以及所有者權益比率一樣，都可以反應企業債務保證程度，反應企業基本的財務結構是否穩定。

4. 有形淨值債務率

$$有形淨值債務率 = \frac{負債總額}{所有者權益－無形資產淨值} \times 100\%$$

該比率實質上是產權比率的延伸，是更為謹慎、保守地反應在企業清算時債權人投入的資本受到所有者權益的保障程度。

5. 利息保障倍數

利息保障倍數是指息稅前利潤為利息費用的倍數。其計算公式為：

$$利息保障倍數 = \frac{息稅前利潤}{利息費用}$$

$$= \frac{稅前利潤 + 利息費用}{利息費用}$$

通常可以用財務費用的數額作為利息費用，也可以根據報表附註資料確定更準確的利息費用數額。利息保障倍數的重點是衡量企業支付利息的能力。利息保障倍數表明1元債務利息有多少倍的息稅前收益做保障，企業的利息保障倍數至少要大於1，說明企業自身產生的經營收益能夠支付現有的債務利息；反之，如果企業的利息保障倍數小於或等於1，則說明企業經營收益難以支付固定的債務利息，企業面臨較大的債務風險。利息保障倍數越大，企業擁有的償還利息的緩衝資金越多，利息支付越有保障。

【例3-18】計算A公司的利息保障倍數。

根據A公司的報表數據可得：

上年利息保障倍數 = （160+96+75）÷96 = 3.45

本年利息保障倍數 = （136+110+64）÷110 = 2.82

由以上數據可知，A公司本年的長期償債能力相對上一年有所下降。

6. 現金流量債務比

現金流量債務比是指經營活動所產生的現金淨流量與債務總額的比率。其計算公式為：

$$經營現金流量與債務比 = \frac{經營現金流量淨額}{期末債務總額} \times 100\%$$

該比率越高，說明企業經營活動現金流量支付全部債務的能力越強。

根據A公司的報表數據可得：

$$本年經營現金流量與期末債務比 = \frac{323}{1,040} \times 100\% = 31\%$$

三、營運能力分析

營運能力分析主要是分析企業營運資產的效率與效益。營運資產的效率一般指資產的週轉速度；營運資產的效益則是指營運資產的利用效果，即通過資產的投入與其產出相比較予以反應。一般而言，企業資產週轉速度越快，投入產出比越高，說明企業資產運用效率和效益越好，企業經營管理水平越高。對企業營運能力的分析，可以瞭解企業資產的可利用性和利用成果，有利於挖掘企業資產的利用潛力。

反應企業營運能力的主要指標是資產週轉率。它反應企業在一定時期內資金的週轉次數或週轉一次所需的天數，具體分為總資產週轉率、流動資產週轉率、應收帳款週轉率、存貨週轉率以及固定資產週轉率指標。

(一) 總資產週轉率

總資產週轉率又稱為總資產週轉次數，它主要是從資產流動性方面反應總資產的利用效率。該指標數值越大，說明總資產週轉速度越快。其計算公式為：

$$總資產週轉率=\frac{總週轉額（營業收入）}{總資產平均餘額}$$

總資產週轉速度也可以用總資產週轉天數表示。其計算公式為：

$$總資產週轉天數=\frac{總資產平均餘額\times 計算期天數}{營業收入}$$

【例3-19】根據A公司財務報表相關資料計算該公司總資產週轉率和週轉天數指標。

總資產週轉率＝3,600÷[（2,000+1,680）÷2]
　　　　　　＝1.96（次）
總資產週轉天數＝360÷1.96
　　　　　　＝183.67（天）

由於企業資金運動過程包括長期資金運動過程和短期資金運動過程，而長期資金運動過程又依賴於短期資金運動過程，因此，總資產週轉速度快慢的關鍵決定因素是流動資產週轉速度的快慢。

(二) 流動資產週轉率

流動資產完成從貨幣到商品，再到貨幣這一循環過程，表明流動資產週轉了1次，以產品實現銷售為標誌。表明流動資產週轉速度快慢的指標有流動資產週轉率（週轉次數）和流動資產週轉天數。流動資產週轉率越大，流動資產週轉天數越小，說明流動資產週轉速度越快，單位時間內帶來的經濟成果越多。其計算公式為：

$$流動資產週轉率=\frac{營業收入}{流動資產平均餘額}$$

$$流動資產週轉天數=\frac{流動資產平均餘額\times 計算期天數}{營業收入}$$

【例3-20】根據A公司財務報表相關資料計算該公司流動資產週轉率和週轉天數指標。

流動資產週轉率＝3,600÷[（700+610）÷2]
　　　　　　＝5.50（次）
流動資產週轉天數＝360÷5.50
　　　　　　＝65.46（天）

在流動資產中，影響其週轉速度快慢的主要因素是應收帳款和存貨。因此，計算和分析應收帳款和存貨的週轉速度有利於加速流動資產的週轉。

(三) 應收帳款週轉率

應收帳款週轉率又稱為應收帳款週轉次數，是指企業一定時期賒銷收入淨額與應收帳款平均餘額的比率，反應企業應收帳款在這一時期的收款速度和回籠程度。該指

標越大，說明應收帳款收回速度越快，企業資金流動性越好。其計算公式為：

$$應收帳款週轉率 = \frac{賒銷淨額（營業收入）}{應收帳款平均餘額}$$

反應應收帳款週轉速度的另一個指標是應收帳款週轉天數，又稱為應收帳款收帳期。一般情況下，收帳期越短說明貨款回收管理越有效；反之，則說明企業催收工作不力，容易形成呆帳和壞帳。其計算公式為：

$$應收帳款收帳期 = \frac{360}{應收帳款週轉率}$$
$$= \frac{應收帳款平均餘額 \times 360}{賒銷淨額（營業收入）}$$

【例3-21】根據A公司財務報表相關資料計算該公司應收帳款週轉率和週轉天數指標。

應收帳款週轉率 = 3,600÷[（398+199）÷2]
　　　　　　　= 12.06（次）
應收帳款週轉天數 = 360÷12.06
　　　　　　　　= 29.85（天）

分析應收帳款週轉率時，要將本企業的實際週轉率與行業水平或本企業的歷史水平或計劃水平相比較；並進一步深入分析應收帳款的帳齡長短、各帳齡的結構、債務人的集中度以及是否關聯方等。

（四）存貨週轉率

存貨週轉速度通常用存貨週轉率（週轉次數）和存貨週轉天數表示，以反應存貨規模是否合適，週轉速度如何。一般情況下，存貨週轉率越大，相對的存貨占用水平就越低，資產的流動性就越強；反之，存貨週轉率越小，則表示存貨占用資金較多，可能是由於產品質量較差滯銷，導致資金積壓。存貨週轉率的計算公式為：

$$存貨週轉率 = \frac{營業成本}{存貨平均餘額}$$

$$存貨週轉天數 = \frac{360}{存貨週轉率}$$
$$= \frac{存貨平均餘額 \times 360}{營業成本}$$

【例3-22】根據A公司財務報表相關資料計算該公司存貨週轉率和週轉天數指標。
存貨週轉率 = 2,644÷[（119+326）÷2]
　　　　　= 11.88（次）
存貨週轉天數 = 360÷11.88
　　　　　　= 30.30（天）

由於存貨由材料、半成品和產成品構成，所以，存貨週轉速度的快慢又取決於材料、半成品和產成品週轉速度的快慢。分析時可以進一步計算材料週轉天數、在產品週轉天數以及產成品週轉天數進行具體分析。

（五）固定資產週轉率

固定資產是企業的主要勞動手段，其利用效率可以通過它所生產出來的產品銷售收入體現出來。常用的指標是固定資產週轉率（收入率）。該指標越大，說明使用一定的固定資產所產生的收入越多，勞動效率越高。固定資產週轉率的計算公式為：

$$固定資產週轉率 = \frac{營業收入}{固定資產平均餘額}$$

【例3-23】根據A公司財務報表相關資料計算該公司固定資產週轉率指標。

固定資產週轉率 = 3,600÷[（1,238+955）÷2]
= 3.28（次）

固定資產週轉速度的快慢一方面取決於生產階段生產效率的高低，另一方面又受制於產品銷售率的影響。因此，分析週轉率變動的原因時要結合這兩個方面進行具體分析。

四、發展能力分析

發展能力通常是指企業未來生產經營活動的發展趨勢和發展潛力，也稱為企業增長能力。對企業發展能力進行分析，對投資者而言，可以評價企業的成長性從而選擇目標企業作為投資對象；對於經營者而言，可以分析發現影響企業未來發展的關鍵因素，從而採用正確的經營決策和財務決策以促進企業可持續增長；對債權人而言，可以判斷企業未來的盈利能力，從而做出正確的信貸決策。企業單項發展能力分析主要包括以下四個方面：

（一）股東權益增長率

股東權益的增加反應了股東財富的增加。股東權益增長率是本期股東權益增加額與股東權益期初餘額之比，也稱為資本累積率。其計算公式為：

$$股東權益增長率 = \frac{本期股東權益增加額}{股東權益期初餘額} \times 100\%$$

【例3-24】根據A公司財務報表相關資料計算該公司股東權益增長率指標。

股東權益增長率 =（960-880）÷880×100%
= 9.09%

計算結果顯示A公司分析期的股東權益有所增長，屬於股東的財富增加了。增加的原因還應結合權益變動表中的具體項目做進一步的分析。

（二）利潤增長率

企業股東權益的增長主要依賴於股東投入資本所創造的利潤。因此，利潤的增長也是反應企業發展能力的重要方面。由於利潤可以表現為營業利潤、利潤總額、淨利潤等多種指標，因此，利潤增長率也具有不同的表現形式。

1. 淨利潤增長率

淨利潤是企業經營業績的綜合結果。因此，淨利潤增長率是反應企業成長性的重

要指標。它反應了本期淨利潤增加額與上期淨利潤之比。其計算公式為：

$$淨利潤增長率 = \frac{本期淨利潤增加額}{上期淨利潤} \times 100\%$$

【例3-25】根據A公司財務報表相關資料計算該公司淨利潤增長率指標。

$$淨利潤增長率 = (136-160) \div 160 \times 100\%$$
$$= -15\%$$

計算結果顯示該公司本年淨利潤比上年有所下降，下降原因還應結合利潤表做詳細分析。

2. 營業利潤增長率

營業利潤是企業最主要的利潤來源，分析營業利潤增長率可以更好地考察企業利潤的成長性。其計算公式為：

$$營業利潤增長率 = \frac{本期營業利潤增加額}{上期營業利潤} \times 100\%$$

【例3-26】根據A公司財務報表相關資料計算該公司營業利潤增長率指標。

$$營業利潤增長率 = (156-163) \div 163 \times 100\%$$
$$= -4.29\%$$

計算結果顯示該公司營業利潤也比上年有所下降，但下降幅度比淨利潤要低一些，說明淨利潤下降不僅是由於營業利潤下降，同時也是營業外收支淨額下降的共同結果。

（三）收入增長率

收入是利潤的源泉。企業銷售情況越好，實現的營業收入越多，企業生存和發展的市場空間就越大。收入增長率是本期營業收入增加額與上期營業收入之比。其計算公式為：

$$收入增長率 = \frac{本期營業收入增加額}{上期營業收入} \times 100\%$$

收入增長率為正，說明企業本期銷售規模增加，指標值越大，說明收入增長的越快，銷售情況越好；反之，收入增長率為負，則說明企業銷售規模縮小，銷售情況變差。

【例3-27】根據A公司財務報表相關資料計算該公司收入增長率指標。

$$收入增長率 = \frac{3,000-2,850}{2,850} \times 100\%$$
$$= 5.26\%$$

計算結果顯示該公司營業收入比上年略有增加，說明公司銷售情況較好，導致其營業利潤減少的原因可能是成本費用上升過快所致，所以公司在進一步增收的同時還得考慮成本費用的控制問題。

具體分析這一指標時，還應結合資產規模的變動，如果收入增長率低於資產增長率，則銷售不具有效益型。另外，還應結合產品所處生命週期判斷企業成長性。

（四）資產增長率

企業要增加收入，在勞動生產率一定的情況下，可以通過增加資產投入來實現。

資產增長率就是用來反應企業資產增長情況的重要指標。其計算公式為：

$$資產增長率 = \frac{本期資產增加額}{資產期初餘額} \times 100\%$$

資產增長率為正數，說明企業本期資產規模增加，資產增長率越大，說明資產規模增加幅度越大；資產增長率為負數，則說明企業本期資產規模縮減，資產出現負增長。

評價一個企業的資產增長是否適當，必須與銷售增長和利潤增長結合起來。只有一個企業的銷售增長、利潤增長超過資產規模增長時，這種資產規模的增長才是效益型增長。

【例 3-28】根據 A 公司財務報表相關資料計算該公司資產增長率指標。

$$資產增長率 = \frac{2,000-1,680}{1,680} \times 100\%$$
$$= 19.05\%$$

計算結果顯示，該公司分析期的資產比上年有一定幅度的增加，增加的幅度大於收入的增加，說明公司資產的增加效益欠佳。具體原因還得結合各項資金週轉指標做進一步的分析。

第三節　財務綜合分析

前述的財務比率分析都是從某一方面對企業展開分析，雖然能夠較為準確反應企業在這些方面的實際狀況，但難以全面評價企業總體財務狀況和經營成果。為了彌補這一不足之處，有必要在財務能力單項分析的基礎上，將有關指標按其內容聯繫結合起來進行綜合分析。財務綜合分析方法中較為經典的是杜邦財務分析法。

一、杜邦財務分析法的基本內容和分析步驟

杜邦財務分析體系又稱為杜邦分析法，是由美國杜邦公司在 1910 年首先設計並採用的。這種方法是利用一些基本財務比率之間的內在數量關係，形成一套系列相關的財務指標的綜合模型。它從投資者對企業要求的最終目標出發，經過對淨資產報酬率（也稱為權益報酬率、權益淨利率、淨資產收益率、所有者權益淨利率等）指標的層層分解，系統地分析了影響企業最終財務目標實現的各相關因素的影響。

杜邦財務分析體系主要反應了以下幾種財務比率關係：
（1）權益報酬率與資產淨利率及權益乘數之間的關係。
權益報酬率＝資產淨利率×權益乘數
（2）資產淨利率與銷售淨利率及總資產週轉率之間的關係。
資產淨利率＝銷售淨利率×總資產週轉率
（3）銷售淨利率與淨利潤及銷售收入之間的關係。
銷售淨利率＝淨利潤÷銷售收入

總資產週轉率＝銷售收入÷資產平均總額

以上關係可以用圖 3-3 更清楚地反應出來。

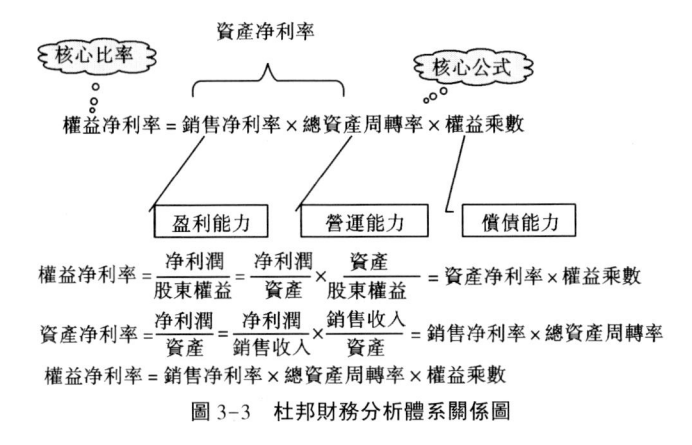

$$權益淨利率 = \frac{淨利潤}{股東權益} = \frac{淨利潤}{資產} \times \frac{資產}{股東權益} = 資產淨利率 \times 權益乘數$$

$$資產淨利率 = \frac{淨利潤}{資產} = \frac{淨利潤}{銷售收入} \times \frac{銷售收入}{資產} = 銷售淨利率 \times 總資產周轉率$$

$$權益淨利率 = 銷售淨利率 \times 總資產周轉率 \times 權益乘數$$

圖 3-3　杜邦財務分析體系關係圖

通過圖 3-3 可以看出，決定權益淨利率的影響因素有三個：一是企業經營的直接創利水平，即銷售淨利率；二是對企業全部資產的利用效率與利用效果，即通過資產週轉率所表現出的生產經營循環效率；三是企業的資本營運程度，即權益乘數所體現的企業負債經營、發揮財務槓桿效應的程度。

為了更深入地分析權益淨利率變化的詳細原因，還可以對銷售淨利率和資產週轉率進行進一步分析。

銷售淨利率可以分解為：

淨利潤＝營業收入－成本費用總額＋其他項目損益與收支淨額－所得稅費用

成本費用總額＝營業成本＋營業稅金及附加＋期間費用＋資產減值損失

其他項目損益與收支淨額＝公允價值變動損益＋投資收益＋營業外收入－營業外支出

資產週轉率可以分解為：

總資產＝流動資產＋非流動資產

流動資產＝貨幣資金＋交易性金融資產＋應收款項＋存貨等

非流動資產＝可供出售金融資產＋持有至到期的金融資產＋長期股權投資＋固定資產＋投資性房地產＋無形資產＋其他資產

通過對上述指標的層層分解，可以找出企業在經營和財務方面存在的問題。杜邦分析法常用「杜邦分析圖解」的方式，將指標按內在聯繫排列，如圖 3-4 所示。

運用杜邦分析法進行綜合分析，可以瞭解以下幾個方面的信息：

（1）權益淨利率是綜合性最強的財務指標，反應了投資者投入資本的獲利能力，其變動受制於企業經營效率和財務效率變動的影響。

（2）總資產週轉率是反應企業營運能力最重要的指標，是資產經營的結果，是實現權益淨利率最大化的基礎。各類資產結構的合理性、營運效率的高低是資產經營的核心，並最終影響企業的經營業績。

（3）銷售淨利率是反應企業商品經營盈利能力的最重要指標，是企業商品經營的

```
                    ┌─────────────┐
                    │  權益淨利率  │
                    └──────┬──────┘
              ┌────────────┴────────────┐
      ┌───────┴──────┐              ┌───────┴──────────────┐
      │  資產淨利率  │      ×       │      權益乘數         │
      │              │              │ =1÷（1－資產負債率）  │
      └──────┬───────┘              └──────────────────────┘
    ┌────────┴────────┐
┌───┴─────┐      ┌────┴──────┐
│ 銷售淨利率│  ×  │總資產周轉率│
└───┬─────┘      └────┬──────┘
 ┌──┴──┐         ┌────┴────┐
┌┴─┐ ┌─┴──┐    ┌─┴──┐  ┌───┴───┐
│淨利│÷│營業│    │營業│÷ │資產總額│
│潤 │ │收入│    │收入│  │       │
└┬─┘ └────┘    └────┘  └───┬───┘
 │                          │
┌┴──┐ - ┌──────┐       ┌───┴──┐ + ┌────────┐
│總收│   │總成本│       │流動資產│   │非流動資產│
│入 │   │費用  │       │       │   │        │
└───┘   └──────┘       └───────┘   └────────┘
```

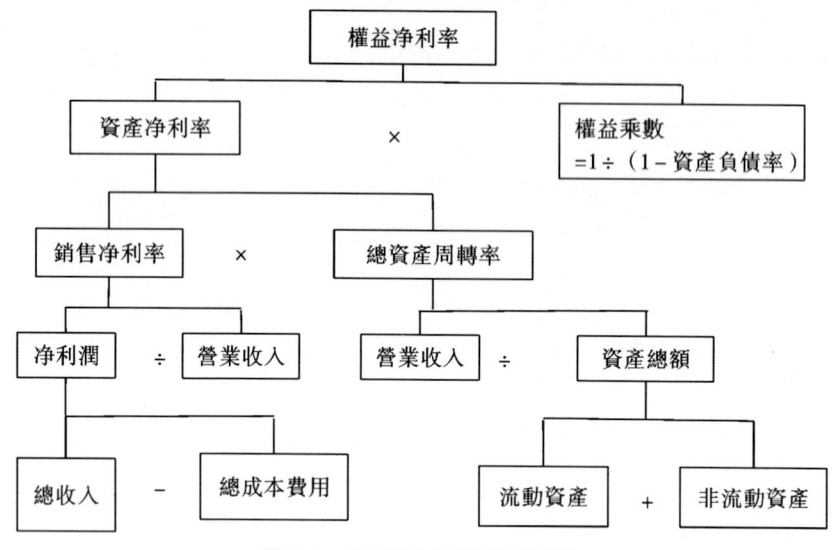

圖 3-4　杜邦財務分析體系分解圖

成果，是實現權益淨利率最大化的保證。企業提高銷售淨利率的主要途徑：一是增加收入，二是降低成本費用。

（4）權益乘數是反應企業償債能力的指標，是企業籌資活動的結果，對提高權益淨利率起到槓桿作用。適度開展負債經營，合理安排資本結構，可以提升權益淨利率。

透過杜邦分析圖還可以看出，企業的獲利能力涉及企業經營活動、投資活動和理財活動各個方面，具體表現在與企業經營項目、成本費用控制、多渠道開闢財源、籌資結構以及資產的分佈使用等都密切相關。如果某一方面表現欠佳，都會影響企業盈利目標的實現。

二、杜邦分析法應用舉例

根據 WLY 公司的有關資料，運用杜邦財務分析法對該公司整體財務狀況和經營情況進行綜合分析。如表 3-9 所示。

表 3-9　　　　　　　　　　WLY 公司有關財務指標

年份	權益淨利率（%）	銷售淨利率（%）	總資產週轉率（次）	權益乘數
2013	22.09	32.25	0.55	1.19
2014	14.80	27.17	0.46	1.15

從表 3-9 可以看出，該公司 2014 年的權益淨利率 14.80% 小於 2013 年的權益淨利率 22.09%，說明公司 2014 年總體盈利能力有所下降，對企業的發展將導致不利影響。

在具體分析導致公司盈利下滑的原因時可以發現：

（1）公司在 2014 年的經營活動中，銷售淨利率從 2013 年的 32.25% 下降到 27.17%，說明公司商品經營盈利能力下降，具體下降的原因還應結合收入和成本費用

的變動進行詳細分析；

（2）公司總資產週轉率也從2013年的0.55次下降到2014年的0.46次，說明公司資產運作效率有所下降，具體原因還應結合應收帳款週轉率、存貨週轉率等進行詳細分析，有可能是公司銷售不暢，導致存貨週轉減緩，公司因此又放鬆了信用政策導致帳期延長等；

（3）公司權益乘數由2013年的1.19下降為2014年的1.15，表明企業負債程度略有下降。在經營不善的情況下適當減少負債，有利於減少公司財務風險。但同時也會減少財務槓桿作用，從而對權益淨利率產生不利影響。

總體來講，WLY公司在2014年由於公司內外原因導致銷售淨利率下降、資產週轉速度減緩。為了降低企業風險，公司適當減少了負債的比重，導致公司權益乘數下降。影響權益淨利率的三大影響因素均呈現不同程度的下降，最終導致公司權益淨利率下降。

要提升公司的權益淨利率，當前首先要做的是進一步拓寬產品銷路，控制成本費用，從而提升銷售淨利率；其次，合理安排資產結構，制定合理的採購、銷售政策和信用政策，提高公司資產使用效率也是公司急需解決的問題；最後，在逐步解決上述問題的基礎上，適當增加負債經營的力度，也是增加公司權益淨利率的有效途徑。

三、杜邦財務分析體系的變形與發展——帕利普財務分析體系

杜邦財務分析體系自產生以來在實踐中得到了廣泛應用與好評，但隨著經濟與環境的發展、變化和人們對企業目標認識的進一步昇華，杜邦財務分析體系在應用過程中也暴露出一些不足。主要表現在：

（一）涵蓋信息不夠全面

杜邦財務分析法主要利用的是企業資產負債表和利潤表的項目數據，而不涉及現金流量表，這樣很容易讓報表使用者只看到帳面利潤而忽視了更能反應企業生命力的現金流量信息。

（二）分析內容不夠完善

杜邦財務分析法主要是從企業盈利能力、營運能力、償債能力的角度對企業展開財務分析，而忽略了對企業發展能力的分析。同時，由於杜邦分析法通常針對的是短期財務結果，這也容易誘導管理層的短期行為，忽視了企業長期價值的創造。

（三）對企業風險分析不足

企業風險是報表使用者非常關心的問題，而杜邦分析法無法直觀地體現企業的經營風險和財務風險。

許多人對杜邦分析法進行了變形、補充，使其不斷完善與發展。美國哈佛大學教授帕利普等在其所著的《企業分析評價》一書中將財務分析體系界定為以下幾種關係式：

（1）可持續增長率＝淨資產收益率×（1－支付現金股利÷淨利潤）

（2）淨資產收益率＝淨利潤÷淨資產

$$=\frac{淨利潤}{營業收入}\times\frac{營業收入}{總資產}\times\frac{總資產}{淨資產}$$

＝銷售淨利率×資產週轉率×財務槓桿作用

（3）與銷售淨利率相關的指標有銷售收入成本率、銷售毛利率、銷售收入期間費用率、銷售收入研究開發費用率、銷售淨利率、銷售收入非營業損失率、銷售息稅前利潤率、銷售稅費率。

（4）與總資產週轉率相關的指標有流動資產週轉率、營運資金週轉率、固定資金週轉率、應收帳款週轉率、應付帳款週轉率、存貨週轉率等。

（5）與財務槓桿作用相關的指標有流動比率、速動比率、現金比率、負債對權益比率、負債與資本比率、以收入為基礎的利息保障倍數、以現金流量為基礎的利息保障倍數等。

帕利普財務分析體系可用圖 3-5 表示。

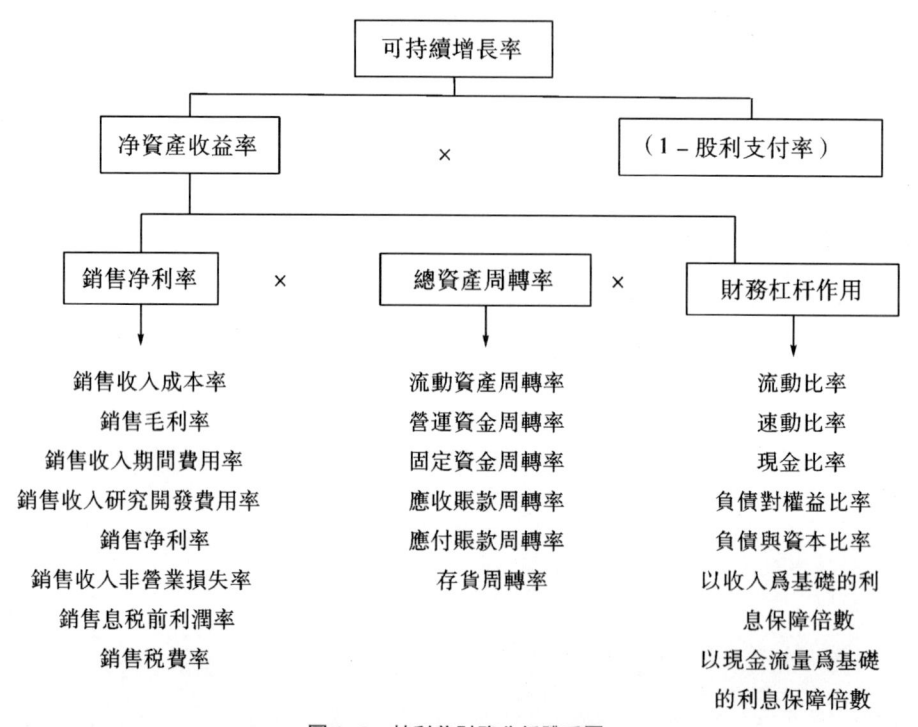

圖 3-5　帕利普財務分析體系圖

美國著名財務學家羅伯特・希金斯曾說世界上因為增長過快而破產的公司與因為增長太慢而破產的公司數量幾乎一樣多。[1] 因此，企業要追求的是一種可持續增長率，

---

[1] 羅伯特・C. 希金斯. 財務管理分析 [M]. 沈藝峰，等，譯. 北京：北京大學出版社，科文（香港）出版有限公司，2009.

即指在不增發新股、不改變經營效率（不改變銷售淨利率和資產週轉率）和財務政策（不改變資本結構和股利支付率）的條件下，公司銷售所能達到的最大增長率，它體現的是一種可持續的平衡發展。

從可持續增長率的計算公式可以看出，可持續增長率致力於企業的價值增長，通過這一比率使企業盈利能力、營運能力、償債能力和發展能力建立起聯繫，並借此統一各財務指標建立起分析框架圖，這樣做同時消除了同業不同規模企業之間的比較障礙。將這一比率層層分解後可用於評價企業在經營管理、投資管理、融資戰略和股利政策四個領域的管理效果。可持續增長率是企業在保持經營效率和財務政策不變的情況下能夠達到的增長比率，它取決於淨資產收益率和股利政策。

【例 3-29】上海實業發展有限公司（600748，簡稱上實發展）是上海市政府重點扶持的大型企業集團，投資業務涉及房地產、高新技術、金融投資、工業投資、現代農業和國內貿易等。上實發展以房地產為主，屬於房地產行業上市公司。在國內房地產市場面臨宏觀調控及行業不斷整合的嚴峻形勢下，在「加息、提高準備金率」等房地產調控手段進一步趨緊的市場背景下，面臨日益激烈的市場競爭環境，為持續、平穩地推進公司的經營發展，公司積極尋找優質項目資源，強化資本運作，加大併購力度，不斷整合、提升公司的資產質量和運行效益。

根據上實發展 2004 年年報數據計算出的 2005 年企業可持續增長率為 4.58%，見表 3-10。如果企業保持 2004 年既定的財務政策和經營政策不變，則其 2005 年的營業收入實際增長率應該等於可持續增長率 4.58%，然而企業 2005 年的營業收入實際增長率為 123.78%，是可持續增長率的 27 倍。如此高速的增長，企業是如何實現的呢？

表 3-10　　　　　　　　上實發展 2004—2006 年可持續增長率

會計年度	總資產週轉率（次）	銷售淨利率（%）	權益乘數	留存收益比率（%）	可持續增長率（%）
2004	0.185,2	14.22	2.61	63.82	4.39
2005	0.334,9	10.22	3.00	68.51	7.03
2006	0.353,1	11.28	2.48	60.36	5.96

從表 3-10 可以看出，與 2004 年相比，上實發展除了銷售淨利率在 2005 年有一定幅度的下降，其他三項指標在 2005 年均有較大幅度的提高。可見，該公司通過加速資產週轉速度、提高權益乘數、增加留存收益比率三個途徑來支持營業收入的高速增長。進一步分析企業的資產週轉率發現，相對於 2004 年，企業在 2005 年的固定資產週轉率、流動資產週轉率都有較大幅度的提高，分別從 19.80%、0.24% 提高到 52.66%、0.42%。進一步分析資產負債結構發現，上實發展通過短期借款的增加提高了企業的負債程度。

為了支持營業收入的高速增長，上實發展聯合採取了加速資金週轉、大幅增加短期借款以及提高留存收益比率三種方式。然而，這些方式只能維持短期營業收入的高速增長，無法支持企業持續的高速增長。資產週轉率不能夠無限提高，短期借款需要歸還，如果企業高速增長，資金甚至無法滿足營業收入增長帶來的資產增長，更無法

歸還短期借款。此外，留存收益比率也不能無限制地提高，其上限為100%。可見，上實發展在短期內雖然可以通過多種方式的聯合作用實現營業收入的高速發展，但從長遠來看，這種高速增長無法實現，企業仍應結合可持續發展率來安排收入的增長。

2006年上實發展的營業收入增長率為-7.47%，說明企業已經意識到高速增長會帶來資金鏈的斷裂，開始對營業收入進行控制，適當降低了營業收入增長率。經過2006年對營業收入增長的調整，上實發展2007年的實際營業收入增長率為31.06%，可持續增長率為6.34%。由此可見，可持續增長率對企業管理營業收入起到了重要作用，可以使企業對營業收入增長及時進行控制，避免由於高速增長帶來資金鏈的斷裂。

思考題

1. 財務報表分析的主要內容有哪些？
2. 簡述財務分析的程序以及財務報表分析的具體方法。
3. 財務報表分析的局限性表現在哪些方面？
4. 請分別介紹財務分析常用指標及具體計算和分析方法。
5. 請簡要介紹杜邦財務分析法的主要內容和基本步驟。

計算與案例分析題

某公司2014年度財務報表的主要資料如下表：

表3-11　　　　　　　　　　　　　資產負債表　　　　　　　　　　　金額單位：千元

項目	2014年	2013年	項目	2014年	2013年
流動資產：			流動負債：		
貨幣資金	11,480	6,483	短期借款	5,540	3,046
應收帳款	14,320	9,907	應付款項	20,170	14,890
存貨	8,978	7,429	其他流動負債	4,286	3,002
其他流動資產	7,898	6,667	流動負債合計	29,996	20,938
流動資產合計	42,676	30,486	長期借款	2,045	5,227
非流動資產：			其他非流動負債	3,641	176
長期股權投資	1,784	3,903	負債合計	35,682	26,341
固定資產	4,103	3,038	股東權益：		
無形資產	589	224	股本	1,343	959
其他非流動資產	1,717	1,307	資本公積	6,298	5,807
非流動資產合計	8,189	8,742	盈餘公積	1,431	1,364
			未分配利潤	5,021	3,831

表3-11(續)

項目	2014年	2013年	項目	2014年	2013年
			其他股東權益	1,090	927
			股東權益合計	15,183	12,888
資產總計	50,865	39,229	負債和股東權益總計	50,865	39,229

表3-12　　　　　　　　　利潤表（2014年）　　　　　　金額單位：千元

項目	本年數	上年數
營業收入	44,293	34,777
營業成本	29,492	23,004
管理費用	2,099	1,777
銷售費用	5,312	4,395
利息費用	1,308	494
利潤總額	2,262	1,727
所得稅	350	276
淨利潤	1,191	1,451

要求：
（1）計算填列下表的該公司財務比率（天數計算結果取整）。
（2）與行業平均財務比率比較，說明該公司經營管理可能存在的問題。

表3-13　　　　　　　　　　公司財產狀況表

比率名稱	本公司	行業平均數
流動比率		1.98
資產負債率		62%
已獲利息倍數		3.8
存貨週轉率		6次
平均收現期		35天
固定資產週轉率		13次
總資產週轉率		3次
銷售淨利率		1.3%
資產淨利率		3.4%
權益淨利率		8.3%

第四章　證券估價

引例

　　曾經被認為是亞洲淨利潤最大的中石油公司於 2007 年 10 月 26 日進行網上申購，正式啓動 40 億股 A 股的發行工作。當時由於中石油 H 股已經飆升到每股近 20 港元，很多研究者預計中石油 A 股的開盤價可以達到每股 14~15 元，最後，確定開盤價為每股 16.70 元。上市前，很多機構估價該股票在每股 40 元以上。該股票上市第一天，股價最高曾經超過每股 48 元，此後，股價一路狂跌，到 2008 年 8 月 6 日，收盤價僅為每股 14.87 元，下跌幅度達到 70%。中石油 2000 年 4 月在香港上市，開盤價僅僅為 1.28 港元，到 2008 年 8 月 6 日，收盤價為每股 10.16 港元。國內很多投資者非常不理解：為什麼中石油在國內的開盤價是在香港的十幾倍？為什麼同一家公司的股票在香港和上海的市場交易價格相差那麼多？決定一家公司股票價格的因素到底是什麼？

學習目標：

1. 掌握債券估價的計算方法。
2. 掌握計算債券到期收益率的方法。
3. 掌握優先股估價的計算方法。
4. 瞭解普通股股東的權利方法。
5. 掌握普通股估價的計算方法。
6. 掌握計算投資者對股票的預期收益率的方法。

第一節　證券及其種類

　　在企業財務管理中，經常有利用閒置資金進行證券投資的活動。在進行這些財務決策時，需要對將要投資的這些證券進行正確估計，從而做出正確的投資決策。

　　證券是表示一定權利的書面憑證，用來證明證券持有人有權按證券上所記載的內容取得相應權益的憑證。證券代表財產所有權或債權，並可以有償轉讓。

一、證券的種類

（一）按證券發行主體的不同分類

按證券發行主體的不同，可以分為政府證券、金融證券、公司證券。政府證券是中央政府或地方政府為籌集資金而發行的證券；金融證券是金融機構為籌集資金而發行的證券；公司證券是工商企業為籌集資金而發行的證券。不同發行主體的償債能力不同，故證券的風險程度各不相同。

（二）按上市與否分類

按上市與否，可以分為上市證券和非上市證券。在證券交易所掛牌交易的證券稱為上市證券；沒有在證券交易所掛牌交易的證券稱為非上市證券。

（三）按證券所載內容分類

按證券所載內容，可以分為貨幣證券、資本證券、貨物證券。

（1）貨幣證券可以用來代替貨幣使用的有價證券即商業信用工具，主要用於企業之間的商品交易、勞務報酬的支付和債權債務的清算等，常見的有期票、匯票、本票、支票等。

（2）資本證券是指把資本投入企業或把資本供給企業或國家的一種書面證明文件。它主要包括股權證券（所有權證券）和債權證券，如各種股票和各種債券等。

（3）貨物證券（商品證券）是指對貨物有提取權的證明，它證明證券持有人可以憑證券提取該證券上所列明的貨物，常見的有棧單、運貨證書、提貨單等。

二、證券投資的目的

（一）利用閒置資金，增加企業收益

企業在生產經營過程中，可能會形成一部分短期的閒置資金，這些資金如果存放在銀行，所獲得的收益較小。因此，企業可能會將短期內閒置的資金投放到證券市場，以獲取較高的收益。

（二）分散資金投向，降低投資風險

根據投資組合風險分散理論，資產組合中的種類越多，組合的風險越小。因此，企業為避免在某一個單一行業進行投資的風險，往往會分散資金投向，以達到多元化投資降低投資風險的目的。

（三）提高資產的流動性，增強償債能力

除貨幣資產外，有價證券投資是企業流動性最強的資產。故企業將資金用於購買證券比持有其他諸如存貨等流動資產有更強的流動性，即使有負債到期需要償還也能快速通過證券市場出售證券保證償債能力不受影響。

（四）穩定客戶關係，保障生產經營

為了保持與供銷客戶良好而穩定的業務關係，可以對業務關係鏈的供銷企業進行

投資，以債權或股權對關聯企業的生產經營施加影響和控制，保障本企業的生產經營順利進行。

三、證券資產的特點

（一）價值虛擬性

證券資產不能脫離實體資產而完全獨立存在，但證券資產的價值不是完全由實體資本的現實生產經營活動決定的，而是取決於契約性權利所能帶來的未來現金流量，是一種未來現金流量折現的資本化價值。

（二）可分割性

證券資產可以分割為一個最小的投資單位，如一股股票、一份債券，這就決定了證券資產投資的現金流量比較單一，往往由原始投資、未來收益或資本利得、本金回收所構成。

（三）持有目的多元性

證券資產的持有目的是多元的，既可能是為未來累積現金即為未來變現而持有，也可能是為謀取資本利得即為銷售而持有，還有可能是為取得對其他企業的控制權而持有。

（四）強流動性

強流動性主要表現為證券資產變現能力強，證券資產往往都是上市證券，一般都有活躍的交易市場可供及時轉讓；持有目的可以相互轉換，當企業急需現金時，可以立即將為其他目的而持有的證券資產變現。

（五）高風險性

證券資產是一種虛擬資產，決定了金融投資受公司風險和市場風險的雙重影響，不僅發行證券資產的公司業績影響著證券資產投資的報酬率，資本市場的市場平均報酬率變化也會給金融投資帶來直接的市場風險。

第二節　債券估價

債券估價具有重要的實際意義。企業運用債券形式從資本市場上籌資，必須要知道它如何定價。如果定價偏低，企業會因付出更多現金而遭受損失；如果定價偏高，企業會因發行失敗而遭受損失。對於已經發行在外的上市交易的債券，估價仍然有重要意義。債券的價值體現了債券投資人要求的報酬。對於經理人員來說，不知道債券如何定價就是不知道投資人的要求，也就無法使他們滿意。

一、債券的概念和類別

(一) 債券的概念

1. 債券

債券是發行者為籌集資金發行的、在約定時間支付一定比例的利息，並在到期時償還本金的一種有價證券。

2. 債券面值

債券面值是指設定的票面金額，它代表發行人借入並且承諾於未來某一特定日期償付給債券持有人的金額。

3. 債券票面利率

債券票面利率是指發行者預計一年內向投資者支付的利息占票面金額的比率。

4. 債券的到期日

債券的到期日是指償還本金（債券面值）的日期。債券一般都規定到期日，以便到期時歸還本金。

5. 債券價格

債券價格可以分為發行價格與市場交易價格。發行價格是指投資者在發行市場（一級市場）上購買債券時實際支付的價格。債券可以平價、溢價、折價發行，因此，債券發行價格既可以等於面值，也可能高於或低於面值。市場交易價格是指債券發行後，投資者在流通市場（二級市場）上交易債券的價格。

(二) 債券的種類

債券有不同的分類方法。按照發行主體不同，債券可分為政府債券、金融債券和企業債券。

1. 政府債券

政府債券是由中央政府或地方政府發行的債券，又可以分為中央政府債券和地方政府債券。中央政府債券也稱為國家債券，簡稱國債，是中央政府為籌集財政資金而發行的債券。地方政府債券也稱為地方債券，是地方政府為了某一特定目的（如修建地方公共基礎設施）而發行的債券。政府債券尤其是國債的信譽很高，風險很低，因此其利率通常低於其他債券。

2. 金融債券

金融債券是由銀行或非銀行金融機構為籌集信貸資金而發行的債券。發行金融債券必須經中央銀行批准。金融債券的風險高於政府債券、低於企業債券，因此其利率一般介於二者之間。

3. 企業債券

企業債券是企業為籌措長期資金而發行的債券。其中，股份有限公司和有限責任公司發行的債券稱為公司債券，簡稱公司債。

二、債券的價值

債券估價就是對債券的價格進行估計。投資者進行債券投資，都預期在未來一定時期內會收到包括本金和利息在內的現金流入。因此，債券的價格應該是投資者為了取得未來現金流入而願意投入的資金。

債券的價值或債券的內在價值是指債券未來現金流入量的現值，即債券各期利息收入的現值加上債券到期償還本金的現值之和。只有債券的內在價值大於購買價格時，才值得購買。

(一) 債券的估價模型

1. 債券估價的基本模型

典型的債券是固定利率、每年計算並支付利息、到期歸還本金。在此情況下，按複利方式計算的債券價值的基本模型是：

$$V = \frac{I_1}{(1+i)} + \frac{I_2}{(1+i)} + \cdots + \frac{I_n}{(1+i)^n} + \frac{F}{(1+i)^n}$$

$$V = \sum_{t=1}^{n} \frac{F \times i}{(1+r)^t} + \frac{F}{(1+r)^n}$$

$$= F \times i \times (P/A, r, n) + F \times (P/F, r, n) \tag{4-1}$$

式中：V 為債券價值；i 為債券的票面利率；F 為到期的本金；r 為貼現率，一般採用當時的市場利率或投資人要求的最低報酬率；n 為債券付息總期數。

【例 4-1】 長江公司擬 2002 年 2 月 1 日購買一張面額為 1,000 元的債券，其票面利率為 8%，每年計算並支付一次利息，並於 5 年後到期。當時的市場利率為 10%，債券的市價是 920 元，問應否應該購買該債券？

$$V = \frac{1,000 \times 8\%}{1+10\%} + \frac{1,000 \times 8\%}{(1+10\%)^2} + \frac{1,000 \times 8\%}{(1+10\%)^3} + \frac{1,000 \times 8\%}{(1+10\%)^4}$$

$$= 1,000 \times 8\% \times (P/A, 10\%, 5) + 1,000 \times (P/F, 10\%, 5)$$

$$= 924.28 \text{（元）}$$

由於債券的價值（924.28）大於市價（920 元），如不考慮風險問題，購買此債券是合算的。它可以獲得大於 10% 的收益。

2. 一次還本付息且不計算複利的債券估價模型

中國很多債券屬於一次還本付息且不計算複利的債券。其估價計算公式為：

$$V = \frac{F + F \times i \times n}{(1+r)^n} = (F + F \times i \times n)(P/F, r, n) \tag{4-2}$$

式中：V 為債券價值；i 為債券的票面利率；F 為到期的本金；r 為貼現率，一般採用當時的市場利率或投資人要求的最低報酬率；n 為債券付息總期數。

【例 4-2】 長江公司擬購買另一家企業發行的利隨本清的企業債券，該債券面值為 1,000 元，期限為 5 年，票面利率為 10%，不計複利，當前市場利率為 8%。該債券的價格為多少時，企業才能購買？

$$V = \frac{1,000+1,000\times10\%\times5}{(1+8\%)^5}$$

　　= （1,000+1,000×5）（P/F，8%，5）

　　= 10,215（元）

即債券價格必須低於 1,021.5 元時，企業才能購買。

3. 折現債券的估價模型

有些債券以折價方式發行，沒有票面利率，到期按面值償還。這種債券在到期日前購買人不能得到任何現金支付，因此，也稱為「零息債券」。其估價模型為：

$$V = \frac{F}{(1+r)^n} = F\times(P/F，r，n) \qquad (4-3)$$

式中：V 為債券價值；F 為到期的本金；r 為貼現率，一般採用當時的市場利率或投資人要求的最低報酬率；n 為債券付息總期數。

【例 4-3】某債券面值為 1,000 元，期限為 5 年，以折現方式發行，期內不計利息，到期按面值償還，當時市場利率為 8%。其價格為多少時，企業才能購買？

由上述公式可知：

V = 1,000×（P/F，8%，5）

　= 1,000×0.681

　= 681 元

即債券價格必須低於 681 元時，企業才能購買。

(二) 債券價值的影響因素

從上述模型可以看出，影響債券價值的因素除債券面值、票面利率和計息期以外，還有貼現率和到期時間。

1. 債券價值與貼現率

債券價值與貼現率有密切關係。債券價值與貼現率（投資者當前要求的必要收益率或當前市場利率）的變動呈反向關係（如圖 4-1 所示）。

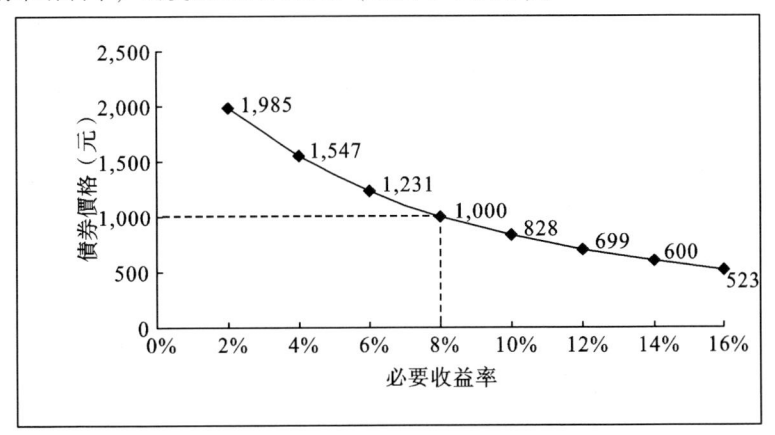

圖 4-1　票面利率為 8%，本金為 1,000 元的 20 年期債券價格—收益率曲線

從圖4-1可以看出：

（1）價格—收益率曲線的特徵：當必要收益率下降時，債券價格以加速度上升；當必要收益率上升時，債券價格以減速度下降。

（2）債券價值與必要收益率之間的關係：當必要收益率＝票面利率時，債券等價銷售；當必要收益率<票面利率時，債券溢價銷售；當必要收益率>票面利率時，債券折價銷售。

當市場利率變化時，債券投資者將面臨債券價格變化的風險，這個風險稱為債券的利率風險。

2. 債券價值與到期時間

如果債券票面利率和違約風險保持不變，期限越長，債券價格波動的幅度就越大，債券的利率風險也就越大。

【例4-4】假設債券面值為1,000元，票面利率為9%，每年定期付息，最後一年還本，債券的期限分別為5年、10年，市場利率變動（6%~12%）下不同期限債券價值的計算結果如表4-1所示。

表4-1　　　　　　　　　　　　債券價值計算表

市場利率（%）	5年債券價值（元）	10年債券價值（元）
6.0	1,126.37	1,220.80
7.0	1,082.00	1,140.47
8.0	1,039.93	1,067.10
9.0	1,000.00	1,000.00
10.0	962.09	938.55
11.0	926.08	882.22
12.0	891.86	830.49

從表4-1中可以看出，隨著市場利率的增加，債券價值在逐漸減少；並且，隨著市場利率的變動，10年期債券的價值波動幅度大於5年期債券的價值波動幅度。也就是說，到期時間越長，債券價值波動幅度越大，債券的利率風險也就越大。

3. 債券價值與利息支付頻率

利息支付的頻率可能是一年一次、半年一次或者每季度一次等。若利息非整年支付，則債券價值的計算公式為：

$$V = \sum_{t=1}^{mn} \frac{\frac{1}{m}}{(1+\frac{i}{m})^t} + \frac{1}{(1+\frac{i}{m})^t} \tag{4-4}$$

式中：m為年付息次數；n為到期時間的年數；i為債券的票面利率；F為到期的本金。

如果債券是折價發行，債券付息期越短價值越低；如果債券是溢價發行，則債券

付息期越短價值越高。

三、債券的收益率

債券的收益率是指購進債券後，一直持有該債券至到期日可獲取的收益率，又稱為到期收益率（YTM）。這個收益率是指按複利計算的收益率，它是能使持有債券未來現金流入現值等於債券買入價格的貼現率。到期收益率可以反應債券投資的按複利計算的真實收益率。若到期收益率大於要求的報酬率，則應買進，否則放棄。

債券到期收益率（YTM）就是債券預期利息和到期本金（面值）的現值與債券現行市場價格相等時的折現率：

$$P_b = \sum_{t=1}^{n} \frac{CF_t}{(1+YTM)^t} \tag{4-5}$$

式中：P_b 為債券現行市場價格；CF_t 為債券未來 t 時期的現金流（包括債券預期利息和到期本金）；n 為債券付息總期數；YTM 為債券到期收益率。

【例 4-5】假設你可以 1,050 元的價值購進 15 年後到期，票面利率為 12%，面值為 1,000 元，每年付息 1 次，到期 1 次還本的長江公司債券。如果你購進後一直持有該種債券直至到期日。要求：計算該債券的到期收益率。

債券到期收益率的計算為：

$$P_b = 1,050 = \sum_{t=1}^{15} \frac{1,000 \times 12\%}{(1+YTM)^t} + \frac{1,000}{(1+YTM)^{15}}$$

採用插值法計算得：

YTM = 11.29%

第三節　優先股估價

一、優先股的概念

股票是股份公司發給股東（出資者）證明其投資入股，並有權取得股息收入的憑證，也是股份公司對出資者表示股東權力的證書。購買股票的所有者稱為股東，擁有發行企業一定數量的股份。股票作為一種所有權憑證，代表著對發行公司淨資產的所有權。

按股東權利和義務的不同，股票可分為普通股和優先股。

其中，優先股也稱為特別股，是股份制企業發行的優先於普通股股東分取經營收益和破產剩餘財產的股票。它具有以下特點：①優先股有固定的股息，不隨公司業績好壞而波動，並可以先於普通股股東領取股息；②當公司破產進行財產清算時，優先股股東對公司剩餘財產有先於普通股股東的要求權。但優先股一般不參加公司的紅利分配，持股人亦無表決權，不能借助表決權參加公司的經營管理。因此，與普通股相比較，雖然收益和決策參與權有限，但風險較小。

另外，優先股是一種基本的融資工具，具有悠久的歷史，目前在西方各國主要證券交易所均有優先股交易，優先股也可以在場外市場進行交易。優先股是多元化的資本市場的重要組成部分。優先股的發行者主要是一些現金流穩定的大銀行、公用事業公司和其他公司，近年來，在創業投資企業中也廣為使用。

二、優先股的估價

如果優先股準備長期持有，則優先股的未來現金流只有股利收入，未來收益的支付與永續年金類似，它沒有到期日，因此這種永續優先股沒有最後的本金償還。如果優先股具有到期日，那麼我們的分析將與前面的債券類似。優先股具有固定的股息和比普通股高但比公司債券低的優先要求權。因此，優先股是「混合證券」，它對公司事務的投票權不如普通股，在法律上的優先權不如公司債券。

在對優先股估值時，我們首先考慮下面的公式：

$$V = \frac{D_p}{1+K_p} + \frac{D_p}{(1+K_p)^2} + \cdots + \frac{D_p}{(1+K_p)^\infty}$$

式中：V 為優先股價值；D_p 為優先股的年股利（常數）；K_p 為優先股的必要收益率。

該公式相當於求一項無期限的股利支付為常數的現金流的現值。在這種情況下，估值公式可縮寫為簡單的年金公式：

$$V = \frac{D_p}{K_p} \tag{4-6}$$

根據公式，我們只需用年股利除以必要收益率便可求得優先股價格。

【例4-6】假設某優先股年股利為 10 元，必要報酬率為 10%，那麼優先股的估值為多少？

$$V = \frac{D_p}{K_p} = \frac{10}{0.1} = 100 \text{（元）}$$

三、優先股的收益率

與債券的收益率的含義相似，優先股的收益率也是一個折現利率。但如果準備長期持有優先股，則其收益率按永續年金中的利率進行計算。假定已知年股利和優先股價格的條件下，求必要收益率。

$$K_p = \frac{D_p}{P_p} \tag{4-7}$$

式中：P_p 為優先股的價格；D_p 為優先股的年股利（常數）；K_p 為優先股的必要收益率。

【例4-7】假設某優先股年股利為 10 元，優先股價格為 100 元，那麼優先股的必要收益率為多少？

$$K_p = \frac{D_p}{P_p} = \frac{10}{130} = 7.69\%$$

第四節　普通股估價

一、普通股的概念

普通股是最常見、最重要、最基本的標準型股票。普通股股票是股份制企業發行的代表著股東享有平等權利、義務，無特別限制，股利不固定的股票。通常情況下，股份制企業只發行普通股。

普通股股東的權利如下：

（一）公司管理權

普通股股東具有對公司的管理權。對大公司來說，普通股股東成千上萬，不可能每個人都直接對公司進行管理。普通股股東的管理權主要體現為在董事會選舉中有選舉權和被選舉權。通過選出的董事會，代表所有股東對企業進行控制和管理。具體說來，普通股股東的管理權主要表現為：

（1）投票權。普通股股東有權投票選舉公司董事會成員並有權對修改公司章程、改變公司資本結構、批准出售公司重要資產、吸收或兼併其他公司等重大問題進行投票表決。

（2）查帳權。從原則上來講，普通股股東具有查帳權。但由於保密的原因，這種權利常常受到限制。因此，並不是每個股東都可以自由查帳，但股東可以委託會計師事務所代表他去查帳。

（3）阻止越權的權利。當公司的管理當局越權進行經營時，股東有權進行阻止。

（二）分享盈餘權

股東可以獲得公司每年根據自身的股利政策而確定的股利。另外，股東還可以獲得在證券市場上買低賣高的收益。

（三）股份轉讓權

股東出售股票的原因可能有：

（1）對公司的選擇。有的股東由於與管理當局的意見不一致，又沒有足夠的力量對管理當局進行控制，便出售其股票而購買其他公司的股票。

（2）對報酬的考慮。有的股東認為現有股票的報酬低於所期望的報酬，便出售現有的股票，尋求更有利的投資機會。

（3）對資金的需求。有的股東由於一些原因需要大量現金，不得不出售其股票。

（四）優先認股權

當公司增發普通股票時，原有股東有權按持有公司股票的比例，優先認購新股票。這主要是為了使現有股東保持其在公司股份中原來所佔有的百分比，以保證他們對公司的控制權。

(五) 剩餘財產要求權

當公司解散、清算時，普通股股東對剩餘財產有要求權。但是，公司破產清算時，財產的變價收入支付清算費用後，首先要用來清償債務，然後支付優先股股東，最後才能分配給普通股股東。所以，在破產清算時，普通股股東實際上很少能分到剩餘財產。

二、普通股的估價方法

普通股的價值等於其未來現金流量的現值。

普通股的估價實際操作起來比債券更困難。其原因至少有三點：①對於普通股而言，無法事先知道任何允諾的現金流量；②由於普通股沒有到期日，因此普通股投資的期限實質上是永遠的；③無法簡易地觀察市場上的必要報酬率。儘管這樣，就像我們將會看到的那樣，在一些特殊情形下，我們仍然可以確定普通股的未來現金流量的現值，從而確定其價值。

普通股的價值計算公式可以表示為：

$$V = \frac{D_1}{1+K_s} + \frac{D_2}{(1+K_s)^2} + \cdots + \frac{D_\infty}{(1+K_s)^\infty}$$

式中：V 為普通股價值；D 為普通股的每年股利；K_s 為普通股的必要收益率。

(一) 固定股利估值模型

固定股利模型類似於永久債券和優先股的定價。普通股每期期末都支付一個固定不變的股利。因此我們得到：

$$V = \frac{D}{K_s} \tag{4-8}$$

式中：V 為普通股價值；D 為普通股的每年固定的股利；K_s 為普通股的必要收益率。

【例 4-8】假設某普通股每年股利為 1.87 元，必要報酬率為 12%，那麼普通股的估值為多少？

$$V = \frac{D}{K_s} = \frac{1.87}{0.12} = 15.58（元）$$

固定股利政策對投資者的吸引力並不大，所以固定股利模型在現實世界中很少用到。

(二) 固定增長股利估值模型

現實生活中更常見的是以固定增長率增長的股利分配政策。

那麼，

$$V = \frac{D_0(1+g)}{(1+K_s)} + \frac{D_0(1+g)^2}{(1+K_s)^2} + \cdots + \frac{D_0(1+g)^n}{(1+K_s)^n}$$

式中：V 為普通股的估值；$D_0(1+g)$、$D_0(1+g)^2$ 為股利固定增長率；K_s 為普通股

的必要收益率。

我們將股利支付模型進行簡化,得到:

$$V = \frac{D_1}{K_s - g} \tag{4-9}$$

式中:V 為普通股的估值;$D_1 = D_0(1+g)$ 為第一年的股利;g 為股利固定增長率;K_s 為普通股的必要收益率。

【例 4-9】長江公司準備投資購買 A 股票,該股票上年每股股利為 3 元,預計以後每年增長率為 5%,該公司要求的報酬率為 15%,則該股票的內在價值為多少?

$$V = \frac{D_1}{K_s - g} = \frac{3 \times (1+5\%)}{15\% - 5\%} = 31.5 \text{(元)}$$

三、普通股的收益率

已知年股利和普通股價格的條件下,求必要收益率。這就是金融市場對普通股所要求的收益率。也是投資者按當前市場價格買入普通股後預期能得到的收益率。

用固定增長股利估值模型推導,普通股的預期收益率為:

$$K_s = \frac{D_s}{p_0} + g \tag{4-10}$$

式中:K_s 為普通股的預期收益率;$D_1 = D_0(1+g)$ 為第一年的股利;P_0 為普通股當前的價格;g 為股利固定增長率。

【例 4-10】某企業股票目前的股利為 4 元,預計年增長率為 3%,若按 82.4 元買進,則投資者的預期收益率為多少?

$$K_s = \frac{4 \times (1+3\%)}{82.4} + 3\% = 8\%$$

思考題

1. 如何進行債券的估價?不同特徵的債券,其估價模型有什麼區別?
2. 如何進行優先股的估價?
3. 如何進行普通股的估價?股利政策不同的普通股,其估價模型有什麼區別?

練習題

1. A 企業 20×2 年 7 月 1 日購買長江公司 20×1 年 1 月 1 日發行的面值為 10 萬元,票面利率為 8%,期限 5 年,每半年付息一次的債券。若此時市場利率為 10%,計算該債券價值。若該債券此時市價為 94,000 元,是否值得購買?如果按債券價格購入該債券,此時購買債券的到期收益率是多少?

2. 長江公司在 1998 年 1 月 1 日平價發行新債券,每張面值 1,000 元,票面利率為 10%,5 年到期,每年 12 月 31 日付息。要求:(計算過程中至少保留小數點後 4 位,

計算結果取整）

（1）1998年1月1日到期收益率是多少？

（2）假定2002年1月1日的市場利率下降到8%，那麼此時債券的價值是多少？

（3）假定2002年1月1日的市價為900元，此時購買該債券的到期收益率是多少？

（4）假定2000年1月1日的市場利率為12%，債券市價為950元，你是否購買該債券？

3. ABC企業計劃利用一筆長期資金投資購買股票。現有甲公司股票和乙公司股票可供選擇，已知甲公司股票現行市價為每股10元，上年每股股利為0.3元，預計以後每年以3%的增長率增長。乙公司股票現行市價為每股4元，上年每股股利為0.4元，股利分配政策將一貫堅持固定股利政策。ABC企業所要求的投資必要報酬率為8%。

要求：

（1）利用股票估價模型，分別計算甲、乙公司股票價值。

（2）代ABC企業做出股票投資決策。

案例分析

案例一：對某公司股票估價

陳亮是西南諮詢公司的一名財務分析師，應邀評估某商業集團建設新商場項目對公司股票價值的影響。陳亮根據公司情況做了以下估計：

（1）公司本年度淨收益為200萬元，每股支付現金股利2元，新建商場開業後，淨收益第1年、第2年均增長15%，第3年增長8%，第4年及以後將保持這一水平。

（2）該公司一直採用固定支付率的股利政策，並打算今後繼續實行該政策。

（3）公司的β系數為1，如果將新項目考慮進去，β系數將提高到1.5。

（4）無風險收益率（國庫券）為4%，市場要求的收益率為8%。

（5）公司股票目前市價為23.6元。

陳亮打算利用股利貼現模型，同時考慮風險因素進行股票價值的評估。

該商業集團的一位董事提出，如果採用股利貼現模型，則股利越高，股價越高，所以公司應改變原有的股利政策提高股利支付率。請你協助陳亮解答以下幾個問題：

（1）參考固定股利增長貼現模型，分析這位董事的觀點是否正確。

（2）如果股利增加，對可持續增長率和股票的帳面價值有何影響？

（3）評估新建商場項目對公司股票價值的影響。

案例二：瘋狂的創業板

2009年10月30日28家公司將在深交所創業板集體上市交易。創業板的開板，意味著一個又一個的暴富神話即將上演，同時也讓眾多機構和散戶趨之若鶩。正是由於對創業板的美好憧憬，創業板尚未開板，已開始瘋狂了起來。28家創業板公司，平均

發行市盈率高達57倍，累計超募資金83.2億元，超出上市公司原計劃募集資金的一倍還多。

高昂的市盈率、令人咋舌的財富增長、「寄生式」生存和技術上的「拿來主義」等種種並不新鮮的商業模式……這就是我們期待十年的創業板麼？它能否承載起一個國家產業振興的重任？這裡真的能夠誕生中國的微軟？長大後，它就成了納斯達克？

創業板的發展趨勢和面臨的困難如下：

1. 發展趨勢

（1）創業板賦予市場細分、創新元素和增長門檻，具有「珍貴」的本性。中國創業板以成長型創業企業為服務對象，重點支持具有自主創新能力的企業上市。主要集中在電子信息業、生物醫藥、新材料和現代服務業。同時，《創業板股票上市規則》規定創業板有高成長的准入門檻，要求發行人持續增長。2007年、2008年上證A股平均淨資產收益率分別為8.58%、2.36%；完成發行的28家創業板上市公司2007年、2008年平均淨資產收益率分別為37.7%、31.46%，是上證A股的4.39倍和13.33倍。這就說明，創業板主要由規模中小、價格較高的股票組成，個股規模較小但價值較高，展現「珍貴」的本性。

（2）創業板享有創業企業紅利、改革開放紅利和最大發展中國家紅利，具有「成長」的天性。從企業發展看，完成發行的28家創業板上市公司中，2006—2008年營業收入複合增長率平均55.32%、最高97.30%，營業利潤複合增長率平均89.84%，最高337.54%。

（3）創業板承載企業轉型、技術革命和產業升級，養成「退市」的個性。研究發現，創新企業存在驚險一跳。如果創新型企業能夠越過市場這道坎，就會形成市場勢力，在短期內迅速占領市場，獲得超額利潤，像微軟、百度、蘋果等一樣跨越式成長；否則就可能迅速從快速成長期進入快速衰落期，甚至像國內諸多VCD企業一樣面臨滅頂之災。

2. 面臨的挑戰

（1）曲線成長、微觀結構和定價經驗決定了創業板估值難。按照現有的未來現金流折現的絕對估值法和利用相近市盈率計算的相對估值法，創業板企業估值的挑戰在於估算未來現金流、測算貼現因子和匱乏相近案例。

（2）風險增多、幅度增大和鉤稽互動決定了創業板風險大。創業板設立後，市場層次增加，風險種類增多，風險鉤稽互動，風險維度和風險幅度加大。

思考題：

（1）談一談創業板的開創對中國資本市場的影響。
（2）針對創業板市場發展初期面臨的挑戰，我們應該採取哪些策略？
（3）如何正確理性進行創業板股票投資決策？

第五章　投資管理

引例

綠遠公司由某進出口總公司和雲南某生物製品公司共同投資成立，合作開發蘆薈生產並經營該項目。本項目是一個蘆薈深加工項目，屬於農產品或生物資源的開發利用，符合國家生物資源產業發展方向，屬於政府鼓勵的投資項目。開發和利用蘆薈植物資源，符合國家生物資源產業發展方向，是新興的朝陽產業。

1. 投資項目市場分析

根據化妝品工業協會與國際諮詢公司 Datamonitor 預測，中國化妝品市場今後幾年以 10%~20%的年均增長率發展。其中，作為化妝品新生力量的蘆薈化妝品，將以高於整個化妝品產業發展速度增長，這是化妝品業內人士的普遍估計。從蘆薈市場分佈來看，當前蘆薈市場主要分佈在美國、歐洲、日本等少數發達國家，蘆薈產業的發展是不平衡的，尚未開發和潛在的市場是巨大的。從上面的市場分析可以看出，蘆薈工業原料凍干粉的市場需求是很大的，但做準確估計還有一定難度。目前，中國蘆薈工業原料規模生產還處於空白階段，僅有兩三家中試車間生產蘆薈原料，蘆薈終端產品所需要的高級蘆薈工業原料主要依靠進口。而且未來幾年蘆薈工業原料市場將形成怎樣的格局，到底是幾家企業分割市場，更是一個不確定的問題。

2. 投資項目選址分析

本項目擬建於雲南省玉溪市元江縣城郊，距縣城約 3 千米，交通便利。該地區地處雲南中南部，氣候炎熱，終年無霜，年平均氣溫 23.8℃，極端最高氣溫 42℃，在方圓 20 千米範圍內均有大量的蘆薈種植基地，原料供應相當豐富。

3. 項目投資估算

項目總投資 3,931.16 萬元，其中：建設投資 3,450.16 萬元，占投資的 87.76%；流動資金 481 萬元，占總投資的 12.24%。

4. 資金來源分析

本項目總投資 3,931.16 萬元，其中：1,965.58 萬元向商業銀行貸款，貸款利率為 8%；其餘 1,965.58 萬元自籌，投資者期望的最低報酬率為 20%。這一資本結構也是該企業目標資本結構。本項目建設期一年。在項目總投資中，建設性投資 3,450.16 萬元應在建設期期初一次全部投入使用，流動資金 481 萬元，在投產第一年初一次投入使用。項目生產期為 15 年。

有了以上這些基本分析，還需要通過定量的測算才能確定項目最終是否能投資。通過本章的學習，要求掌握現金流量的內容及其測算、折現率的確定方法、折現現金

流量法如 NPV 法、IRR 法的原理與應用，認識運用定量分析對企業投資決策的重要性。

學習目標：

1. 瞭解投資管理的意義、分類及投資管理的要求。
2. 掌握現金流量的概念、構成和估算方法。
3. 理解各種投資決策指標的概念、計算方法、決策準則和優缺點。
4. 掌握獨立投資項目和互斥投資項目的決策方法。
5. 掌握有風險情況下的投資決策方法。

第一節　投資管理概述

投資是指經濟主體（包括國家、企業和個人）為了在未來可預見的時期內獲得收益或使資金增值，在一定時期向一定領域投放足夠數額的資金或實物等貨幣等價物的經濟行為。一項投資的完整過程應包括資金投入、營運管理、回收。從特定企業角度看，投資就是企業為獲取收益而向一定對象投放資金的經濟行為。

一、投資的意義

（一）投資是企業獲得利潤的前提

利潤是企業從事生產經營活動取得的財務成果。企業要獲得利潤，必須將籌集的資金投入使用。如將資金直接用於企業的生產經營中，或將資金以股權、債權的方式投給其他企業以獲取報酬。可見，要獲取利潤就必須先進行投資。

（二）投資是企業生存和發展的必要手段

企業從事正常的生產經營活動時，各項生產要素不斷更新，為了保證生產的持續進行，企業需要不斷地將現金形態的資金投入使用，這是企業生存的基本條件。同樣，當企業要擴大生產規模時，也需要進一步地投資才能使企業的資產增加，而當企業生產規模擴大後，為了保證正常的生產經營，還需要追加營運資金，而這一切只有通過投資才能實現。

（三）投資是企業降低風險的重要方法

在市場經濟條件下，企業的生產經營活動不可避免地存在風險。其基本原因在於商品銷售數量和銷售價格的不確定性，而影響銷售數量和銷售價格的因素較多，如商品的質量、市場對商品的需求、企業的銷售策略和服務水平、企業的成本費用等。為了降低風險，企業經常要保持產品質量、技術領先水平，通過投資提高企業設備的技術含量；為了降低風險，企業還要進行多品種、跨行業經營，同樣需要投資來支持。

二、投資管理的基本要求

企業投資的意義在於發展生產、獲取利潤、降低風險，達到增加企業價值的目的。

企業能否實現這一目標，關鍵在於能否在瞬息萬變的市場環境下，抓住有利的投資機會，做出合理的、正確的投資決策。因而，企業在投資時必須堅持以下基本要求：

(一) 認真進行市場調查，及時捕捉投資機會

捕捉投資機會是企業投資活動的起點，也是企業投資決策的關鍵。在市場經濟條件下，投資機會要受到諸多因素的影響，尤其要受到市場需求變化的影響。企業在進行投資前，必須要認真進行市場調查和市場分析，尋找最有利的投資機會。而且市場是處在不斷發展變化之中的，隨著市場的變化，有可能產生一個一個的新的投資機會。隨著經濟的不斷發展、人民生活水平不斷提高，消費需求變化快，從而也會創造出無數的投資機會。只有通過市場調查，才能及時瞭解市場變化情況。

(二) 建立科學的投資決策程序，認真進行投資項目的可行性分析

在市場經濟條件下，企業投資會面臨一定的風險。為了保證投資決策的正確有效，必須按照科學的決策程序，認真進行投資項目的可行性分析。投資項目的可行性分析主要是對投資項目在技術、經濟、財務、市場、管理等方面進行有效的論證，運用各種方法計算相關評價指標，以便合理確定不同投資項目的優劣。

(三) 及時足額地籌集資金，保證投資項目的資金供應

企業的投資項目特別是大型投資項目，必須要有及時足額的資金供應，否則，企業就可能會錯失投資機會，甚至迫使項目中途下馬，造成巨大損失。因此，在投資項目上馬以前，必須科學預測所需資金的數量和使用時間，採用適當的方法籌措資金，保證投資項目順利完成，盡快產生投資效益。

(四) 認真分析風險與收益的關係，適當控制投資風險

收益與風險並存，企業價值既取決於收益又受制於風險。因此，企業在進行投資時，必須在追求收益的同時認真考慮風險，對投資項目進行風險分析，並考慮規避風險的預案。只有在收益和風險達到較好的均衡時，才有可能不斷增加企業價值，實現財務管理目標。

三、項目投資的種類

(一) 維持性投資與擴大生產能力投資

根據投資與企業未來經營活動的關係，可將投資劃分為維持性投資與擴大生產能力投資。維持性投資也稱為簡單再生產投資，是指保持企業原有固定資產數量不變、生產規模不變的投資，如更新改造投資就屬於維持性投資。擴大生產能力投資也稱為擴大再生產投資、發展性投資，企業的固定資產數量增加，生產規模擴大，生產能力提高。新建項目、擴建項目就屬於擴大生產能力的投資。

(二) 固定資產投資、無形資產投資和遞延資產投資

根據投資的對象，可將投資劃分為固定資產投資、無形資產投資和遞延資產投資。固定資產投資就是建造和購置固定資產的經濟活動，即固定資產再生產活動，包括固

定資產的更新、改建、擴建、新建等活動；無形資產投資是指投資人以擁有的專利權、非專利技術、商標權、土地使用權等無形資產等作為投資的活動；遞延資產投資是指投資人將資金投入在不能全部計入當年損益，應在以後年度內較長時期攤銷的除固定資產和無形資產以外的其他費用支出的活動，包括開辦費、租入固定資產改良支出，以及攤銷期在一年以上的長期待攤費用等。

(三) 戰術性投資與戰略性投資

根據投資對企業前途的影響，可將投資劃分為戰術性投資與戰略性投資。戰術性投資是指為實現某一特定目的的投資活動的投資戰術性投資往往只設計一些局部問題，如降低產品成本、提高產品質量等。投資金額少，投資過程較短，對企業財務狀況影響不大。戰略性投資是指對企業未來產生長期影響的資本支出，具有規模大、週期長、符合企業發展的長期目標、分階段等特徵，影響著企業的前途和命運的投資。即對企業全局有重大影響的投資。具體可包括新產品的開發、新的生產技術或生產線的引進、新領域的進入、兼併收購、資產重組、生產與營銷能力的擴大等。這類投資通常資金需求量較大，投資回收週期較長，並伴隨較大的投資風險。

(四) 直接投資與間接投資

按照投資與企業經營的關係，可將投資劃分為直接投資與間接投資。直接投資是指把資金投放於生產經營性資產，以便獲取利潤的投資；間接投資又稱為證券投資，是指把資金投放於證券等金融資產，以便取得股利或利息等收入的投資。

(五) 擴大收入的投資和降低成本的投資

根據投資對企業收入和成本的影響，可將投資劃分為擴大收入的投資和降低成本的投資。擴大收入的投資就是指將資金投放在增加企業的收入上，如擴大生產規模增加生產能力、提高產品質量等方面的投資；降低成本的投資就是將資金投放在降低企業生產成本上，如企業技術改造、改進工藝技術、提高勞動生產率、加強成本控制、庫存管理等方面的投資。

四、項目投資的決策程序

投資決策程序就是投資項目在決策中要遵循的先後順序。具體包括以下幾個步驟：

第一步，通過市場調查研究尋找投資機會，提出項目，並制訂投資項目計劃。

第二步，評價投資項目。通過估計投資項目的相關現金流量和恰當的折現率，計算有關評價指標評價項目的財務可行性。

第三步，運用投資決策的方法，做出接受或拒絕投資項目的決策。

第四步，執行與補充，建立投資項目的審核和補充程序，來評估投資項目。

第二節　現金流量的估算

一、現金流量的概念

現金流量是指某個投資項目引起企業現金支出或現金收入的數量。它包括：投資初期的各項投資支出，經營期間的現金流入量、現金流出量和淨現金流量，投資項目終結時的現金流量。

投資中的現金流量是指與投資決策相關的投資項目在壽命期內每年的現金流入和流出的數量。

淨現金流量（NCF）是一定時期內（年）現金流入量與現金流出量之差。估算投資項目的現金流是資本預算決策的重要步驟。

投資項目中的現金流量可從以下幾個方面理解：

（一）實際現金流

由於在計量投資項目成本和收益時，是用現金流量而不是會計收益。因為在會計收益的計算中包含了一些非現金因素，如折舊費用，在會計上折舊作為一種費用，抵減了當期收益，但這種費用並沒有發生實際的現金支出，只是帳面記錄而已。因此，在現金流量分析中，折舊應加回到收益中。如果將折舊作為現金支出，就會出現固定資產投資支出的重複計算，一次是在固定資產期初購置時，另一次是在每期計提折舊時。除折舊外，另有如無形資產攤銷等也屬於這種情況。

（二）差量現金流

投資決策中計算的現金流量是與決策相關的現金流量，它是建立在「差量」的基礎上。差量現金流量是指與沒有做出某項決策時的企業現金流量相比的差額。

在考察現金流量時應注意：

（1）沉沒成本，是已經發生的、收不回來的成本。不會因為投資決策的改變而改變，因此屬於與決策無關成本，在決策中不予考慮。如企業為項目的前期市場調研和分析等費用花費了6萬元，在投資決策時，6萬元的前期費用就屬於沉沒成本。這個成本也是收不回來的，與決策無關，所以在決策中不予考慮。一般來說，大多數沉沒成本是與研究開發及投資決策前進行市場調查相關的成本。

（2）機會成本，是因為選擇某個投資方案而喪失的其他機會可能獲得的收益，該收益是由做出的投資決策引起的，在決策中應當考慮。如企業的一間閒置的廠房，既可以對外出租，每年租金20萬元；又可以用於某條生產線的更新。如果企業決定用於新的生產線，那麼由此喪失的每年20萬元的租金收入就應當作為該生產線的機會成本予以考慮。

機會成本與投資選擇的多樣性相聯繫，當存在多種投資機會時，機會成本就會存在。當考慮機會成本時，往往會使某些看上去有利可圖的投資實際上無利可圖甚至

虧本。

（3）交叉影響。如果新採納的投資項目將對已有的經營項目有促進效果或削減影響，則也應納入決策考慮的範圍。如某公司決定開發一種新型計算機，預計該計算機上市後每年銷售收入為2,000萬元，但會衝擊原來的普通型計算機，使其銷售收入每年減少500萬元。因此，在做投資分析時，新型計算機增量現金流入量應為1,500萬元，而不是2,000萬元。

（三）稅後現金流

投資決策中的現金流量的計算一定是建立在企業所得稅後的基礎之上的。只有扣除了所得稅收因素之後的現金流入才是企業增加的淨收益，只有扣除稅收因素的現金流出才是企業增加的淨支出。因而由決策引起的計入當期的收入或費用、損失的項目都應該考慮其對所得稅的影響，都應該是所得稅後的淨收益、淨支出。

二、現金流量的構成

（一）初始現金流量

初始現金流量是指開始投資時發生的現金流入或流出量，也可理解為在項目建設期發生的現金流量。它一般包括以下幾項：

（1）固定資產投資。它包括固定資產的購置或建造成本、運輸成本和安裝成本等帶來的現金流出。

（2）營運資金墊支。它是指投資項目開始時淨營運資金的變動，包括流動資產和流動負債的變動。如對存貨等流動資產的追加將導致一部分現金流出，而應付帳款等流動負債將導致現金流的減少。

（3）其他費用。它主要指與長期投資有關的職工培訓費、談判費、註冊費、項目籌建費等帶來的現金流出。這部分現金支出通常直接計入當期費用，因此還需要考慮其對所得稅的影響。

（4）原有固定資產變價收入。這主要是指涉及固定資產更新項目時，變賣原有固定資產所帶來的現金流入。注意，如果售價和原有帳面價值有差額，則會出現出售損益，給企業帶來所得稅的影響。

（二）營業現金流量

營業現金流量是指投資項目建成投入使用後，在其壽命週期內由於生產經營所產生的現金流入和流出的數量。營業現金流入主要指由於營業收入（銷售收入）所帶來的現金流入，營業現金流出主要指由需要付現的營業成本和上繳所得稅引起的現金流出。

經營現金淨流量＝收現銷售收入－經營成本費用（不包括折舊）－所得稅

上述計算公式中的所得稅在某種程度上依賴於折舊的增量變動。為反應折舊變化對現金流量的影響，可將上式變為：

經營現金淨流量＝（收現銷售收入－經營成本費用）×（1－所得稅稅率）＋折舊×所

得稅稅率

公式中的「經營成本費用」一般指總成本減去固定資產折舊費、無形資產攤銷費等不支付現金的費用後的餘額。「折舊×所得稅稅率」稱為稅賦節餘，是由於折舊計入成本，衝減利潤而少繳的所得稅額，這部分少繳的稅額形成了投資項目的現金流入量。

(三) 項目終結現金流量

終結現金流量是指投資項目完結時所發生的現金流量，主要包括固定資產的殘值收入或變價收入、固定資產的清理費用以及原來墊支的營運資金的收回。

三、現金流量的計算方法

(一) 初始現金流出量和終結現金流入量的計算

初始現金流出量根據初始投資發生的各項如固定資產投資、墊支營運資金、項目籌備費等逐項列出然後相加即可。注意，如果初始投資存在費用化的支出，或涉及舊固定資產的出售損益，則需要考慮它們的所得稅影響。

終結現金流入量主要指投資項目結束時收回的發生的固定資產殘值或變價收入、墊支營運資金的回收等。

(二) 營業淨現金流量的計算

其主要計算方法有以下三種：

1. 根據定義直接計算

營業淨現金流量＝銷售收入－付現營業成本－所得稅

付現營業成本是指投資項目在經營期內需要每年支付現金的成本（不包括折舊的營業成本）。

在營業成本中不需要每年支付現金的部分稱為非付現成本，其中主要是折舊費加上攤銷費等。

付現營業成本＝營業成本－（折舊＋各種攤銷費用）

2. 根據稅後淨利倒推計算

營業淨現金流量＝銷售收入－付現成本－所得稅

　　　　　　　＝銷售收入－（營業成本－折舊）－所得稅

　　　　　　　＝經營利潤×（1－所得稅稅率）＋折舊

　　　　　　　＝稅後淨利＋折舊

3. 根據所得稅的影響計算

營業淨現金流量＝稅後淨利潤＋折舊

　　　　　　　＝（營業收入－營業成本）×（1－所得稅率）＋折舊

　　　　　　　＝（營業收入－付現成本－折舊）×（1－所得稅率）＋折舊

從表5-1中可以看出會計利潤與現金流量計算之間的關係。

表 5-1　　　　　　　　投資項目的會計利潤與現金流量　　　　　　　單位：元

項目	會計利潤	現金流量
銷售收入	100,000	100,000
經營成本	50,000	50,000
折舊費用	20,000	0
稅前利潤或現金流量	30,000	50,000
所得稅（25%）	7,500	7,500
稅收利潤或現金流量	22,500	42,500

【例 5-1】某投資項目的初始固定資產投資額為800,000元，流動資產投資額為200,000元。預計項目的使用年限為 8 年，終結時固定資產殘值收入為 0，初始時投入的流動資金在項目終結時可全部收回。另外，預計項目投入營運後每年可產生 400,000元的銷售收入，並發生 150,000 元的付現成本。該企業的所得稅稅率為25%，採用直線法計提折舊。試確定該投資項目的各種現金流量。

採用直線法每年計提折舊為：800,000/8＝100,000（元/年）
初始淨現金流量＝－(800,000＋200,000)＝－1,000,000（元）
營業淨現金流量＝(400,000－150,000－100,000)×(1－25%)＋100,000
　　　　　　　＝212,500（元）
投資終結現金流量＝200,000（元）

四、投資決策中採用現金流量的原因

在財務會計中計算企業的收入和費用，並以收入扣減費用之後的利潤大小來評價企業的經濟效益。而在投資決策中需要將投資支出、經營收入、經營費用等轉化為現金流量，並以淨現金流量作為評價投資項目效益的基礎。投資決策中採用現金流量而不採用利潤有以下主要原因：

（1）採用現金流量有利於科學地考慮資金的時間價值。利潤的計算是以權責發生制為基礎的，它不考慮資金收付的具體時間。而現金流量則反應了每一筆資金收付的具體時間。投資項目決策涉及的投資期限比較長，而在不同時點發生的有關收入、費用沒有可比性，需要利用資金時間價值將不同時點的資金換算在同一個時點才具有可比性。

（2）採用現金流量使投資決策更加客觀。利潤的計算帶有一定的主觀性，採用不同的會計制度，就可能出現不同的利潤數據。在現實中，就曾出現過企業有利潤，但由於應收款太多，造成企業資金週轉不靈而被拖垮的情形。因此，在投資決策中採用現金流量更符合客觀實際。

需要注意的是：在項目現金流量估算時不包括與項目債務籌資有關的現金流量，包括借入時的現金流入量，支付利息時的現金流出量。對債務籌資的調整反應在折現率中，而不涉及現金流量。若利息費用從項目未來的現金流量中扣減後再將其差額以

相應的貼現率進行折現，就會出現重複計算的問題。

第三節　投資項目決策的基本方法

一、投資項目決策的基本評價指標

選擇投資項目評價方法是決策的重要內容，目前常用的方法主要靜態分析方法和動態分析方法有兩種。

靜態分析方法是按傳統會計觀念對投資項目進行評價和分析的方法，主要有靜態投資回收期法、投資報酬率法。投資項目動態評價指標就是在計算這些指標的時候考慮了資金的時間價值，採用貼現現金流量的方法來計算，具體包括淨現值（淨現值率）、獲利指數（盈利能力指數）、內部收益率等。

（一）淨現值和淨現值率

1. 淨現值的計算

淨現值是指從項目投資開始到項目壽命終結期間，所有各年淨現金流量的現值之和。其計算公式為：

$$NPV = \sum (CI-CO)(1+i)^{-t} = \sum NCF_t \times PVIF_{i,n} = \sum NFC_t (P/F, i, n) \quad (5-1)$$

式中：NPV 為淨現值；n 為投資開始到項目壽命終結的年數；CI 為年現金流入量；CO 為年現金流出量；$(CI-CO)_t = NFC_t$ 為第 t 年的淨現金流量，i 為貼現率。$(1+i)^{-t} = PVIF_{i,n} = (P/F, i, n)$ 為複利現值系數。

由於投資項目的初始投資往往表現為現金流出，即為負的淨現金流量，而投資項目建成投入使用後，各年的淨現金流量往往為正的淨現金流量，則淨現值公式還可表述為：

$$NPV = \sum NCF_t (1+i)^{-t} - C = \sum NCF_t \times PVIF_{i,n} - C = \sum NCF_t \times (P/F, i, n) - C \quad (5-2)$$

式中：C 為初始投資額，而 n、NCF_t 和 i 的含義同上。需要注意的是，如果投資超過 1 年，則 C 應為各年投資額的現值之和，同時 t 的開始年份可能不再是 1，而是投資項目開始使用的年份。

如果投資項目投入使用後各年的淨現金流量相等，記為 NCF，則淨現值的計算公式演變為：

$$NPV = NCF \cdot PVIFA_{i,n} - C = NCF(P/A, i, n) - C$$

式中：$PVIFA_{i,n} = (P/A, i, n)$ 為年金現值系數。

2. 淨現值的決策原則

如果投資方案 NPV>0，表示該項目的投資收益率大於投資成本率 K，該方案可以接受。

如果投資方案 NPV=0，表示該項目的投資收益率等於投資成本率 K，該方案只能保本。

如果投資方案 NPV<0，表示該項目的投資收益率小於投資成本率 K，該方案不可

以接受。

【例5-2】根據表5-2中的資料，某公司現有A、B兩個投資方案，假設資金成本為10%，計算A、B兩個方案的淨現值，並做出投資決策。

表 5-2　　　　　A、B兩個方案的預計各年淨現金流量表　　　　　單位（萬元）

t	0	1	2	3	4	5	6	7
A	−8	1.2	2	2.5	3	4	5	4
B	−7	1	2	2	2.5	3	5	3.5
A現值	−8	1.090,8	1.652	1.877,5	2.049	2.484	2.82	2.052
B現值	−7	0.909	1.652	1.502	1.707,5	1.863	2.82	1.795,5

$NPV_A = -8+1.090,8+1.652+1.877,5+2.049+2.484+2.82+2.052$
　　　$= 6.025,3$（萬元）
$NPV_B = -7+0.909+1.652+1.502+1.707,5+1.863+2.82+1.795,5$
　　　$= 5.249$（萬元）

由此可知，只有淨現值為正值的方案才能被接受採納，應用淨現值對多個備選投資方案進行決策時，如果各方案之間是互斥關係，應選擇淨現值為正值中的最大者。所以，上述案例中，應該選擇A方案。

3. 淨現值的評價

淨現值是一個可靠的投資項目評價指標，計算這個指標時考慮了資金的時間價值，是一個動態地考察投資項目經濟效益的絕對投資指標，但這個指標作為一個絕對值指標，不便於比較不同規模的投資方案的獲利程度；也不能說明投資項目實際的收益率水平，不能反應投資項目的單位投資的獲利水平。

$$淨現值率 = \frac{淨現值}{投資現值}$$，是表示單位投資現值能獲取的淨現值，衡量單位投資的獲利效果。

(二) 獲利指數（盈利能力指數）

1. 獲利指數的計算

獲利指數也稱為盈利能力指數，是投資項目投入使用後各年的現金流入的現值和除以投資現金流出的現值和。它又稱為投資成本利潤率，簡稱PI。其計算公式為：

$$PI = \frac{投資項目投入使用後各年淨現金流入量現值之和}{初始投資現值}$$

$$PI = \frac{\sum_{t=1}^{n} \frac{NCF_t}{(1+i)^t}}{C}$$

式中：PI為獲利指數；其他各符號的含義與淨現值計算公式相同。與淨現值計算公式一樣，如果投資期超過一年，則C為各年投資額的現值之和；同時t的開始年份可能不再是1，而是投資項目開始投入使用的年份。

根據表 5-1 中的資料，可計算出方案 A 和方案 B 的獲利指數：

$$PI_A = \frac{1.090,8+1.652+1.877,5+2.049+2.484+2.82+2.052}{8}$$

$$= 1.753 \text{（元）}$$

$$PI_B = \frac{0.909+1.652+1.502+1.707,5+1.863+2.82+1.795,5}{7}$$

$$= 1.749,8 \text{（元）}$$

2. 獲利指數的決策原則

獲利指數說明：每一元錢的投資現值能獲得多少元的收益現值回報。如果一個項目獲利指數大於或等於 1，說明該項目可接受；如果一個項目的獲利指數小於 1，說明該項目不可以接受。在多個方案的互斥選擇決策中，應在獲利指數大於 1 的方案中選擇最高者。

3. 獲利指數的評價

獲利指數的優點在於考慮了資金的時間價值，能夠反應投資項目的盈虧程度，是一個相對投資評價指標反應了投資的效率，有利於在初始投資額不同的投資方案之間的比較。但是獲利指數的概念不易理解，它既不屬於絕對值指標，又不同於一般的報酬率等相對值指標。

（三）內部收益率

1. 內部收益率的計算

內部收益率也稱為內含報酬率、內部報酬率，是指能夠使投資項目淨現值為零時的貼現率，用 IRR 表示。內部收益率的計算可以通過以下兩個公式來表達：

$$\sum_{t=0}^{n} \frac{NCF_t}{(1+IRR)^t} = 0 \tag{5-4}$$

$$\sum_{t=1}^{n} \frac{NCF_t}{(1+IRR)^t} - C = 0 \tag{5-5}$$

式中：IRR 為內部收益率；C 為初始投資額的現值；其餘符號的含義與淨現值計算公式相同。

人工方法求解內部收益率，可採用線性插值方法求解。由於投資項目投產後每年現金流的方式不同，內部收益率的計算可以分為以下兩種情況：

（1）項目投入使用後各年 NCF 相同的情況。如果項目投入使用後各年 NCF 相同，則可以先計算年金現值系數；再查年金現值系數表，在期數對應的欄內，如果能找到恰好等於上面計算的系數的值，則該對應的折現率即為所求的內部收益率，計算到此結束；如果不能找到等於上面計算的系數的值，則找出與之相鄰的一大一小兩個折現率的值，與其對應著的兩個折現率，再採用插值法計算該投資方案的內部收益率。

（2）項目投入使用後各年 NCF 不等的情況。首先根據經驗估計一個折現率，用此折現率計算投資方案的 NPV，若計算出的 NPV 恰好等於 0，則這個預估的折現率就是所求的內部收益率。如預計的折現率使 NPV 為正值的，標明預估的折現率低於項目的

內部收益率，則應提高折現率再次進行測算。若再次估計的折現率 r_2 使 NPV 為負值，則 (5-3) 表明該折現率高於項目的內部收益率，應降低折現率再進行測算。如此反覆測算，直至找出使淨現值一正一負並接近於 0 的兩個折現率 r_1 和 r_2 為止，與之相對應的淨現值分別為 NPV_1 和 NPV_2。接下來再按照第一種情況的插值法計算該投資方案的內部收益率。然後分別求出它們對應的 NPV 值。最後，根據線性插值公式計算 IRR。

$$IRR = r_1 + \frac{NPV_1 \times (r_2 - r_1)}{NPV_1 - NPV_2} \times 100\% \tag{5-6}$$

2. 內部收益率的決策原則

在只有備選方案的決策中，如果求出的 IRR 高於資金成本或必要投資報酬率，則該方案可接受；反之，則不可接受。在多個備選方案的互斥決策中，應在內部收益率超過資金成本或必要投資報酬率的項目中選擇最高者。

【例 5-3】某投資項目週期 5 年，各年淨現金流量數據如表 5-3 所示，試計算該項目的內部收益率。

表 5-3　　　　　　　　　內部收益率的計算表　　　　　　　單位（元）

年度	NCF_k	$r_1 = 10\%$ 複利現值系數	現值	$r_2 = 12\%$ 複利現值系數	現值
0	-280,000	1	-280,000	1	-280,000
1	70,000	0.909	63,630	0.893	62,510
2	67,000	0.826	55,342	0.797	53,399
3	64,000	0.751	48,064	0.712	45,568
4	61,000	0.683	41,663	0.636	38,796
5	138,000	0.621	85,698	0.567	78,246
累計	—	—	14,397	—	-1,481

$$IRR = 10\% + \frac{14,397 \times (12\% - 10\%)}{14,397 - (-1,481)}$$

$$= 11.8\%$$

3. 內部收益率的評價

內部收益率就是根據方案的現金流量計算所得的方案本身的實際投資報酬率，計算時考慮了資金的時間價值，是一個動態評價指標，可以反應單位投資的獲利能力。其缺點在於計算比較繁瑣，尤其是在投資項目投入使用後各年淨現金流量不相等的情況下，一般需要經過多次測算再能求得，但可以借助於計算機來求解。

（四）投資回收期

投資回收期是指用項目產生的淨現金流入補償原始投資所需的時間。根據計算投資回收期時使用的淨現金流入是否貼現，具體又分為靜態投資回收期和動態投資回收期。

1. 靜態投資回收期

其基本原理是通過計算一個項目所產生的未折現淨現金流入量（正的淨現金流量）以抵消初始投資額所需要的年限來衡量評價投資方案。

靜態投資回收期的計算可分為兩種情況：

（1）若由投資所產生的淨收益（淨現金流量）每年都相同，則投資回收期可由下列公式計算：

$$投資回收期 = \frac{項目全部投資}{每年淨現金流量} \quad (5-7)$$

（2）若投資所產生的各年的淨收益不相同，則投資回收期由逐年累計的淨收益與項目初始投資相等時的年份加以確定。這時，投資回收期可根據全部投資的現金流量表中累計淨現金流量計算求得。

$$投資回收期 = \begin{pmatrix} 累計淨現金流量 \\ 開始出現正值年份數 \end{pmatrix} - 1 + \frac{上年累計淨現金流量的絕對值}{當年淨現金流量} \quad (5-8)$$

【例 5-4】某企業擬進行一項投資，初始投資額為 500 萬元，當年投產，預計壽命期為 10 年，每年現金淨流入量為 100 萬元。試計算其投資回收期。

該方案投資回收期 = 500÷100 = 5（年）

【例 5-5】某企業擬投資一條生產線，現有 A、B、C 三個方案可供選擇。各方案的現金流資料如表 5-4 所示。

表 5-4　　　　　　A、B、C 三方案的預期現金流量　　　　　單位：萬元

年份/方案	A 方案	B 方案	C 方案
0	-100	-100	-100
1	20	50	50
2	30	30	30
3	50	20	20
4	60	60	600
投資回收期（年）	3	3	3

可見三個方案的靜態投資回收期均為 3 年，但通過上表發現存在這樣一些問題：

（1）回收期內現金流量時間各不相同。對比項目 A 和項目 B，前三年，項目 A 的現金流量從 20 萬元增加至 50 萬元，與此同時，項目 B 的現金流量從 50 萬元降到 20 萬元。但由於項目 B 的大額現金流量 50 萬元發生時間早於項目 A，其淨現值會相對較高。而採用靜態回收期法則二者投資回收期相等，無法體現這一差異。

（2）回收期以後現金流量各不相同。對比項目 B 和項目 C，二者回收期內的現金流量完全相同，但項目 C 明顯優於項目 B，因為它在第四年有 600 萬元的現金流入，也就是說回收期法存在的另一個問題是它忽略了所有在回收期以後的現金流量。回收期法因此造成管理人員在決策上的短視，不符合股東利益。

2. 動態投資回收期

其基本原理是通過計算一個投資項目所產生的折現淨現金流入量（正的淨現金流量）以抵消初始投資現值所需要的年限來衡量評價投資方案。

$$動態投資回收期 = \left(\begin{array}{c}累計淨現金流量現值\\開始出現正值的年份數\end{array}\right) - 1 + \frac{上年累計淨現金流量現值的絕對值}{當年淨現金流量的現值} \qquad (5-9)$$

【例5-6】某投資項目各年現金流量資料如表5-5所示，求該項目的投資回收期。

表5-5　　　　　　　　　　各年現金流量表　　　　　　　單位：萬元

年數	淨現金流量	累計淨現金流量	10%的貼現系數	淨現金流量現值	累計淨現金流量現值
0	-100	-100	1、000	-100	-100
1	-150	-250	0.909	-136.35	-236.35
2	30	-220	0.826	-24.78	-211.57
3	80	-140	0.751	60.08	-151.49
4	80	-60	0.683	54.64	-96.85
5	80	20	0.621	49.68	-47.17
6	80	100	0.564	45.12	-2.05
7	80	180	0.513	41.04	38.99
8	80	260	0.467	37.36	76.35
9	80	340	0.424	33.92	110.27
10	80	420	0.386	30.88	141.15

靜態投資回收期 $P_t = 5 - 1 + \dfrac{|-60|}{80} = 4.75$（年）

動態投資回收期 $P_t = 7 - 1 + \dfrac{|-2.05|}{41.04} = 6.05$（年）

決策原則為：互斥決策時，優選投資回收期短的方案；與否決策時，需設置基準投資回收期 T_c，$P_t \leq T_c$ 即可接受，$P_t > T_c$ 則放棄。

（五）投資報酬率

投資報酬率是指投資項目年平均淨收益與該項目平均投資額的比率。其計算公式為：

$$投資報酬率 = \frac{年平均淨收益}{年平均投資總額} \times 100\%$$

【例5-7】某公司擬進行一項投資，有兩個可供選擇方案，其有關資料如表5-6所示。用投資報酬率評價兩個方案的可行性。

表5-6　　　　　　　　　　某公司投資方案列表　　　　　　　單位：萬元

項目	A方案	B方案
原始投資額	100	80

表5-6(續)

項目	A方案	B方案
預計終了殘值	20	10
項目壽命期	10年	10年
平均每年稅後淨利	15	10

根據以上資料計算兩個方案的投資報酬率分別為：

A方案：15/100×100% = 15%

B方案：10/80×100% = 12.5%

根據計算結果，A方案的投資報酬率高於B方案，故應選擇A方案進行投資。

二、投資項目決策分析

(一) 獨立投資項目投資決策

獨立投資項目是指一組相互獨立、互不排斥的項目。在獨立項目中，選擇某一項目並不排斥選擇另一項目。獨立項目的決策是指對待定投資項目採納與否的決策，這種投資決策可以不考慮任何其他投資項目是否得到採納和實施；這種投資的收益和成本也不會因其他項目的採納與否而受影響，即項目的取捨只取決於項目本身的經濟價值。

對於獨立投資項目的決策分析，可運用淨現值、獲利指數、內部收益率以及投資回收期、投資報酬率等任何一個合理的評價指標進行分析，決定項目的取捨。只要運用得當，一般能夠做出正確的決策。

例如，某企業擬進行幾項投資活動，這一組投資方案有擴建某生產車間、購置一輛運輸車、新建辦公樓等，企業資金充足。這一組方案中各個方案之間沒有什麼關聯，互相獨立，並不存在相互比選的問題，企業既可以全部不接受，也可以接受其中一個、接受多個或全部接受，就是取決於各個方案自身的經濟效益情況。

(二) 互斥投資項目決策

在一組投資項目中，採用其中某一投資項目意味著放棄其他投資項目時，這一組投資項目被稱為互斥項目。對於互斥投資項目的決策又要分別項目壽命期相同與壽命期不相同兩種情況下來討論。

1. 壽命期相同投資項目的決策

對於壽命期相同的投資方案，用淨現值、內部收益率、獲利指數都可以採用。但是採用這些指標對互斥方案進行比較時，採用的比較方法也是很重要的，它將直接影響到投資方案比較選擇的正確性。

利用投資經濟評價指標對壽命期相同的互斥方案進行比較的方法可分為兩種：一種是順序比較法，即將各個方案的同一指標值按照大小順序進行比較排列，然後根據該項指標的經濟特性，選取最有力的極端值，如淨現值最大者作為最優方案。這種比

較方法主要適用於絕對投資價值指標（如淨現值等）對投資方案的比較和選擇。二是增量比較法，也稱差額比較法。它是將各互斥方案按照從小到大的順序排列，從投資最小的方案開始，求出它與其後投資較大的方案的淨現金流量之差，即差額淨現金流量。根據差額淨現金流量，利用某項指標的計算公式求出相應的指標值，這個指標被稱為差額指標，然後將該差額指標同相應的檢驗標準進行比較，根據檢驗結果選擇最優方案，再用這個較優方案同其緊後的投資規模更大的方案進行同樣比較，如此順序進行兩個方案的比選，逐個淘汰，最後餘下來的即為最優方案。差額比較法主要適用於相對投資價值指標（如內部收益率、獲利指數、投資報酬率等）對投資方案的比較和選擇。

互斥方案進行優選的最根本的原則是所選方案的經濟效果最佳，淨現值反應的就是方案直接經濟效益，採用淨現值指標用順序比較就可一目了然，而內部收益率等指標都是相對經濟指標，在反應資金利用率方面是比較直接的，但在反應直接經濟效益方面，就不是那麼明確，所以，對這種相對經濟指標一般只用於差額比較法中。

2. 壽命期不同的投資項目的投資決策

如果相互比較的投資項目的壽命期不相同，其比較基礎就不一樣，無法直接進行比較。因此，壽命不等的互斥方案的比較和選擇，關鍵在於使其比較的基礎相一致。這裡，主要介紹壽命期統一的應用技巧。

壽命期統一就是對壽命期不等的比選方案選定一個共同的計算分析期，以滿足可比性的要求，進而根據調整後的評價指標進行方案的比選。通常有兩種處理方法：

（1）最小壽命期法（最小公倍數法）。最小公倍數法是指取幾個待比較方案壽命期的最小公倍數作為共同的計算期，並假定每個方案在這一共同的計算期內重複進行投資，使各個方案都能在同一年結束所需的時間。

（2）年值法。年值法是把相互比較的互斥投資項目的淨現值按照方案壽命的長短，折算成年金，然後進行比較，淨現值年金大者為較優方案。

【例5-8】A、B方案的計算期分別為10年和15年，它們的淨現金流量如表5-7所示，基準折現率為12%。要求分別用最小公倍數法和年值法比較選擇兩個方案。

表 5-7 淨現金流量表 單位：萬元

年份 方案	0	1	2	3~8	10	11~14	15
A	−700	−700	480	480	600	−	−
B	−1,500	−1,700	−800	900	900	900	1,400

註：該現金流量為各年末的數據。

解：根據各方案的計算期和基準折現率，計算出 A、B 方案的淨現值：

$$FNPV_A = -\frac{700}{(1+12\%)} - \frac{700}{(1+12\%)^2} + 480（P/A，12\%，7）\times \frac{1}{(1+12\%)^2} + \frac{600}{(1+12\%)^{10}}$$
$$= 756.3（萬元）$$

$$FNPV_B = -\frac{1,500}{(1+12\%)} - \frac{1,700}{(1+12\%)^2} - \frac{800}{(1+12\%)^3} + \frac{900}{(1+12\%)^3}(P/A,12\%,11)$$
$$+ \frac{1,400}{(1+12\%)^{15}}$$
$$= 795.56（萬元）$$

（1）用最小公倍數法比選方案：

由於兩個方案計算期的最小公倍數為 30 年，在此期間，假設 A 方案重複兩次，B 方案只重複一次，兩個方案就可在同一年結束。因此：

$$FNPV_A' = 756.3 + \frac{756.3}{(1+12\%)^{10}} + \frac{756.3}{(1+12\%)^{20}} = 1,078.26（萬元）$$

$$FNAV_B = \frac{795.56}{(P/A,12\%,15)} = \frac{795.56}{6.810,9} = 116.8（萬元）$$

因為 $FNAV_A = 133.85$ 萬元 $> FNAV_B = 116.8$ 萬元，所以，A 方案優於 B 方案。

（2）用年值法比選方案：

年值法就是將各方案的淨現值年金化（淨年值 FNAV），選取淨年值大的方案。

$$FNAV_A = NPV_A \times (A/P,12\%,10) = \frac{756.3}{(P/A,12\%,10)} = \frac{756.3}{5.650,2} = 133.85（萬元）$$

$$FNAV_B = \frac{795.56}{(P/A,12\%,15)} = \frac{795.56}{6.810,9} = 116.8（萬元）$$

因為 $FNAV_A = 133.85$ 萬元 $> FNAV_B = 116.8$ 萬元，所以，A 方案優於 B 方案。

可見從計算上看，年值法比最小共同壽命法簡便多了，而且得出的結論是一致的。

（三）資金限量下的投資決策

在有資金限制的條件下進行投資項目的決策，就是要充分地利用資金，選擇資金利用效率最高的投資項目。淨現值率是淨現值和投資現值之比，它能反應單位投資所能獲得的超過最低期望水平的收益，因而能充分顯示出單位投資的利用效果。淨現值率越大的投資項目，單位投資資金的利用效果越好。本著這樣的原則，在對多個獨立投資項目進行決策時，就可以根據各個項目淨現值率的大小進行從大到小的排序，並依此順序從淨現值率最大的方案開始選取，直至所選的所有方案投資總額最大限度地等於或接近等於投資限額為止。這樣選出來的方案就是能使有限資金得以最佳利用投資項目。

【例5-9】某企業現有 A、B、C、D、E、F 六個獨立的備選項目，其投資和年淨收益如表 5-5 中的第 1 欄和第 2 欄所示。若企業目前所籌集的資金為 1,000 萬元，資金的成本為 12%，則應如何進行項目投資選擇？

根據題意，先計算出每一項目的淨現值率，然後按其大小依次排序，如表 5-8 所示。

表 5-8　　　　　　　各投資項目的投資各年淨收益情況　　　　　　單位：萬元

項目	初始投資	第 1~10 年的淨收益	淨現值	淨現值率	淨現值率排隊
A	-300	60	39.01	0.13	3
B	-350	68	34.21	0.098	4
C	-400	82	80.27	0.2	2
D	-300	65	67.26	0.224,2	1
E	-250	48	21.21	0.085	5
F	-300	52	-6.91	-0.023	6

計算結果表明，項目 F 的淨現值率小於 0，首先應當剔除。按淨現值率從大到小順序進行選擇且能滿足資金約束條件的項目為 D、C、A。項目 D、項目 C 和項目 A 的淨現值率均大於 0，三個項目的投資總額正好等於 1,000 萬元的投資限額，即 300+400+300＝1,000 萬元。因此，同時從事項目 D、項目 C 和項目 A 投資應是最佳投資選擇，其淨現值總額為：

$$NPV = NPV_D + NPV_C + NPV_A$$
$$= 67.26 + 80.27 + 39.01$$
$$= 186.54（萬元）$$

（四）固定資產的更新決策

固定資產的更新決策就是指決定是繼續使用舊設備還是更換新設備的決策。對於固定資產更新決策問題可以轉化為互斥投資決策問題，即使用舊設備和更換新設備兩個互斥投資項目的決策。其基本思路是：將繼續使用舊設備視為一種方案，將出售舊設備、購置新設備視為另一種方案。分別計算使用舊設備下的淨現值與更新設備下的淨現值的比較，前者的淨現值如果大於後者，就選擇不更新設備；如果後者的淨現值大於前者，就選擇更新設備。這種決策方法簡稱新舊對比法。

還有一種方法，就是通過計算新舊設備的差額淨現金流量，計算差額淨現金流量的淨現值、差量獲利指數或差量內部收益率。如果新設備方案與舊設備方案的差額淨現金流量的淨現值大於零、差量獲利指數大於 1、差量內部收益率高於企業資本成本率，就說明新設備方案優於舊設備方案，選擇新設備方案；反之則選擇舊設備方案。

【例 5-10】ABC 公司打算用一臺效率更高的新設備來替換舊設備，以增加收益、降低成本。舊設備的原值 80,000 元，已提折舊 40,000 元，已使用 5 年，還可使用 5 年，預計使用期滿後無殘值。舊設備每年可帶來營業收入 90,000 元，每年需耗費付現成本 60,000 元。如果現在出售此設備可獲得價款 30,000 元。擬更換的新設備的購置成本為 100,000 元，估計可使用 5 年，預計殘值 10,000 元。新設備每年可帶來營業收入 110,000 元，每年需耗費付現成本 50,000 元。新舊設備均採用直線法折舊。公司所得稅稅率為 25%，資金成本為 10%。試做出 ABC 公司是否更新設備的決策。

根據資料，計算出有關基礎數據：

（1）決策時的初始現金流量：

新設備方案的初始現金流量：－購置成本＋舊設備變價收入＋舊設備銷售的節稅額
＝－100,000＋30,000＋（40,000－30,000）×25%＝－67,500（元）

繼續使用舊設備不需要投資，初始現金流量為0。

（2）營業現金流量：

新設備年折舊＝（100,000－10,000）÷5＝18,000（元）

新設備年繳納所得稅＝（110,000－50,000－18,000）×25%＝10,500（元）

則：新設備年營業現金流量＝110,000－50,000－10,500＝49,500（元）

舊設備年折舊＝（80,000－40,000）÷5＝8,000（元）

舊設備年繳納所得稅＝（90,000－60,000－8,000）×25%＝5,500（元）

則：舊設備年營業現金流量＝90,000－60,000－5,500＝24,500（元）

將兩種情況的現金流量情況編製成表5-9。

表5-9　　　　　　　更新設備與使用舊設備的現金流量情況表　　　　　　單位：元

初始現金流量		新設備方案	舊設備方案	差額現金流量
		－67,500	0	－67,500
營業現金流量	1	49,500	24,500	25,000
	2	49,500	24,500	25,000
	3	49,500	24,500	25,000
	4	49,500	24,500	25,000
	5	59,500	24,500	35,000

方法一：計算新舊設備方案各自淨現金流量的淨現值：

$NPV_{新}$＝－67,500＋49,500$PVIFA_{10\%,4}$＋59,500$PVIF_{10\%,5}$

　　　＝126,365（元）

$NPV_{舊}$＝0＋24,500$PVIFA_{10\%,5}$

　　　＝92,880（元）

更新設備方案的淨現值大於繼續使用舊設備的淨現值，所以應該更新設備。

方法二：計算新舊設備方案的差額淨現金流量的淨現值：

$NPV_{新-舊}$＝－675,000＋25,000×$PVIFA_{10\%,4}$＋35,000$PVIF_{10\%,5}$

　　　　＝33,485（元）

更新設備方案比舊設備增加的現金流量的淨現值大於零，說明更新設備方案優於繼續使用舊設備方案。所以，不論是採用新舊對比法還是增量比較法，都應該選擇更新設備方案。

上例中，新舊設備尚可使用的年限相同，可以直接比較兩方案的淨現值。但現實中很多情況下，新設備的使用年限要長於舊設備，此時的固定資產更新決策就成了項目壽命期不等的投資決策問題。

(五) 投資時機決策

有時候項目的淨現值是正的，並不見得立即投資就是最好的選擇，也許將來啓動投資能產生更大的價值，投資時機決策可以使決策者確定開始投資的最佳時期。如投資一片木材林，就需要決定何時砍伐木材比較合適。等待的時間越長，發生的成本在不斷增加，但木材的價格也將會有較大幅度的上升。這類決策既會產生一定的效益，又會伴隨相應的成本。

選擇投資時機的標準仍然是淨現值最大化，但是由於投資的時間不同，不能將計算出的淨現值進行簡單比較，而應該折合成同一個時點的淨現值進行比較。

【例5-11】某林場有一片可供採伐的經濟林，但該林木隨著時間的推移會更加茂密，其單位面積的經濟價值逐漸提高。若預計採伐活動的淨收益如表5-10所示，企業資本成本為10%，則何時採伐時機最佳？

表5-10　　　　　　　　　　採伐活動收益表　　　　　　　　　單位：萬元

採伐年份	0	1	2	3	4	5
淨收益	7,000	9,000	11,000	12,800	14,500	15,516
淨收益增長率		28.3%	22.2%	16.4%	13.3%	6.9%

顯然，採伐越遲，淨收益越大。但由於資金時間價值的存在，還需要將採伐的淨收益折算成淨現值才能進行比較。各期採伐的淨現值計算如表5-11所示。

表5-11　　　　　　　　　不同時期採伐的淨現值　　　　　　　　單位：萬元

採伐年份	0	1	2	3	4	5
淨現值	7,000	8,182	9,090	9,617	9,904	9,624

顯然，第四年採伐的淨現值最大，故應選擇在第四年採伐該經濟林。

第四節　投資項目風險分析

投資風險是指一項投資所取得的結果和原來期望的結果的差異性。對於投資風險，必須在進行投資決策時做出應有的估計。

對於投資風險分析的方法有標準差測算法、風險調整貼現率法、現金流量調整法等。

一、利用統計的標準差測算投資風險

標準差是衡量投資決策風險程度的一個重要指標。期望值是方案實施後各種可能出現結果的加權平均值。但方案一旦付諸實施，其實際結果一般不會恰好等於期望值，實際結果與期望值會產生偏差。

標準差是指方案實施後出現的結果與期望值偏差的絕對值大小。其偏差（標準差）越大，以期望值作為選優標準的決策風險也就越大。

標準差的計算公式為：

$$\sigma = \sqrt{\sum [V_i - E_{(X)}]^2 P_i} \tag{5-10}$$

式中：σ 表示標準差，V_i 表示可能出現的第 i 種結果，$E_{(X)}$ 表示方案的期望值。P_i 表示第 i 種結果出現的概率，n 表示可能出現結果的總數。

【例5-12】某企業進行長期投資決策，一筆資金可以分別用於開發甲產品和乙產品兩個項目，兩種產品的市場銷售情況都會發生銷售高、中、低三種可能，甲、乙兩產品各自三種可能發生的概率及其年收益均不相同，其數值如表5-12所示。

表5-12　　　　　　　　兩種產品不同市場狀況與年收益

市場銷售狀況	甲產品 概率（P_i）	甲產品 年收益（X_i）	乙產品 概率（P_i）	乙產品 年收益（X_i）
高	0.2	40 萬元	0.1	50 萬元
中	0.6	30 萬元	0.8	25 萬元
低	0.2	20 萬元	0.1	10 萬元

試計算兩方案各自的年收益期望值，並進行投資風險分析決策。

開發甲產品的年收益期望值為 E（甲）= 40×0.2+30×0.6+20×0.2
　　　　　　　　　　　　　　　　　= 30（萬元）

開發乙產品的年收益期望值 E（乙）= 50×0.1+25×0.8+10×0.1
　　　　　　　　　　　　　　　　= 26（萬元）

從兩個方案的期望年收益看，應該選擇開發甲產品。可通過計算兩方案的標準差衡量其風險程度。並計算兩個方案的標準差：

$$\sigma_{甲產品} = \sqrt{(40-30)^2 \times 0.2 + (30-30)^2 \times 0.6 + (20-30)^2 \times 0.2}$$
$$= 6.32$$

$$\sigma_{乙產品} = \sqrt{(50-26)^2 \times 0.1 + (25-26)^2 \times 0.8 + (10-26)^2 \times 0.1}$$
$$= 9.16$$

因為 $\sigma_乙 > \sigma_甲$，這說明開發乙產品方案的風險大於甲產品方案的風險，所以應該選擇開發甲產品。

二、風險調整貼現率的方法

一般來說，人們總是厭惡風險的，在投資管理中尤其是如此。投資項目承擔的風險越高，往往要求的投資報酬率越高，正所謂「高風險伴隨著高收益、低風險伴隨著低收益」。基於這樣的原理，我們可以通過調整貼現率的方法來考慮投資中的風險因素。其基本思路是：對於風險高的投資項目，可以調高其貼現率、調小其現金流量，然後再根據調整後的考慮風險情況的貼現率來計算各種評價指標，以此來評價投資項

目的可行性。

這種方法的基本步驟：首先對影響投資項目風險的各項因素進行評分，然後根據總評分確定投資項目的風險等級，最後根據風險等級確定投資項目的折現率。操作過程見如表 5-13 所示。

表 5-13　　　　　　按投資項目的風險等級調整折現率的操作過程表

相關因素	投資項目的風險狀況及得分									
	A 項目		B 項目		C 項目		D 項目		E 項目	
	狀況	評分	狀況	得分	狀況	得分	狀況	得分	狀況	得分
市場競爭	無	1	較弱	3	一般	5	較強	8	很強	12
戰略協調	很好	1	較好	3	一般	5	較差	8	很差	12
投資回收期	1.5 年	4	1 年	1	2.5 年	7	3 年	10	4	15
資源供應	一般	8	很好	1	較好	5	很差	12	較差	10
總評分	—	14	—	8	—	22	—	38	—	49

總評分	風險等級	調整後的貼現率%
0～8 分	很低	7
8～16 分	較低	9
16～24 分	一般	12
24～32 分	較高	15
32～40 分	很高	17
40 分及以上	最高	20 及以上

$K_A = 9\%$　　$K_B = 7\%$　　$K_C = 12\%$　　$K_D = 17\%$　　$K_E \geq 20\%$

表 5-13 中的相關因素、不同狀態下的評分、風險等級和折現率等由企業管理人員根據以往經驗來確定，具體的評分工作應由企業的銷售、生產、技術、財務等部門組成專家小組來共同決定。在實際中，可以根據具體情況來確定影響風險的因素，原理是相通的。

三、按風險調整現金流量

按風險調整現金流量的方法，就是根據投資項目的風險大小，對各年不確定的現金流量進行調整，以調整後的現金流量進行投資決策分析。具體調整現金流量的方法很多，這裡主要介紹約當量法。

由於在風險決策中，各年的現金流量存在不確定性。約當量法就是將不確定的各年現金流量，按照一定的系數（約當系數）折算為大約相當於確定的現金流量的金額，然後利用無風險折現率來計算評價指標進行投資項目的決策。

約當系數就是將不確定的現金流量折算為確定的現金流量時所採取的系數，它等

於確定的現金流量同預制相當的不確定現金流量的比值。在對投資項目進行評價時，可以根據各年現金流量風險的大小，選取不同的約當系數。當現金流量無風險時，可取約當系數為1，當現金流量的風險很小時，可取0.8≤約當系數≤1；當現金流量的風險一般時，可取0.4≤約當系數≤0.8；當現金流量的風險很大時，可取0<約當系數<0.4（如表5-14所示）。

對於約當系數的選取，還會因為決策者的風險態度不同因人而異，敢於冒險的風險型決策者會選用較高的約當系數，不願冒風險的保守型決策者往往選擇較低的約當系數。為了避免因決策者風險偏好的不同而帶來的決策的失誤，就可以根據現金流量的標準離差率反應風險程度從而選取約當系數。

表 5-14　　　　　　　　標準離差率與約當系數的經驗對照關係表

標準離差率	約當系數
0.01~0.07	1
0.08~0.15	0.9
0.16~0.23	0.8
0.24~0.32	0.7
0.33~0.42	0.6
0.43~0.54	0.5
0.55~0.7	0.4
0.71~0.80	0.3
0.81~0.90	0.2
0.91~1.00	0.1

【例5-13】斯通公司打算進行一項目投資，該項目各年的現金流量和分析人員估算確定的約當系數在表5-15中，無風險折現率為10%。試判斷該項目是否可行。

表 5-15　　　　斯通公司投資項目各年的現金流量及分析確定約當系數表　　　單位：萬元

年份	0	1	2	3	4	5	6
NVF_i 年淨現金流量	-5,000	2,000	2,000	2,000	2,000	2,000	2,000
約當系數 d_t	1.0	0.95	0.9	0.8	0.8	0.75	0.7

$$NPV = (-6,000) \times 1 + 2,000 \times 0.95 \times PVIF_{10\%,1} + 2,000 \times 0.9 \times PVIF_{10\%,2} + 2,000 \times 0.8 \times PVIF_{10\%,3} + 2,000 \times 0.8 \times PVIF_{10\%,4} + 2,000 \times 0.75 \times PVIF_{10\%,5} + 2,000 \times 0.7 \times PVIF_{10\%,6}$$

$$= -6,000 + 1,900 \times 0.909 + 1,800 \times 0.826 + 1,600 \times 0.751 + 1,600 \times 0.683 + 1,500 \times 0.621 + 1,400 \times 0.564$$

=-6,000+7,229.4

　　=1,229.4（萬元）

　　從以上分析可以看出，按照該項目面臨風險程度確定相應約當系數對現金流量進行了調整以後，計算出的淨現值是大於零的正數，則說明該項目是可以投資的。

思考題

1. 在投資項目的營業現金流量中是否包含折舊費？為什麼？
2. 在投資決策中為什麼採用現金流量而不是採用利潤的概念？
3. 在什麼情況下，淨現值、內部收益率、獲利指數的決策結果一致？在什麼情況下會出現分歧？
4. 在存在資金約束（資金限量）的情況下，如何進行投資決策？
5. 項目壽命不等的投資項目可否直接比較淨現值、獲利指數或內部收益率？
6. 固定資產更新投資決策的基本方法？
7. 按風險調整折現率和按風險調整現金流量兩種方法的思路分別是什麼？各自的特點是什麼？

練習題

1. 某企業現有資金 100,000 元可用於以下投資方案 A 或 B：

A：購入其他企業債券（五年期，年利率14%，每年付息，到期還本）。

B：購買新設備（使用期五年）預計殘值收入為設備總額的10%，按直線法計提折舊；設備交付使用後每年可以實現 12,000 元的稅前利潤。已知該企業的資金成本率為10%，適用所得稅稅率為25%。

要求：

(1) 計算投資方案 A 的淨現值。

(2) 投資方案 B 的各年的現金流量及淨現值。

(3) 運用淨現值法對上述投資方案進行選擇。

2. 某企業投資 31,000 元購入一臺設備。該設備預計殘值為 1,000 元，可使用 3 年，折舊按直線法計算（會計政策與稅法一致）。設備投產後每年銷售收入增加額分別為20,000元、40,000元、30,000元，付現成本的增加額分別為 8,000 元、24,000 元、10,000元。企業適用的所得稅稅率為25%，要求的最低投資報酬率為10%，目前年稅後利潤為 40,000 元。

要求：

(1) 假設企業經營無其他變化，預測未來 3 年每年的稅後利潤。

(2) 計算該投資方案的淨現值。

3. 某公司擬用新設備取代已使用 3 年的舊設備。舊設備原價 14,950 元，稅法規定該類設備應採用直線法折舊，折舊年限 6 年，殘值為原價的10%，當前估計尚可使用 5

年，每年操作成本2,150元，預計最終殘值1,750元，目前變現價值為8,500元；購置新設備需花費13,750元，預計可使用6年，每年操作成本850元，預計最終殘值2,500元。該公司預期報酬率12%，所得稅稅率30%。稅法規定新設備應採用年數總和法計提折舊，折舊年限6年，殘值為原價的10%。

要求：進行是否應該更換設備的分析決策，並列出計算分析過程。

4. 某企業使用現有生產設備每年銷售收入3,000萬元，每年付現成本2,200萬元，該企業在對外商貿談判中，獲知我方可以購入一套設備，買價為50萬美元。如購得此項設備對本企業進行技術改造擴大生產，每年銷售收入預計增加到4,000萬元，每年付現成本增加到2,800萬元。根據市場趨勢調查，企業所產產品尚可在市場銷售8年，8年以後擬轉產，轉產時進口設備殘值預計可以23萬元在國內售出。如現決定實施此項技術改造方案，現有設備可以50萬元作價售出。企業要求的投資報酬率為10%；現時美元對人民幣的匯率為1：6.5。

要求：請用淨現值法分析評價此項技術改造方案是否有利（不考慮所得稅的影響）。

5. 某企業生產線投資3,000萬元，當年就可投產。年銷售收入預計可達1,000萬元，年成本費用為600萬元，銷售稅率為5%，生產線受益期為10年，淨殘值為0，直線法折舊。該企業實行25%的所得稅稅率，資金成本率為10%。

要求：

(1) 用淨現值法分析該投資項目的可行性？

(2) 若年銷售收入下降15%，則項目的可行性如何？

(3) 若施工期因故延遲2年，則項目的可行性又如何？

6. 卡爾代公司五金分部是一個盈利的多種經營的公司，公司資金成本率為10%，實行25%的所得稅率，設備使用直線法折舊，其他相關資料如表5-16所示。

表5-16　　　卡爾代公司繼續使用老設備與購置新設備有關資料

項目	繼續使用老設備	購置新設備
年銷售收入（元）	10,000	11,000
設備原價（元）	7,500	12,000
殘值（元）	0	2,000
預計使用年限（年）	15	10
已使用年限（年）	5	0
尚可使用年限（年）	10	10
年經營成本（元）	7,000	5,000
目前變現價值	1,000	

請用淨現值法決策該企業是否繼續使用老設備？

7. F公司打算進行一項投資，該投資項目各年的現金流量和分析確定的約當係數如表5-17所示。公司的資金成本為12%。分析該項目是否可行。

表 5-17　　　　　　　　　F公司的現金流量和約當系數　　　　　　單位：萬元

年份	0	1	2	3	4
淨現金流量	-2,000	700	800	900	1,000
約當系數	1.0	0.95	0.9	0.8	0.8

案例分析

案例一：中南日用化學品公司資本預算分析

1997年4月14日上午，中南日用化學品公司（以下簡稱中南公司）正在召開會議，討論新產品開發及其資本支出預算等有關問題。

中南公司成立於1990年，由中潔化工廠和南宏化工廠合併而成。合併之時，中潔化工廠主要生產「彩虹」牌系列洗滌用品，它是一種低泡沫、高濃縮粉狀洗滌劑；南宏化工廠主要生產「波浪」牌系列洗滌用品，它具有泡沫豐富、去污力強等特點。兩種產品在東北地區的銷售市場各佔有一定份額。兩廠合併後，仍繼續生產兩種產品，並保持各自的商標。1995年，這兩種洗滌劑的銷售收入是合併前的3倍，其銷售市場已經從東北延伸到全國各地。面對日益激烈的商業競爭和層出不窮的科技創新，中南公司投入大量資金進行新產品的研究和開發工作，經過兩年的不懈努力，終於試製成功一種新型、高濃縮液體洗滌劑──「長風」牌液體洗滌劑。該產品採用國際最新技術、生物可解配方製成，與傳統的粉狀洗滌劑相比，具有以下幾個優點：①採用「長風」牌系列洗滌劑漂洗相同重量的衣物，其用量只相當於粉狀洗滌劑的1/6或1/8；②對於特別臟的衣物、洗衣量較大或水質較硬的地區，如華北、東北，可達最佳洗滌效果，且不需要事前浸泡，這一點是粉狀洗滌劑不能比擬的；③採用輕體塑料瓶包裝，使用方便，容易保管。

參加會議的有公司董事長、總經理、研究開發部經理、財務部經理等有關人員。會上，研究開發部經理首先介紹了新產品的特點、作用，研究開發費用以及開發項目的現金流量等。研究開發部經理指出，生產「長風」牌液體洗滌劑的原始投資為2,500,000元，其中新產品市場調查研究費500,000元，購置專用設備、包裝用品設備等需投資2,000,000元。預計設備使用年限15年，期滿無殘值。按15年計算新產品的現金流量，與公司一貫奉行的經營方針相一致，在公司看來，15年以後的現金流量具有極大的不確定性，與其預計錯誤，不如不予預計。

研究開發部經理列示了長風牌洗滌劑投產後公司年現金流量表（見表5-18），並解釋由於新產品投放後會衝擊原來兩種產品的銷量，因此「長風」牌洗滌劑投產後增量現金流量如表5-19所示。

表 5-18　開發「長風」牌產品後公司預計現金流量（年）　　　　單位：元

項目年份	現金流量	項目年份	現金流量
1	280,000	9	350,000
2	280,000	10	350,000
3	280,000	11	250,000
4	280,000	12	250,000
5	280,000	13	250,000
6	350,000	14	250,000
7	350,000	15	250,000
8	350,000	—	—

表 5-19　開發「長風」牌產品公司增量現金流量（年）　　　　單位：元

項目年份	現金流量	項目年份	現金流量
1	250,000	9	315,000
2	250,000	10	315,000
3	250,000	11	225,000
4	250,000	12	225,000
5	250,000	13	225,000
6	315,000	14	225,000
7	315,000	15	225,000
8	315,000	—	—

　　研究開發部經理介紹完畢，會議展開了討論，在分析了市場狀況、投資機會以及同行業發展水平的基礎上，確定公司投資機會成本為10%。

　　公司財務部經理首先提問：「長風」牌洗滌劑開發項目資本支出預算中為什麼沒有包括廠房和其他設備支出？

　　研究開發部經理解釋道：目前，「彩虹」牌系列洗滌劑的生產設備利用率僅為55%。由於這些設備完全適用於生產「長風」牌液體洗滌劑，故除專用設備和加工包裝所用的設備外，不需再增加其他設備。預計「長風」牌洗滌劑生產線全部開機後，只需要10%的工廠生產能力。

　　公司總經理問道：開發新產品是否應考慮增加的流動資金？

　　研究開發部經理解釋說：新產品投產後，每年需追加流動資金200,000元，由於這項資金每年年初借、年末還，一直保留在公司，所以不需將此項費用列入項目現金流量中。

　　接著，公司董事長說：生產新產品佔用了公司的剩餘生產能力，如果將這部分剩餘能力出租，公司將得到近2,000,000元的租金收入。因此，新產品投資收入應該與租

金收入相對比。但他又指出，中南公司一直奉行嚴格的設備管理政策，即不允許出租廠房、設備等固定資產。按此政策，公司有可能接受新項目，這與正常的投資項目決策方法有所不同。

討論仍在進行，主要集中討論的問題是：如何分析嚴格的設備管理政策對投資項目收益的影響？如何分析新產品市場調查研究費和追加的流動資金對項目的影響？請根據以上情況，回答下列問題：

（1）如果你是財務部經理，你認為新產品市場調查研究費屬於該項目的現金流量嗎？

（2）關於生產新產品所追加的流動資金，應否算作項目的現金流量？

（3）新產品生產使用公司剩餘的生產能力，是否應該支付使用費？為什麼？

（4）投資項目現金流量中是否應該反應由於新產品上市使原來老產品的市場份額減少而喪失的收入？如果不引進新產品，是否可以減少競爭？

（5）如果投資項目所需資金是銀行借入的，那麼與此相關的利息支出是否應在投資項目現金流量中得以反應？

（6）試計算投資項目的 NPV、IRR 和 PI，並根據其他因素，做出你最終的選擇：是接受項目還是放棄項目？

案例二：新建生產線投資決策

紅光家具廠是生產家具的中型企業，該廠生產的家具質量優良、價格合理，長期以來供不應求。為了擴大生產能力，紅光廠準備新建一條生產線。

張強是該廠助理會計師，主要負責籌資和投資工作。總會計師張力要求張強收集建設新生產線的有關資料，寫出投資項目的財務評價報告，以供廠領導決策參考。

張強經過十幾天的調查研究，得到以下有關資料：該生產線的初始投資是 12.5 萬元，分兩年投入。第 1 年投入 10 萬元，第 2 年年初投入 2.5 萬元，第 2 年可完成建設並正式投產。投產後，每年可生產某型號家具 1,000 組，每組銷售價格是 300 元，每年可獲得銷售收入 30 萬元。投資項目可使用 5 年，5 年後殘值可忽略不計。在投資項目經營期間要墊支流動資金 2.5 萬元，這筆資金在項目結束時可如數收回。該項目生產的產品年總成本的構成情況如下：

原材料費用 20 萬元　　　　　工資費用 3 萬元
管理費（扣除折舊）2 萬元　　折舊費 2 萬元

張強又對紅光廠的各種資金來源進行了分析研究，得出該廠加權平均的資金成本為 10%。

張強根據以上資料，計算出該投資項目的營業現金流量、現金流量、淨現值（如表 5-20 至表 5-22 所示），並把這些數據資料提供給全廠各方面領導參加的投資決策會議。

表 5-20　　　　　　　　投資項目的營業現金流量計算表　　　　　　單位：元

項目	第1年	第2年	第3年	第4年	第5年
銷售收入	300,000	300,000	300,000	300,000	300,000
付現成本	250,000	250,000	250,000	250,000	250,000
其中： 　原材料	200,000	200,000	200,000	200,000	200,000
工資	30,000	30,000	30,000	30,000	30,000
管理費	20,000	20,000	20,000	20,000	20,000
折舊費	20,000	20,000	20,000	20,000	20,000
稅前利潤	30,000	30,000	30,000	30,000	30,000
所得稅（稅率為50%）	15,000	15,000	15,000	15,000	15,000
稅後利潤	15,000	15,000	15,000	15,000	15,000
現金流量	35,000	35,000	35,000	35,000	35,000

表 5-21　　　　　　　　投資項目的現金流量計算表　　　　　　單位：元

項目	第-1年	第0年	第1年	第2年	第3年	第4年	第5年
初始投資	-100,000	-25,000					
流動資金墊支		-25,000					
營業現金流量			35,000	35,000	35,000	35,000	35,000
設備殘值							25,000
流動資金收回							25,000
現金流量合計	-100,000	-50,000	35,000	35,000	35,000	35,000	85,000

表 5-22　　　　　　　　投資項目的淨現值計算表　　　　　　單位：元

時間	現金流	貼現率	現值
-1	-100,000	1.000	-100,000
0	-50,000	0.909,1	-45,455
1	35,000	0.826,4	28,910
2	35,000	0.715,3	26,296
3	35,000	0.683,0	25,612
4	35,000	0.620,9	23,283
5	85,000	0.564,4	47,974

淨現值=3,353

在廠領導會議上，張強對他提供的有關數據做了必要的說明。他認為，建設新生

產線有 3,353 元淨現值，故這個項目是可行的。

廠領導會議對張強提供的資料進行了分析研究，認為張強在收集資料方面做了很大努力，計算方法正確，但忽略了物價變動問題，這便使得小張提供的信息失去了客觀性和準確性。

總會計師張力認為，在項目投資和使用期間內，通貨膨脹率大約為 10%，他要求各有關部門負責人認真研究通貨膨脹對投資項目各有關方面的影響。

基建處處長李明認為，由於受物價變動的影響，初始投資將增長 10%，投資項目終結後，設備殘值將增加到 37,500 元。

生產處處長周芳認為，由於物價變動的影響，原材料費用每年將增加 14%，工資費用也將增加 10%。

財務處處長趙佳亮認為，扣除折舊以後的管理費用每年將增加 4%，折舊費用每年仍為 20,000 元。

銷售處處長吳宏認為，產品銷售價格預計每年可增加 10%。廠長鄭達指出，除了考慮通貨膨脹對現金流量的影響以外，還要考慮通貨膨脹對貨幣購買力的影響。他要求張強根據以上各位的意見，重新計算投資項目的現金流量和淨現值，提交下次會議討論。

要求：根據以上資料計算分析該項目是否值得投資。

第六章　融資管理

引例

　　2001年2月5日至20日，青島啤酒公司上網定價增發社會公眾公司普通A股1億股，每股7.87元，籌集資金淨額為每股7.59元。籌資效率較高，其籌資主要投向收購部分異地中外合資啤酒生產企業的外方投資股權，以及對公司全資廠和控股子公司實施技術改造等，由此可以大大提高公司的盈利能力。2001年6月，青島啤酒股份有限公司召開股東大會，做出了關於授權公司董事會於公司下次年會前最多可購回公司發行在外的境外上市外資股10%的特別決議。公司董事會計劃回購H股股份的10%，即3,468.5萬股，雖然這樣做將會導致公司註冊資本的減少，但是當時H股股價接近於每股淨資產值，若按每股淨資產值2.36元計算，兩地市場存在明顯套利空間，僅僅花去了8,185.66萬元，卻可以縮減股本比例3.46%，而且可以在原來預測的基礎上增加每股盈利。把這與公司2月5日至20日增發的1億股A股事件聯繫起來分析，可以看出，回購H股和增發A股進行捆綁式操作，是公司的一種籌資策略組合，這樣股本擴張的「一增一縮」，使得青島啤酒股份公司的股本僅擴大約3.43%，但募集資金卻增加了將近7億元，其融資效果十分明顯，這種捆綁式籌資策略值得關注。

　　資本運作的時代中，企業的籌資必要而且重要，市場經濟條件下，瞬息萬變的市場要求企業不斷地對自己的籌資策略進行創新，並要合理解決籌資與效率效果的問題。由於中國金融市場存在的一些特殊性，上市公司多以配股作為主要的融資手段，但處於此大環境下的青島啤酒股份有限公司卻大但探索，勇於創新，通過對市場及公司自身情況的詳細分析，做出了回購H股和增發A股捆綁式融資決策。其增發新股突破了配股單一模式，完善了公司的股權結構，增強了公司的盈利能力和籌資能力；股份回購實現了公司股票價格的平穩和上揚，優化了公司的股本結構。二者的捆綁操作達到了優勢互補的效果，並給上市公司帶來了顯著的財務效果，值得我們對現階段中國企業適用的籌資方式加以深思。

學習目標：

1. 瞭解企業的融資動機。
2. 理解融資渠道與融資方式。
3. 掌握資金需求量的預測方法。
4. 理解各種權益性資本籌集的優缺點。
5. 理解各種債務性資本籌集的優缺點。

6. 理解其他各種長期融資方式的優缺點。
7. 理解各種短期融資方式的優缺點。

第一節　融資管理概述

融資，廣義上講是貨幣資金的融通，是指經濟主體（包括國家、企業和個人）通過各種方式在金融市場上籌措資金的經濟行為。狹義上講則是一個企業的資金籌集行為，也即企業根據自身生產經營、對外投資以及調整資本結構的需要，通過科學的預測，運用一定的融資方式，從一定的融資渠道籌措所需資金的財務活動。

一、企業融資動機

企業融資的基本目的是為了維持自身的生存和發展。企業具體的融資活動通常受特定融資動機的驅使，企業的融資動機會影響企業的融資規模、融資渠道和融資方式，對企業的融資行為和結果都會產生直接影響。企業的具體融資動機多種多樣，概括起來主要有以下幾類：

（一）創建性融資動機

創建性融資動機是指企業在創建時為保證初期生產經營活動能夠順利開展而產生的融資動機。企業創建時，要根據設定的生產經營規模測算資金需求量，通過吸收投資者直接投資或發行普通股籌集資本金，資本金不足部分還需籌措短期或長期的債務資金。

（二）擴張性融資動機

擴張性融資動機是指企業為了擴大生產經營規模或追加對外投資而產生的融資動機。具有良好發展前景、處於成長時期的企業通常會產生擴張性融資動機，這些企業或者為了更新生產設備、引進生產技術、開發新產品、開拓新市場、併購企業，或者為了獲得更高的對外投資收益，往往需要籌措大量資金。

（三）調整性融資動機

調整性融資動機是指企業為了調整優化現有資本結構而產生的融資動機，具體又可分為主動調整性融資動機和被動調整性融資動機。主動調整性融資動機是指企業為了優化資本結構而產生的融資動機，當企業債務資金比例較高、資本結構不太合理時，可以通過籌措一定量的自有資金來降低債務資金比例。被動調整性融資動機是指企業由於財務狀況惡化而被迫產生的融資動機，當企業現有的支付能力不足以清償到期債務時，企業必須另外籌措新的資金償還債務。企業因被動調整性融資動機籌措到的資金只能解決短期燃眉之需，若企業長期盈利能力無法得到改善，企業終將難免一死。

（四）混合性融資動機

混合性融資動機是指企業既需要擴大生產經營規模或追加對外投資，又需要調整

優化現有資本結構而產生的融資動機。混合性融資動機屬於擴張性融資動機和調整性融資動機的混合，也可稱為雙重性融資動機。這種雙重性動機所引發的融資行為，常常最終會使得企業既增加了資金總額，又調整了資本結構。

二、企業融資分類

（一）按資金來源渠道不同分類

企業融資的來源渠道分為權益融資和債務融資兩類。權益融資是指企業通過吸收直接投資、發行股票、內部累積等方式向投資人籌措資金。權益資金不需要歸還，融資風險較小，但由於投資人預期的報酬率較高，所以企業付出的資本成本也相對較高。債務融資是指企業通過借款、發行債券、融資租賃、利用商業信用等方式向債權人籌措資金。債務資金要按期歸還，融資風險相對較高，但由於債權人預期的報酬率比投資人相對較低，所以企業付出的資本成本也相對較低。

（二）按是否通過金融機構分類

企業融資按是否通過金融機構分為直接融資和間接融資兩類。直接融資是指企業通過商業票據、股票、債券等方式直接從最終投資者手中籌措資金。直接融資在企業和最終投資者之間建立起直接的借貸關係或權益資本投資關係，籌措的資金能夠得到快速合理配置，因沒有中間環節，所以企業付出的資本成本相對較低。間接融資是指企業通過向銀行等金融機構取得借款的方式間接從最終投資者手中籌措資金。間接融資的資金供求雙方通過金融仲介機構間接實現資金融通，企業從銀行等金融機構手中籌措資金，與金融機構之間建立債權債務關係或資本投資關係；而最終投資者則投資於銀行等金融機構，與金融機構之間形成債權債務關係或其他投資關係。間接融資相比直接融資而言，因在融資規模、融資期限等方面受到的限制相對較少，所以企業通過間接融資籌措資金相對比較靈活便利。但由於銀行等金融機構要從中獲取服務收益，所以企業付出的資本成本相對直接融資而言較高。

（三）按融資期限長短分類

企業融資按所籌措資金使用期限的長短分為短期融資和長期融資兩類。短期融資是指企業通過利用商業信用、向銀行等金融機構取得短期借款等方式籌措一年內使用的資金。短期融資籌措到的資金主要投資於現金、應收帳款、存貨等，一般可在短期內收回。長期融資是指企業通過吸收投資、發行股票、發行公司債券、向銀行等金融機構取得長期借款、融資租賃和內部累積等方式籌措使用期限一年以上的資金。長期融資籌措到的資金主要投資於開發新產品、擴大生產經營規模、廠房設備更新等，一般需要幾年甚至十幾年才能收回。

（四）按資金取得方式不同分類

企業融資按資金取得方式不同分為內源融資和外源融資。內源融資是指企業通過留存收益內部累積的方式在企業內部籌措資金。內源融資以留存收益作為融資工具，不需要對外支付利息或股利，不會減少企業的現金流，由於資金來源於企業內部，也

不會發生融資費用。但由於留存收益的數額有限，若企業僅僅依靠內源融資籌措資金，很可能無法滿足企業日益擴張的投資需求。外源融資是指企業通過發行股票、發行債券、向銀行等金融機構借款等方式向其他經濟主體籌措資金。外源融資相比內源融資而言，具有融資渠道廣泛、融資方式多樣、資金供應量充足、融資時機靈活等優點。當然，由於外源融資是從企業外部籌措資金，因此融資成本相對較高。

（五）按融資結果是否反應在資產負債表上分類

企業融資按其結果是否在資產負債表上得以反應分為表內融資和表外融資。表內融資是指企業通過吸收投資、發行股票、發行債券、向銀行等金融機構借款、融資租賃等能直接引起資產負債表中負債或所有者權益發生變動的融資方式籌措資金。表外融資是指企業通過經營租賃、代銷商品、來料加工等不會直接引起資產負債表中負債或所有者權益發生變動的融資方式籌措資金。

三、企業融資渠道和融資方式

（一）企業融資渠道

企業融資渠道是指企業籌措資金的來源和途徑。目前中國企業的融資渠道主要有以下幾種：

1. 國家財政資金

國家財政資金是國有企業的主要資金來源，國家財政資金具有廣闊的源泉和穩定的基礎，是國有大中型企業權益資本融資的主要渠道。

2. 銀行信貸資金

銀行信貸資金是各類企業融資的重要來源，隨著經濟的發展，銀行信貸資金的規模也在不斷發展壯大，加上貸款方式能夠靈活適應企業的各種需要，且有利於加強宏觀控制，因此銀行信貸資金是各類企業債務資本融資的主要供應渠道。

3. 非銀行金融機構資金

非銀行金融機構主要包括保險公司、信託公司、證券公司、基金公司、租賃公司、企業集團財務公司等。非銀行金融機構為各類企業提供各種金融服務，既包括信貸資金投放服務，也包括物資的融通服務，還包括為企業承銷證券的金融服務等，同時非銀行金融機構的資金供應比較方便靈活，具有廣闊的發展前景。

4. 其他法人單位資金

其他法人單位可以將其部分暫時閒置的可支配資金通過聯營、入股、購買債券以及各種短期商業信用的方式在企業之間相互調劑餘缺，這種資金既可以是短期臨時的資金融通，也可以是相互投資形成長期穩定的經濟聯合。隨著橫向經濟聯合的發展，企業與企業之間的資金聯合和資金融通得到了越來越廣泛的發展。

5. 個人資金

企業職工和城鄉居民手中暫時閒置的資金都屬於個人資金。企業可以通過發行股票、發行債券等方式，廣泛地向社會公眾募集資金，將個人閒散資金聚集起來，充分利用這一潛力巨大的資金來源。

6. 企業內部累積資金

企業內部累積資金主要是指企業的留存收益，包括盈餘公積和未分配利潤。企業內部累積的留存收益是企業補充生產經營資金的來源渠道，也是影響企業其他融資渠道融資的基礎。

7. 國外和港澳臺資金

各類企業除上述主要的融資渠道外，還可以向國外和中國香港、澳門、臺灣的投資者吸收資金，目前國外和港澳臺資金已逐漸成為企業一項重要的融資渠道。

(二) 企業融資方式

企業融資方式是指企業籌措資金的具體方法和形式。目前中國企業的融資方式主要有以下幾種：

1. 吸收直接投資

吸收直接投資是指企業以協議等形式吸收國家、其他法人單位、個人等投資者直接投入資金形成企業資本金的一種融資方式。吸收投資是非股份制企業籌措權益資本的一種基本方式。

2. 發行股票

發行股票是指符合條件的股份有限公司按照法定的程序，向投資者或原股東發行股份募集資本金的一種融資方式。發行股票是股份有限公司籌措權益資本的一種主要方式。

3. 借款

借款是指企業根據借款合同向銀行或非銀行金融機構借入的、按規定期限還本付息的款項。借款是各類企業籌措長期或短期債務資本的一種主要方式。

4. 發行債券

發行債券是指企業通過發行約定在一定期限還本付息的有價證券向債權人籌措資金的一種融資方式。發行債券是企業債務融資的一種重要方式。

5. 融資租賃

融資租賃是指企業向租賃公司提出購買資產要求，在契約或合同規定的較長期限內租入資產支付租金的一種信用業務。企業通過融資租賃的方式融通資金，融資租賃是承租企業籌措長期債務資本的一種特殊方式。

6. 商業信用

商業信用是指企業之間在商品交易中因延期付款或預收貨款而形成的借貸關係，是企業之間的直接信用行為。商業信用是企業之間融通短期資金的一種主要方式。

7. 內部累積

內部累積是指企業利用從淨利潤中提留的盈餘公積和未分配利潤等內部累積的留存收益籌集資金的一種融資方式。內部累積是各企業長期採用的融資方式。

(三) 企業融資渠道與融資方式的對應關係

企業融資渠道和融資方式的關係非常密切，同一融資渠道往往可以採用不同的融資方式取得，而同一融資方式又往往適用於不同的融資渠道，企業融資時應注意融資

渠道和融資方式的合理配合。中國企業融資渠道與融資方式的對應關係如表6-1所示。

表6-1　　　　　　　　中國企業融資渠道與融資方式的對應關係

融資渠道 \ 融資方式	吸收直接投資	發行股票	借款	發行債券	融資租賃	商業信用	內部累積
國家財政資金	√	√					
銀行信貸資金			√				
非銀行金融機構資金		√	√	√	√		
其他法人單位資金	√	√		√		√	
個人資金	√	√		√			
企業內部累積資金							√
國外和港澳臺資金	√	√	√	√	√	√	

四、企業融資原則

企業資金的來源渠道多種多樣，不同來源的資金，其所能融資總量的多少、資金占用時期的長短、資本成本的高低、限制條款的寬嚴、融資難易程度的大小都不相同。為了能有效地籌措到企業所需資金，必須全面考量資金籌集的綜合經濟效益。具體來說，應遵循以下基本原則：

（一）適度規模原則

企業的融資規模受到註冊資本限額、債務契約約束、投資規模大小等各種因素的影響，而且處於不同發展階段的企業對資金的需求量也不是一成不變的。企業應結合自身生產經營狀況、盈利能力和投資需求，合理預測資金需求量，確定適度融資規模，確保企業既能避免因資金籌措不足而影響正常的生產經營，又能防止因資金籌集過多而引起資金閒置甚至加劇財務負擔。

（二）適時籌措原則

企業應考慮貨幣資金時間價值原理，根據企業財務戰略和投資計劃，合理安排所需資金的籌措時間，使融資與投資在時機上相互匹配銜接，確保企業既能避免因過早籌措資金而造成資金投放使用前的閒置浪費，又能防止因取得資金時間滯後而錯過資金投放使用的最佳時機。

（三）結構合理原則

企業的資本結構是指權益資本與債務資本的比例關係。融資時企業應協調好權益資本與債務資本的比例關係，保持資本結構合理適當，確保企業既能有效地利用負債經營從而提高權益資本的獲利水平，又能防止因債務資本比例過高而導致財務風險過大甚至陷入財務危機。

(四) 成本效益原則

企業的融資方式多種多樣，不同融資方式的融資成本有高有低各不相同。企業在選擇融資方式時應對比分析、綜合考察各種融資方式的資本成本，力求降低綜合資本成本，確保企業既能適度、適時、合理地籌措到所需資金，又能盡力降低綜合資本成本以使得經濟效益最大。

第二節　資金需求量的預測

資金需求量的預測是企業融資決策的前提，企業融資前應採取科學的方法，合理地預測資金的需求量，確保籌集的資金既能滿足生產經營的需要，又不會有太多的閒置。

資金需求量的預測方法多種多樣，歸納起來可分為定性預測方法和定量預測方法兩大類。

一、定性預測方法

定性預測方法是指依靠個人經驗和主觀分析判斷能力來預測資金需求量的方法。這種預測方法通常在企業缺乏完備準確的歷史數據資料時採用，首先由熟悉財務和生產經營情況的專家根據自身以往累積的經驗進行分析判斷，提出對企業資金需求量預測的初步意見；然後通過召開座談會或發出各種表格等形式，對預測的初步意見進行討論，繼而提出修正補充意見。經過一次或幾次這樣的反覆之後，形成企業資金需求量預測的最終結論。

預測資金需求量應與企業的生產經營規模相聯繫，生產經營規模擴大會引起資金需求量的增加，反之反是。然而定性預測方法由於是依靠個人經驗進行的預測，帶有一定的主觀性，因此無法直接揭示資金需求量與企業生產經營規模之間的數量關係。

二、定量預測方法

定量預測方法是指根據已掌握的比較完備的歷史數據資料，運用一定的數學方法進行科學的加工整理，借以揭示資金需求量與銷售額等相關變量之間規律性聯繫的預測資金需求量的方法。定量預測方法有很多，最常見的方法有銷售百分比法和資金習性預測法。

(一) 銷售百分比法

銷售百分比法是根據銷售額與資產負債表和利潤表項目之間的比例關係，預計各項目的金額，進而預測資金需求量的方法。這一方法的應用有兩個基本假定前提：一是企業的部分資產和負債與銷售額同比例變化；二是企業各項資產、負債和所有者權益結構已達到最優。

根據與銷售額的關係，可將資產負債表和利潤表項目分為敏感項目和非敏感項目。

敏感項目是指短期內與銷售額保持同比例變化的項目；非敏感項目是指短期內不隨銷售額的變動而變動的項目。資產負債表中資產敏感項目一般包括貨幣資金、應收票據、應收帳款、預付款項和存貨，其餘為非敏感項目。需要特別注意的是，某些非敏感資產短期內雖不隨銷售額變動，但長期看會出現階梯式跳躍。比如固定資產，在一定生產經營規模範圍內固定資產規模保持不變；但當生產經營規模超出範圍時固定資產規模則會擴充。這種階梯式跳躍的項目應單獨考慮。資產負債表中負債敏感項目一般包括應付票據、應付帳款、預收款項、應付職工薪酬、應交稅費，其餘為非敏感項目。資產負債表中所有者權益項目，一般實收資本和資本公積是非敏感項目，盈餘公積和未分配利潤每年的增加額等於淨利潤乘以利潤留存比例。利潤表中敏感項目一般包括營業成本、營業稅金及附加、銷售費用、管理費用、所得稅費用，其餘為非敏感項目。

【例6-1】某公司2014年的資產負債表和利潤表如表6-2、表6-3所示。

表6-2　　　　　　　　　　　　2014年資產負債表　　　　　　　　　　單位：萬元

資產	金額	負債和所有者權益	金額
貨幣資金	80	短期借款	100
交易性金融資產	80	應付帳款	180
應收票據	40	應付職工薪酬	60
應收帳款	320	應交稅費	100
存貨	120	長期借款	350
長期股權投資	80	股本	1,100
固定資產	1,400	資本公積	110
無形資產	80	留存收益	200
資產總計	2,200	負債和所有者權益總計	2,200

表6-3　　　　　　　　　　　　2014年利潤表　　　　　　　　　　單位：萬元

項目	金額
營業收入	8,000
減：營業成本	5,000
營業稅金及附加	400
銷售費用	820
管理費用	1,580
財務費用	50
加：投資收益	350
營業利潤	500
加：營業外收入	100

表6-3(續)

項目	金額
利潤總額	600
減：所得稅費用	150
淨利潤	450

該公司利潤表中營業收入項目全部來源於銷售額，公司預計2015年銷售額為9,000萬元。為擴大生產經營規模，公司決定於2015年新購置價值500萬元的廠房和機器設備。公司的股利分配率為60%，所得稅稅率為25%。試編製該公司2015年預計利潤表和預計資產負債表，並按銷售百分比法預測該公司2015年的資金需求量。

根據上述資料編製2015年預計利潤表和預計資產負債表，如表6-4、表6-5所示。

表6-4　　　　　　　　　　2015年預計利潤表　　　　　　　　　單位：萬元

項目	2014年實際數	占銷售額百分比（%）	2015年預計數
營業收入	8,000	100	9,000
減：營業成本	5,000	62.5	5,625
營業稅金及附加	400	5	450
銷售費用	820	10.25	922.5
管理費用	1,580	19.75	1,777.5
財務費用	50	—	50
加：投資收益	350	—	350
營業利潤	500	—	525
加：營業外收入	100	—	100
利潤總額	600	—	625
減：所得稅費用	150	—	156.25
淨利潤	450	—	468.75

預計2015年留存收益增加額＝468.75×（1－60%）＝187.5（萬元）

表6-5　　　　　　　　　　2015年預計資產負債表　　　　　　　　　單位：萬元

資產	2014實際	占比(%)	2015預計	負債和所有者權益	2014實際	占比(%)	2015預計
貨幣資金	80	1	90	短期借款	100	—	100
交易性金融資產	80	—	80	應付帳款	180	2.25	202.5
應收票據	40	0.5	45	應付職工薪酬	60	0.75	67.5
應收帳款	320	4	360	應交稅費	100	1.25	112.5

表6-5(續)

資產	2014實際	占比(%)	2015預計	負債和所有者權益	2014實際	占比(%)	2015預計
存貨	120	1.5	135	長期借款	350	—	350
長期股權投資	80	—	80	股本	1,100	—	1,100
固定資產	1,400	—	1,900	資本公積	110	—	110
無形資產	80	—	80	留存收益	200	—	387.5
資產總計	2,200	—	2,770	負債和所有者權益總計	2,200	—	2,430

根據上述計算可知，按銷售百分比法預測該公司2015年的資金需求量為：

預計2015年資金需求量 = 2,770-2,430 = 340（萬元）

用銷售百分比法預測資金需求量時，也可運用下面簡便的公式計算：

$$預計資金需求量 = \Delta S \left(\sum \frac{RA}{s} - \sum \frac{RL}{s} \right) - \Delta RE + M \qquad (6-1)$$

式中，ΔS 為預計銷售額增加額；$\sum \frac{RA}{s}$ 為敏感資產總額占銷售額百分比；$\sum \frac{RL}{s}$ 為敏感負債總額占銷售額百分比；ΔRE 為預計留存收益增加額；M 為其他因素影響，如階梯式跳躍增加額。

根據例6-1的資料，運用公式6-1預測該公司2015年的資金需求量為：

預計2015年資金需求量 = 1,000×（7%-4.25%）-187.5+500 = 340（萬元）

銷售百分比法是一種相對簡單、粗略的定量預測方法，儘管與定性預測方法相比，銷售百分比法考慮了資金需求量與企業生產經營規模之間的數量關係，但這種數量關係的假定前提也具有一定的主觀性，如敏感項目與非敏感項目的絕對劃分、敏感項目與銷售額的同比例變動等，因此這種預測方法得到的資金需求量可能與實際有一定出入。

(二) 資金習性預測法

資金習性預測法是根據資金習性來預測資金需求量的方法。資金習性是指資金的變動與產銷量變動之間的依存關係。資金按照資金習性分為不變資金、變動資金和半變動資金。

不變資金是指在一定產銷量範圍內，不受產銷量變動影響而保持固定不變的那部分資金，如為維持生產經營而占用的最低數額的現金、原材料的保險儲備、必要的成品儲備、廠房機器設備等固定資產占用的資金等。變動資金是指隨產銷量的變動而同比例變動的那部分資金，如直接構成產品的原材料、最低儲備以外的現金、存貨、應收帳款等占用的資金。半變動資金是指雖受產銷量變動影響，但不成同比例變動的那部分資金，如一些輔助材料所占用的資金，半變動資金可按一定方法劃分為不變資金和變動資金兩部分。

資金習性預測法具體又有迴歸直線法和高低點法兩種方法。

1. 迴歸直線法

迴歸直線法是假定資金需求量與產銷業務量之間存在著線性關係，根據歷史數據資料建立線性迴歸數學模型，進而預測資金需求量的方法。迴歸直線法的預測模型如下：

$$y = a + bx \tag{6-2}$$

式中，自變量 x 為產銷業務量；因變量 y 為資金需求量；截距 a 為不變資金；斜率 b 為單位變動資金。

【例6-2】某公司2010—2014年的產銷業務量和資金需求量如表6-6所示。預計該公司2015年的產銷業務量為150萬件。試用迴歸直線法預測該公司2015年的資金需求量。

表6-6　　　　　　　　2010—2014 年產銷業務量與資金需求量

年度	產銷業務量 x（萬件）	資金需求量 y（萬元）
2010	120	100
2011	110	95
2012	100	90
2013	120	100
2014	130	105

（1）根據表6-6中的數據資料，計算整理得到表6-7。

表6-7　　　　　　　　迴歸直線方程數據計算表

年度	產銷業務量 x（萬件）	資金需求量 y（萬元）	xy	x^2
2010	120	100	12,000	14,400
2011	110	95	10,450	12,100
2012	100	90	9,000	10,000
2013	120	100	12,000	14,400
2014	130	105	13,650	16,900
$n=5$	$\sum x = 580$	$\sum y = 490$	$\sum xy = 57,100$	$\sum x^2 = 67,800$

（2）將表6-7中的數據資料代入用最小平方法線性迴歸時建立的標準方程組：

$$\begin{cases} \sum y = na + b\sum x \\ \sum xy = a\sum x + b\sum x^2 \end{cases}$$

求得 $a = 40$；$b = 0.5$

代入 $y = a + bx$ 得線性迴歸方程 $y = 40 + 0.5x$

（3）將預計該公司2015年的產銷業務量150萬件代入線性迴歸方程，得到該公司2015年的資金需求量為115萬元。

迴歸直線法通過利用多個年度的數據資料建立線性迴歸方程對資金需求量進行預測，與銷售百分比法相比可一定程度上降低個別特殊年度對預測產生的偏差影響。但迴歸直線法也有局限性，體現在完全用歷史數據對未來進行預測，沒有充分考慮價格

等因素的變動；另外，若未來外界因素突發重大變化，僅僅借助企業自身的歷史數據對資金需求量進行預測，就會出現與實際情況嚴重不符。

2. 高低點法

高低點法是根據企業一定期間資金占用的歷史資料，按照資金習性原理和 $y=a+bx$ 直線方程式，選用最高業務量期和最低業務量期的資金占用量之差，同這兩期的業務量之差進行對比，先求 b 的值，然後代入原直線方程，求出 a 的值，進而預測資金需求量的方法。高低點法的計算公式如下：

$$\text{單位變動資金 } b = \frac{\text{最高業務量期資金占用量} - \text{最低業務量期資金占用量}}{\text{最高業務量} - \text{最低業務量}} \qquad (6-3)$$

不變資金 a = 最高業務量期資金占用量 - 單位變動資金 b × 最高業務量

或 = 最低業務量期資金占用量 - 單位變動資金 b × 最低業務量 　　(6-4)

【例6-3】根據例6-2的數據資料，試用高低點法預測該公司2015年的資金需求量。

（1）根據表6-6中的數據資料，計算單位變動資金 b 和不變資金 a。

$$\text{單位變動資金 } b = \frac{105-90}{130-100} = 0.5$$

不變資金 $a = 105 - 0.5 \times 130 = 40$

或 $= 90 - 0.5 \times 100 = 40$

（2）根據計算得到的 a 和 b，建立業務量與資金占用量之間的直線方程。

$y = 40 + 0.5x$

（3）將預計該公司2015年的產銷業務量150萬件代入直線方程，得到該公司2015年的資金需求量為115萬元。

需要注意的是，高低點法在選擇高點、低點時，應根據業務量來選，而不能以資金占用量來選，因為業務量最高時，資金占用量不一定最高。

高低點法相比迴歸直線法而言，計算簡便易於理解，只需根據一高一低兩組資料，就可求解。但也正是因為這種方法只根據最高、最低兩組資料，而不考慮中間各組資料的變化，以偏概全，計算結果往往不夠準確。

第三節　權益性資本的籌集

權益性資本一般由投入資本和留存收益構成。權益性資本的籌集是企業最為重要的融資方式，主要包括吸收直接投資、發行股票、內部累積。

一、吸收直接投資

吸收直接投資是非股份制企業籌集權益性資本的基本方式。它是指企業以協議等形式吸收國家、其他法人、個人、外商和港澳臺投資者直接投入資本的一種融資方式。

(一) 吸收直接投資的主體

從法律形式上看，現代企業分為獨資企業、合夥企業和公司制企業。在中國，公司制企業包括股份有限公司和有限責任公司（含國有獨資公司）。由於採用吸收直接投資的融資方式籌集權益性資本的主體只能是資本不劃分為等額股份、不發行股票的非股份制企業，因此，這種融資方式適用的非股份制企業包括獨資企業、合夥企業和有限責任公司。

(二) 吸收直接投資的種類

吸收直接投資的融資方式按照其融資渠道一般可以分為以下幾類：

1. 吸收國家直接投資

吸收國家直接投資是國有企業籌集權益性資本的主要方式。一般具有產權歸屬國家、資金的運用和處置受國家約束較大、在國有企業廣泛採用等特點。

2. 吸收其他法人直接投資

吸收其他法人直接投資是指吸收其他法人單位以其依法可支配的資產直接投入本企業的一種融資方式。一般具有發生在法人單位之間、以參與企業利潤分配為目的、出資方式靈活等特點。

3. 吸收個人直接投資

吸收個人直接投資是指吸收社會個人或本企業內部職工以個人合法財產直接投入本企業的一種融資方式。一般具有參加投資的人員較多、每人投資的數額相對較少、以參與企業利潤分配為目的等特點。

4. 吸收外商和港澳臺投資者直接投資

吸收外商和港澳臺投資者直接投資是指吸收外商和港澳臺投資者以其依法可支配的資產直接投入本企業的一種融資方式。一般具有利用優惠政策、以搶占市場和擴大企業知名度為目的等特點。

(三) 吸收直接投資的出資方式

吸收直接投資籌措資金主要有以下幾種出資方式：

1. 吸收現金直接投資

以現金方式出資是吸收直接投資中最重要的一種出資方式。企業有了貨幣資金，可以用於購買各種生產資料，可以用於支付各種費用，有很大的靈活性，因此企業通常希望投資者盡可能地以現金方式出資。

2. 吸收實物直接投資

以實物方式出資就是投資者以房屋、建築物、設備等固定資產和原材料、商品等流動資產向企業進行投資。企業吸收實物直接投資一般應符合適應企業生產經營或科研開發的需要、實物的質量性能良好、作價公平合理等要求。實物作價方法既可以由出資各方協商確定，也可以聘請專業資產評估機構評估確定。

3. 吸收工業產權和非專利技術直接投資

以工業產權和非專利技術方式出資就是投資者以商標權、專利權和非專利技術等

無形資產向企業進行投資。企業吸收工業產權和非專利技術直接投資一般應符合有助於企業研發生產高新科技產品、有助於企業改進產品質量提高生產效率、有助於企業降低生產消耗等要求。

4. 吸收土地使用權直接投資

土地使用權是指國家機關、企事業單位、農民集體和公民個人，凡具備法定條件者，依照法定程序對國有土地或農民集體土地所享有的佔有、利用、收益和有限處分的權利。擁有土地使用權的使用權人可以用土地使用權向企業進行投資。企業吸收土地使用權直接投資一般應符合適應企業生產經營或科研開發的需要、交通地理條件較適宜等要求。

(四) 吸收直接投資的程序

企業吸收直接投資一般應遵循以下程序：

1. 確定籌資數量

企業在新建或擴大生產經營規模時，需要首先確定資金需求量。資金需求量應根據企業自身的生產經營規模、盈利能力和投資需求等條件來合理核定，確保籌資數量與資金需求量相適應。

2. 尋找投資單位

尋找投資單位實際從某種意義上來說是企業與有關投資者之間的雙向選擇，企業既要廣泛瞭解有關投資者的資信、財力和投資意向，又要通過信息交流和宣傳，使出資方瞭解企業的經營能力、財務狀況以及未來預期，以便於公司從中尋找最合適的合作夥伴。

3. 協商投資事項

找到合適的投資夥伴後，雙方便可進行具體協商，確定出資數額、出資方式和出資時間。企業應盡可能吸收現金直接投資，如果投資方確有先進且適合需要的固定資產和無形資產，也可採取非現金投資方式。對實物投資、工業產權投資、土地使用權投資等非現金投資的資產，雙方應按公平合理的原則協商定價。

4. 簽署投資協議

當出資數額、出資方式、出資時間和資產作價確定後，雙方應當簽署有關投資的協議或合同等書面文件，以明確雙方的權利和責任。

5. 取得所籌集的資金

簽署投資協議後，企業應按規定或計劃取得資金。如果採取現金投資方式，通常還要編製撥款計劃，確定撥款期限、每期數額及劃撥方式，有時投資者還要規定撥款的用途，如把撥款區分為固定資產投資撥款、流動資金撥款、專項撥款等。如為實物、工業產權、非專利技術、土地使用權投資，一個重要的問題就是核實財產，評估作價。財產數量是否準確，特別是價格有無高估低估的情況，關係到投資各方的經濟利益，必須認真處理，必要時可聘請專業資產評估機構來評定，然後辦理產權的轉移手續，取得資產。

(五) 吸收直接投資的優缺點

1. 吸收直接投資的優點

（1）手續簡便，限制性條款少。吸收直接投資的手續相對比較簡便，籌資費用相對較低。出資者就是企業的所有者，共享經營管理權，相對於債務資金而言，限制性條款較少。

（2）有利於增強企業信譽。吸收直接投資籌措的資金屬於企業的自有資金，與債務資金相比較，它能夠提高企業的資信和借款能力，增強企業的財務實力。

（3）有利於盡快形成生產能力。吸收直接投資不僅可以較快籌措到貨幣資金，而且能夠直接籌集到所需的先進設備和先進技術，與只能籌措到現金的融資方式相比，它更能夠盡快形成生產能力，迅速開拓市場，產生經濟效益。

（4）有利於降低財務風險。相對於債務資金而言，吸收直接投資不但沒有向投資者償還本金的壓力，財務負擔較輕；而且還可以根據企業實際生產經營狀況的好壞，決定是否向投資者支付報酬以及支付報酬的額度大小。企業生產經營狀況好，就可以向投資者多支付一些報酬；企業生產經營狀況不好，就可以不向投資者支付報酬或少支付報酬，比較靈活，大大降低了財務風險。

2. 吸收直接投資的缺點

（1）資本成本較高。與債務資本相比較，投資者往往會要求更高的報酬率，特別是當企業生產經營狀況較好，盈利較強時尤為明顯，因稅後淨利潤的分配缺乏必要的規範，投資者往往要求將大部分盈餘作為報酬支付，資本成本隨之升高。另外，債務利息在稅前扣除有抵稅作用，而向投資者分配利潤則是在稅後進行，不能抵稅，這也會增加吸收直接投資的資本成本。

（2）容易分散企業控制權。吸收直接投資的投資者一般都要求獲得與投資數量相適應的經營管理權，如果外部投資者的投資較多，則投資者會有相當大的管理權甚至控制權。

（3）不利於產權交易。與發行股票相比，吸收直接投資的融資方式沒有證券作為媒介，產權關係有時不夠明晰，不便於產權的交易。

二、發行股票

股票是股份有限公司為籌措權益性資本而發行的，證明股東按其所持股份享有權利和承擔義務的書面證明。股票是一種有價證券，它代表了持股人在公司中擁有的所有權。股東作為出資人按持股份額享有參與公司利潤分配、重大決策、選擇管理者等權利，並以其所持股份為限對公司承擔責任。發行股票是股份有限公司籌措權益性資本的基本融資方式。

(一) 股票的種類

股票按不同的標準可以進行不同的分類。

（1）按股東享有的權利和承擔的義務不同，可將股票分為普通股股票和優先股股票。

普通股股票是股份有限公司發行的代表著股東享有平等的權利和義務，不加特別限制，股利不固定的股票。普通股具備股票的最一般特徵，是股票的最基本形式。

優先股股票是股份有限公司發行的具有一定優先權，但同時也有一定限制的股票。優先股股票的優先權主要表現在優先獲得股利和優先分配剩餘財產兩方面，優先股股票的限制主要體現在優先股股東在股東大會上無表決權和在參與公司經營管理上受到一定限制。

（2）按股票票面有無記名的不同，可將股票分為記名股票和無記名股票。

記名股票是在股票票面上記載股東姓名或名稱，並將其記入公司股東名冊的股票。股東名冊中記載股東姓名或名稱、股東住所、各股東所持股份數、各股東所持股票編號以及各股東取得股份的日期。記名股票一律用股東本名，其轉讓、繼承都要辦理過戶手續。中國公司法規定，公司向發起人、國家授權投資的機構、法人發行的股票，應當為記名股票。

無記名股票是在股票票面上不記載股東姓名或名稱的股票。對無記名股票，公司只需記載股票數量、編號和發行日期。無記名股票的轉讓、繼承無需辦理過戶手續。中國公司法規定，對社會公眾發行的股票，可以為記名股票，也可以為無記名股票。

（3）按股票票面是否標明金額的不同，可將股票分為有面額股票和無面額股票。

有面額股票是在股票票面上記載一定金額的股票。這一記載的金額也稱之為股票票面金額或股票面值。大多數國家的股票都是有面額股票，股票票面金額通過法規予以規定，而且一般限定了這類股票的最低票面金額。同次發行的有面額股票，其每股票面金額是等同的。中國公司法規定，股票應記載股票的面額，股票發行價格可以和票面金額相等，也可以高於票面金額，但不得低於票面金額。這樣，有面額股票的票面金額就成為發行價格的最低界限。

無面額股票是在股票票面上不記載金額的股票。這種股票不在票面上標明固定的金額，而僅將資金分為若干股份，在股票上只記載股數或占公司股本總額的比例。無面額股票不用考慮最低的發行價格。美國紐約州最先通過法律，允許發行無面額股票，以後美國其他州和一些國家也相繼效仿，但目前世界上包括中國在內的很多國家的公司法規定不允許發行這種股票。

（4）按股票發行時間的不同，可將股票分為始發股和增發股。

始發股是股份有限公司設立時發行的股票。增發股是股份有限公司增資時發行的股票。始發股和增發股的發行條件、發行目的、發行價格都不盡相同，但是股東的權利和義務卻是一樣的。

（5）按股票的投資主體不同，可將股票分為國家股、法人股、個人股和外資股。

國家股是有權代表國家投資的部門或機構以國有資產向公司投資形成的股份。國家股的股權所有者是國家，國家股的股權由國有資產管理機構或其授權單位行使國有資產的所有權職能。

法人股是企業法人或具有法人資格的事業單位和社會團體，以其依法可支配的資產向股份有限公司投資所形成的股份。如果該法人是國有企業、事業及其他單位，那麼該法人股為國有法人股。國有法人股是指具有法人資格的國有企業、事業及其他單

位以其依法占用的法人資產向獨立於自己的股份公司出資形成或依法定程序取得的股份。它也是國有股權的一個組成部分。如果是非國有法人資產投資於上市公司形成的股份則為社會法人股。

個人股是公司內部職工或社會公民以個人的合法財產投資於股份制企業的股份。中國個人股包括股份制企業內部職工認購本企業的職工股和股份制企業向社會公眾招募的私人股。

外資股是股份有限公司向外國和中國香港、澳門、臺灣地區投資者發行的股票。外資股按上市地域，又可以分為境內上市外資股和境外上市外資股。

（6）按股票發行對象和上市地區的不同，可將股票分為 A 股、B 股、H 股、N 股、S 股等。

A 股是人民幣普通股，是由中國境內公司發行，供境內機構、組織或個人以人民幣認購和交易的普通股股票。B 股是人民幣特種股票，是以人民幣標明面值，以外幣認購和交易，在中國境內證券交易所上市交易的外資股股票。H 股是也稱國企股，是經證監會批准，註冊地在內地，上市地在香港，供境外投資者認購和交易的股票。N 股是在美國紐約證券交易所上市的股票。S 股是在新加坡證券交易所上市的股票。

（7）按股票是否上市的不同，可將股票分為上市股票和非上市股票。

上市股票是指已經公開發行並在證券交易所掛牌交易的股票。上市股票的信譽高、易轉讓，因而更吸引投資者；但股票上市需要具備一系列嚴格的條件，並且要經過複雜的辦理程序，上市之後如果不滿足相關條件還有被暫停上市或終止上市的可能。非上市股票是指不能在證券交易所掛牌交易的股票。

（二）發行普通股股票

普通股股票是股份有限公司發行的代表著股東享有平等的權利和義務，不加特別限制，股利不固定的股票。普通股具備股票的最一般特徵，是股票的最基本形式。

1. 普通股股東的權利

（1）決策參與權。

普通股股東行使決策參與權的途徑是出席股東大會，並依公司章程規定行使表決權。這是普通股股東參與公司經營管理的基本方式。

（2）利潤分配權。

普通股股東有權從公司利潤分配中得到股息。普通股股東必須在優先股股東取得固定股息之後才有權享受股息分配權。

（3）優先認股權。

優先認股權是普通股股東的優惠權，如果公司需要擴張而增發普通股股票時，擁有優先認股權的現有普通股股東可以有權按其持股比例，以低於股票市價的某一特定價格優先購買公司新發行的一定數量的股票。

（4）剩餘資產分配權。

當公司破產或清算時，若公司的資產在償還負債後還有剩餘，其剩餘部分按先優先股股東、後普通股股東的順序進行分配。

（5）公司章程規定的其他權利。

公司章程規定的其他權利包括股份轉讓權、公司帳目和股東大會決議審查權、公司事務質詢權等。

2. 普通股股票發行的基本要求

（1）股票發行必須公開、公平、公正，每股面額相等，同股同權，同股同利。同次發行的股票，每股認購條件和價格相同。

（2）股票發行價格可以等於票面金額，也可以高於票面金額，但不得低於票面金額。也就是說，股票可以平價發行或溢價發行，但不得折價發行。

（3）股票應當載明公司名稱、公司登記日期、股票種類、票面金額及代表的股份數、股票編號等主要事項。

（4）公司發行普通股，應當具備健全且運行良好的組織結構，具有持續盈利能力，財務狀況良好，最近三年的財務會計文件無虛假記載，無其他重大違法行為。

3. 普通股股票的發行方式、銷售方式和發行價格

普通股股票的發行方式是指公司發行股票的途徑，主要有公募發行和私募發行兩種。公募發行是指公司公開向社會發行股票。中國股份有限公司採用募集方式設立時以及向社會公開募集新股時就屬於公募發行。私募發行是指公司不公開向社會發行股票，而是只向少數特定的對象直接發行。中國股份有限公司採用發起方式設立時以及不向社會公開募集新股時就屬於私募發行。

普通股股票的銷售方式是指公司向社會公募發行股票時所採取的銷售方法，主要有自銷和承銷兩種。自銷是指發行公司自己直接將股票銷售給認購者。自銷的銷售方式可以由發行公司直接控制發行過程，並可節省發行費用，但往往籌資時間較長，發行公司要承擔全部發行風險。承銷是指發行公司將股票銷售業務委託給證券經營機構代理。承銷的銷售方式是發行股票所普遍採用的方式。中國公司法規定，股份有限公司向社會公開發行股票，必須與依法設立的證券經營機構簽訂承銷協議，由證券經營機構承銷。承銷具體又可分為包銷和代銷兩種方式。包銷是指根據承銷協議商定的價格，由證券經營機構一次性購進發行公司公開募集的全部股票，然後以較高的價格出售給社會上的認購者。對發行公司來說，包銷的方式可以及時籌足資本，免於承擔發行風險，股款未募足的風險由承銷商承擔，但股票以較低的價格出售給承銷商會損失部分溢價。代銷是指證券經營機構代替發行公司代售股票，並由此獲取一定的佣金，但不承擔股款未募足的風險。對發行公司來說，代銷的方式下股票的銷售價格相對較高，但籌資速度相對較慢，且要自己承擔發行風險。

普通股股票的發行價格是公司將股票出售給投資者的價格，也就是投資者認購股票時所支付的價格。設立發行股票時，發行價格由發起人決定；增資發行新股時，發行價格由股東大會決定。在確定股票價格時要全面考慮股票面額、股市行情和其他相關因素。股票發行價格通常有等價、時價和中間價三種。等價是指以股票面額為發行價格，即股票的發行價格與其面額等價，也稱平價發行或面值發行。時價是指以公司原發行同種股票的現行市場價格為基準來選擇增發新股的發行價格，也稱市價發行。中間價是指取股票市場價格與面額的中間值作為股票的發行價格。以中間價和時價發

行都可能是溢價發行，也可能是折價發行。但中國公司法規定公司發行股票不準折價發行，即不準以低於股票面額的價格發行。中國證券法規定，股票發行採取溢價發行的，其發行價格由發行人與承銷的證券公司協商確定。發行人通常會參考公司經營業績、淨資產、發展潛力、發行數量、行業特點、股市動態等因素確定發行價格。實際工作中，股票發行價格可以通過市盈率法、淨資產倍率法、競價確定法、現金流量折現法確定。

4. 發行普通股股票融資的優缺點

（1）發行普通股股票融資的優點：

① 沒有固定利息負擔，沒有固定到期日，不用償還，融資風險小。公司是否分配股利取決於公司的盈利能力、未來發展前景、公司管理當局的決定等因素，沒有強制性要求公司必須發放股利。公司有盈餘並認為適合分配股利，就可以分給股東；公司盈餘較少，或雖有盈餘但資金短缺或有更有利的投資機會，就可以少支付甚至不支付股利。發行普通股股票融資籌集到的是永久性的權益資本，除非公司清算才需償還。普通股股東若不準備繼續持有股票，一般只能在二級市場出售轉讓，而不能隨意要求公司退還股款。它對保證企業最低的資金需求有重要意義。由於普通股股票沒有固定的到期日，不用支付固定的利息，因此融資風險小。

② 能增加公司信譽。普通股股票籌措到的資本屬於權益性資本，與債務性資本相比，能夠提高公司的資信和借款能力。普通股股本反應了公司的資本實力，可以為債權人提供較大的損失保障，因此，發行普通股股票融資既可以提高公司的信用價值，同時也為使用更多的債務資本提供了強有力的支持。

③ 籌資限制較少。由於普通股股東的股利支付和剩餘財產分配都在優先股股東之後，所以發行普通股股票融資不像利用優先股或債券融資那樣有許多限制，這些限制往往會影響公司經營的靈活性。

（2）發行普通股股票融資的缺點：

① 資本成本較高。發行普通股股票融資的資本成本較高體現在幾個方面，一是普通股股東通常會要求較高的投資報酬率；二是普通股股利是稅後支付的，不具有抵稅作用；三是普通股股票的發行費用一般遠高於其他證券；四是無論在時間還是在數量上，股利支付無上限。

② 容易分散控制權。發行普通股股票融資會增加新股東，這可能會分散公司的控制權，削弱原有股東對公司的控制。另外，新股東分享公司未發行新股前累積的盈餘，會降低普通股的每股淨收益，從而可能引起股價的下跌。

（三）發行優先股股票

優先股股票是股份有限公司發行的具有一定優先權，但同時也有一定限制的股票。優先股是西方發達國家公司融資中比較常見的一種工具。中國證券監督管理委員會於2014年3月21日公布了《優先股試點管理辦法》。開展優先股試點，有利於進一步深化企業股份制改革，為發行人提供靈活的直接融資工具，優化企業財務結構，推動企業兼併重組；有利於豐富證券品種，為投資者提供多元化的投資渠道，提高直接融資

比重，促進資本市場穩定發展。

1. 優先股股東的權利

優先股的「優先」是相對普通股而言的，這種優先權主要體現在以下幾個方面：

（1）優先分配股利權

優先分配股利權是優先股最主要的特徵。優先股通常有固定股利，一般按面值的一定百分比來計算。另外優先股的股利除數額固定外，還必須在支付普通股股利之前予以支付。

（2）優先分配剩餘資產權

在企業破產清算時，出售資產所得的收入，優先股位於債權人的求償之後，但位於普通股之前。其金額只限於優先股的票面價值加上累積未支付的股利。

（3）部分管理權

優先股股東的管理權限是有嚴格限制的。通常在公司的股東大會上，優先股股東沒有表決權，但是當公司研究與優先股有關的問題時有權參加表決。

2. 優先股股票的種類

（1）累積優先股和非累積優先股。

累積優先股是指在任何營業年度內未支付的股利可累積起來，由以後營業年度的盈利一起支付的優先股股票。也就是說當公司經營狀況不好無力支付固定股利時，可把股利累積下來，當公司經營狀況好轉盈餘增多時，再補發這些股利。一般公司需要把所欠的優先股股利全部支付以後，才能支付普通股股利。

非累積優先股是僅按當年利潤支付股利，而不予以累積補付的優先股股票。也就是說若本年度盈利不足以支付全部優先股股利，對所積欠的部分，公司不予累積計算，優先股股東也不能要求公司在以後年度中予以補發。

（2）參與優先股和非參與優先股。

參與優先股是指當公司按規定向優先股股東和普通股股東分派股利後仍有剩餘利潤時，優先股可與普通股一道參與剩餘利潤的分配。參與優先股又可具體分為全部參與優先股和部分參與優先股。

非參與優先股是指優先股股東所獲得的股利僅限於按事先規定的股利率計算，只能分取定額股利，不能參與剩餘利潤分配，如果有額外盈餘，應全部歸屬於普通股股東。

（3）可贖回優先股和不可贖回優先股。

可贖回優先股是指公司為了減輕股利負擔或出於其他目的，可以按事先約定的價格和方式購回的優先股。贖回方式有溢價方式、設立償債方式和轉換方式等。

不可贖回優先股是指公司不能在某一時期以特定價格和方式購回的優先股。因優先股都有固定股利，所以不可贖回優先股一經發行，便會成為一項永久性的財務負擔。

（4）可轉換優先股和不可轉換優先股。

可轉換優先股是指在發行契約中規定，優先股股東可在既定條件下把一定比例優先股按事先規定的兌換率轉換成普通股的股票。

不可轉換優先股是指不能轉換成普通股的股票。不可轉換優先股只能獲得固定股

利報酬，而不能獲得轉換收益。

（5）固定股利優先股和浮動股利優先股。

固定股利優先股是指股利率固定不可調整的優先股股票。

浮動股利優先股是指股利率可以定期隨資本市場平均利率的變動而調整的優先股股票。股利率的變化與公司的經營業績無關，與金融市場波動和各種有價證券的價格波動及銀行利率的波動有關。

3. 發行優先股股票融資的優缺點

（1）發行優先股股票融資的優點：

① 沒有固定到期日，不用償還本金，股利雖然固定支付，但卻有一定彈性，融資風險相對較小。發行優先股股票融資實際上相當於獲得了一筆無期限的貸款，無償還本金義務。特別是可贖回優先股使得使用這種資金更有彈性，當財務狀況較弱時發行，而財務狀況轉強時收回，有利於結合資金需求，同時也能控制資本結構。儘管優先股採用固定股利，但固定股利的支付並不構成公司的法定義務，若財務狀況不佳，則可暫時不支付優先股股利，優先股股東也不能像債權人一樣迫使公司破產。由於優先股股票沒有固定的到期日，固定股利的支付也有一定的靈活性，因此融資風險相對較小。

② 能增加公司信譽。優先股股票籌措到的資本也屬於權益性資本，因此擴大了權益資本基礎，與債務性資本相比，能夠提高公司的資信，同時也可增強公司的借款能力。

③ 不會分散普通股的控制權。由於優先股股東只有部分表決權，不能參與公司的管理決策，所以發行優先股股票融資不但可以增加公司資本金，而且不會分散普通股股東對公司的控制權。

（2）發行優先股股票融資的缺點：

① 資本成本較高。發行優先股股票融資的資本成本較高體現在一方面優先股股東通常會要求比債權人較高的投資報酬率；另一方面優先股股利也是稅後支付的，不具有抵稅作用。

② 限制條款較多。發行優先股股票融資對公司有諸多限制，如對普通股股利的支付限制、對公司舉債的限制等。

三、內部累積

內部累積是指企業利用從淨利潤中提留的盈餘公積和未分配利潤等內部累積的留存收益籌集資金的一種融資方式。內部累積是各企業長期採用的融資方式。內部累積是在企業存續過程中從稅後利潤中自然形成的，不需要專門的籌集措施。

（一）內部累積的優點

1. 沒有籌資費用

企業無論是發行股票、發行債券還是銀行借款，都需要大量的籌資費用，而利用保留盈餘，則可以節省大筆融資費用。在成熟的資本市場中，內部累積融資是企業優先考慮的融資方式。

2. 可以保持企業舉債能力

內部累積的留存收益實質上屬於股東權益的一部分，可以作為企業對外舉債的基礎。先利用這部分資金籌資，減少了企業對外部資金的需求，當企業遇到盈利率很高的項目時，再向外部籌資，而不會因企業的債務已達到較高的水平而難以籌到資金。

3. 企業的控制權不受影響

增加發行股票，原股東的控制權分散；發行債券或增加負債，債權人可能對企業施加限制性條件。而採用內部累積融資則不會存在此類問題。

(二) 內部累積的缺點

1. 內部累積過多，股利發放過少，會影響外部融資

由於股利的發放往往向外界傳遞公司高速增長的信息，很多投資者也希望公司發放股利，因此，若內部累積過多，股利發放過少甚至長期不發股利的話，會影響風險厭惡投資者的再投資。

2. 內部累積一定程度上受到時間限制

企業必須經過一定時期的累積才可能擁有一定數量的留存收益。

第四節　債務性資本的籌集

債務性資本的籌集是企業向債權人籌措資金，主要包括長期借款、發行債券、融資租賃等方式。

一、長期借款

長期借款是指企業向銀行或其他金融機構借入的期限在一年以上（不含一年）或超過一年的一個營業週期以上的各項借款。長期借款融資是各類企業籌措長期債務性資本的一種重要的融資方式。

(一) 長期借款的種類

長期借款的種類有多種劃分方法，根據不同的標準有不同的分類：

1. 按提供貸款的機構不同

長期借款按提供貸款的機構不同可分為政策性銀行貸款、商業銀行貸款和非銀行金融機構貸款。政策性銀行貸款是指執行國家政策性貸款業務的銀行向企業發放的貸款。政策性銀行貸款一般利率較低、期限較長。商業銀行貸款是商業銀行向企業提供的貸款。商業銀行貸款最為常見。非銀行金融機構貸款是指向除銀行之外從事金融業務的機構借入的各項貸款。非銀行金融機構貸款一般利率較高，並且對企業的信用和擔保條件的要求比較嚴格。

2. 按擔保條件的不同

長期借款按擔保條件的不同可分為信用貸款和抵押貸款。信用貸款指不需企業提供抵押品，僅憑其信用或擔保人信譽而發放的貸款。抵押貸款是指要求企業以抵押品

作為擔保的貸款。長期貸款的抵押品常常是房屋、建築物、機器設備、股票、債券等。

3. 按幣種的不同

長期借款按幣種的不同可分為人民幣長期借款和外幣長期借款。

4. 按還本付息的方式不同

長期借款按還本付息的方式不同可分為分期付息到期還本長期借款、到期一次還本付息長期借款和分期償還本息長期借款。

5. 按貸款用途的不同

長期借款按貸款用途的不同可分為固定資產投資借款、更新改造借款、科技開發和新產品試製借款等。

(二) 長期借款的信用條件

按照國際慣例，銀行發放長期貸款時往往要附加一些信用條件，主要有以下幾個方面：

1. 借貸額度

它是指借款人與銀行簽訂協議，規定的借入款項的最高限額。通常在信用額度內，企業可隨時按需要向銀行申請借款。如借款人超過限額繼續借款，銀行將停止辦理。例如，在正式協議下，約定企業的信貸額度為 50 萬元，該企業已借用 30 萬元，則該企業仍然可以申請 20 萬元的借款，銀行將予以保證。此外，如果企業信譽惡化，銀行也有權停止借款。對信貸額度，銀行不承擔法律責任，沒有強制義務。

2. 週轉信貸協定

與信貸額度不同，該協定指銀行具有法律義務地承諾提供不超過某一最高限額外的貸款。在協定的有效期內，銀行必須滿足企業在任何時候提出的借款要求。企業享用週轉信貸協定必須對貸款限額的未使用部分向銀行付一筆承諾費，一般來說數額為該企業使用的信用額度的一定比率（0.2%左右）。銀行對週轉信貸協議負有法律義務。

3. 補償性餘額

它是指銀行要求的借款人在銀行中保留按借款限額或實際借用額的一定百分比（通常為 10%~20%）計算的最低存款金額。企業在使用資金的過程中，通過資金在存款帳戶上的進出，始終保持一定的補償性餘額在銀行存款的帳戶上。銀行的目的在於降低銀行的貸款風險，提高貸款的有效利率，以便補償銀行的損失。但從借款企業角度出發，這實際上增加了借款企業的利息，提高了借款的實際利率，加重了企業的財務負擔。例如，如果某企業需要 80,000 元資金以清償到期債券，而需要維持 20% 的補償性餘額，那麼為了獲取這 80,000 元就必須借款 100,000 元。如果名義利率是 8%，那麼實際利率就是 10%。

4. 借款抵押

除信用借款之外，銀行向財務風險大、信譽不好的企業發放貸款，往往需要抵押貸款，即企業以抵押品作為貸款的擔保，以減少自己蒙受損失的風險。借款的抵押品通常是借款企業的應收帳款、存貨、股票、債券及房屋等。銀行接受抵押品後，將根據抵押品的帳面價值決定貸款金額，一般為抵押品的帳面價值的 30% 到 50%。企業接

受抵押貸款後，其抵押財產的使用及將來的借款能力會受到限制。

5. 償還條件

無論何種貸款，一般都會規定還款的期限。根據央行的相關的規定，貸款到期後仍無力償還的，視為逾期貸款，銀行要照章加收逾期罰息。貸款的償還有到期一次還清和在貸款期內等額償還兩種方式，企業一般不希望採取後一種方式，因為這樣會提高貸款的實際利率。

6. 以實際交易為貸款條件

當企業發生經營性臨時資金需求，企業可以向銀行貸款以求解決，銀行根據企業的實際交易為貸款基礎，單獨立項、單獨審批，最後做出決定並確定貸款的相應條件和信用保證。對這種一次性借款，銀行要對借款人的信用狀況、經營情況進行個別評價，然後才能確定貸款的利息率、期限和數量。除上述所說的信用條件外，銀行有時還要求企業為取得借款而做出其他承諾，如及時提供財務報表，保持適當資產流動性等。如企業違背做出的承諾，銀行可要求企業立即償還全部貸款。

(三) 長期借款的程序

向銀行借入長期借款，一般要比短期借款複雜得多，因為長期借款可能會給銀行帶來較大的風險。長期借款時間長、數額較大，而在借款期限內，借款人的財務狀況可能會發生很大變化，所以銀行在從事長期貸款時，一般都比較謹慎，要求按一定的程序來進行，這些程序可以概括為以下幾步：

1. 提出借款申請

企業申請借款必須符合借款原則和貸款條件。金融部門對貸款規定的原則是：按計劃發放，擇優複製，有物質保證，按期歸還。同時，企業申請貸款，還應當具備產品有市場、生產經營有效益、不擠占挪用信用資金、恪守信用等基本條件，並且應當符合以下要求：①有按期還本付息的能力，原應付貸款利息和到期貸款已清償；沒有清償的，已經做了貸款人認可的償還計劃，②應當經過工商部門辦理年檢手續；③已開立基本帳戶或一般存款帳戶；④除國務院規定外，有限責任公司和股份有限公司對外股本權益性投資累計額未超過其淨資產總額的50%；⑤借款人的資產負債率符合貸款人的要求；⑥申請中期、長期貸款的，新建項目的企業法人所有者權益與項目所需總投資的比例不低於國家規定的投資項目的資本金比例。

2. 銀行審核申請

銀行針對企業的申請，按照貸款條件，對借款企業進行調查，依據審批權限，核定企業申請的貸款金額和用款計劃。審核的內容包括：①企業的財務狀況；②企業的信用狀況；③企業的盈利穩定性；④企業的發展前景；⑤借款用途和期限；⑥借款的擔保品等。

3. 簽訂借款合同

經銀行審核，借款申請獲得批准後，銀行與借款企業雙方可進一步協調貸款的具體條件，簽訂正式的借款合同，規定貸款的數額、利率、期限和一些限制性條款。

4. 企業取得貸款

借款合同簽訂後，企業可在核定的貸款指標範圍內，根據用款計劃和實際需要，一次或分次將貸款轉入企業的存款結算戶。

5. 企業歸還借款

貸款到期時，借款企業應依照貸款合同的規定按照清償貸款本金與利息或續簽合同。一般而言，歸還貸款的方式主要有三種：①到期日一次性歸還。在這種方式下，還貸集中，借款企業需於貸款到期日前做好準備。②定期償還相等份額的本金。即在到期之前定期（如一年或兩年）償還相同的金額，至貸款到期日還清全部本金。③分批償還，每次金額不一定相等，便於企業靈活安排。貸款到期經銀行催收，借款企業如不歸還貸款，銀行可根據合同規定，從借款企業的存款帳戶中扣除貸款本息及罰息。借款企業如因暫時財務困難，需延期歸還貸款時，應向銀行提交延期還貸計劃，經審查核實，續簽合同，按計劃歸還貸款。逾期期間銀行一般按逾期貸款計收利息。

（四）長期借款融資的優缺點

1. 長期借款融資的優點

（1）借款籌資速度快。企業利用長期借款籌資，一般所需時間較短，程序較為簡單，可以快速獲得現金。由於企業與銀行直接打交道，可根據企業資金的需求狀況提出要求，而且因為企業經常性的與銀行交往，彼此相互瞭解，對借款合同的有關條款內容和要求也相對熟悉，從而能避免許多不必要的麻煩。對企業來講，與一家銀行或為數不多的金融機構打交道要比同一大批債券持有人打交道方便得多。

（2）借款成本較低。利用長期借款籌資，其利息可在所得稅前列支，故可減少企業實際負擔的成本，因此比股票籌資的成本要低得多；與債券相比，借款利率一般低於債券利率。此外，由於借款是在借款企業與銀行之間直接商定。因而大大減少了交易成本。

（3）借款彈性較大。在借款時，企業與銀行直接商定貸款的時間、數額和利率等；在用款期間，企業如因財務狀況發生某些變化，亦可與銀行再行協商，變更借款數量及還款期限等。

（4）企業利用借款籌資，與債券一樣可以發揮財務槓桿的作用。

（5）易於企業保守商業秘密。向銀行辦理借款，可以避免向公眾提供公開的商業信息，因而也有利於減少財務秘密的披露，對保守商業秘密有好處。

2. 長期借款融資的缺點

（1）籌資風險較高。借款通常有固定的利息負擔和固定的償付期限，企業的償付壓力很大，故借款企業的籌資風險較高。

（2）限制條件較多。銀行為了保證貸款的安全性，對借款的使用附加了許多約束條件，這可能會影響到企業以後的籌資和投資活動。

（3）籌資數量有限。一般不如股票、債券那樣可以一次籌集到大筆資金。

二、發行債券

債券是經濟主體為籌集資金而發行的用以記載和反應債權債務關係的有價證券。

債券是一種古老的有價證券，中國證券市場上，債券先於股票出現。

（一）債券的種類

債券按照不同的劃分標準，有許多不同的分類。

1. 按發行主體不同

債券按發行主體不同可以分為政府債券、金融債券和公司債券。政府債券發行主體是政府，主要是解決由國家投資的公共設施和重點建設項目的資金需要以及彌補財政赤字。金融債券的發行主體是銀行或非銀行金融機構。發行的目的是用於某種特殊用途或用來改變自身的資產負債結構。公司債券是公司依照法定程序發行、約定在一定期限還本付息的有價證券，公司發行債券主要是為了經營需要。

2. 按利息支付方式不同

債券按利息支付方式不同可分為附息債券、貼現債券、累進利率債券和零息債券。附息債券是按照息票規定，每一段固定時間領取利息的債券，比如每年領取一次。貼現債券是指在票面上不規定利率，發行時按某一折扣率，以低於票面金額的價格發行，到期按照面額償還本金的債券。零息債券是一種沒有利息的債券。累進利率債券是指以利率逐年累進方法計息的債券，累進利率債券的利率隨著時間的推移，後期利率將比前期更高，呈累進狀態。這種利率設置的目的就是鼓勵人們長期持券。

3. 按債券形態不同

債券按債券形態不同可以分為實物債券、憑證式債券和記帳式債券。所謂實物債券就是一種具有標準格式實物券面的債券。憑證式債券是發行人在債權人認購債券後給予一張收款憑證，它不是債券發行人印製的標準格式的債券，這種憑證式券面上不印製金額，可記名，掛失，不能上市流通。記帳式債券是沒有實物形態的票券，而是在電腦帳戶中作記錄。若投資者進行記帳式債券的買賣，就必須在證券交易所開立帳戶。由於記帳式債券的發行和交易均無紙化，所以效率高、成本低、交易安全。

（二）發行債券的程序

（1）公司董事會制定發行公司債券的具體方案。

（2）公司權力機關做出發行公司債券的決議。

（3）依照公司法和證券法的規定，報經國務院證券監督管理機構或者國務院授權的部門批准。

（4）發行公司債券的申請經國務院授權的部門或者國務院證券監督管理機構核准後，公告公司債券募集辦法。

（5）公開發行公司債券的，通過有承銷資格的證券公司以代銷或者包銷的方式向社會公開發行。

（三）發行債券融資的優缺點

1. 發行債券融資的優點

（1）資本成本較低。與股票的股利相比，債券的利息允許在所得稅前支付，公司可享受稅收上的利益，故公司實際負擔的債券成本一般低於股票成本。

（2）可利用財務槓桿。無論發行公司的盈利多少，持券者一般只收取固定的利息，若公司用資後收益豐厚，增加的收益大於支付的債息額，則會增加股東財富和公司價值。

（3）保障公司控制權。持券者一般無權參與發行公司的管理決策，因此發行債券一般不會分散公司控制權。

（4）便於調整資本結構。在公司發行可轉換債券以及可提前贖回債券的情況下，便於公司主動的合理調整資本結構。

2. 發行債券融資的缺點

（1）財務風險較高。債券通常有固定的到期日，需要定期還本付息，財務上始終有壓力。在公司不景氣時，還本付息將成為公司嚴重的財務負擔，有可能導致公司破產。

（2）限制條件多。發行債券的限制條件較長期借款、融資租賃的限制條件多且嚴格，從而限制了公司對債券融資的使用，甚至會影響公司以後的籌資能力。

（3）籌資規模受制約。公司利用債券籌資一般受一定額度的限制。中國《公司法》規定，發行公司流通在外的債券累計總額不得超過公司淨產值的 40%。

三、融資租賃

融資租賃是指企業向租賃公司提出購買資產要求，在契約或合同規定的較長期限內租入資產支付租金的一種信用業務。企業通過融資租賃的方式融通資金，融資租賃是承租企業籌措長期債務資本的一種特殊方式。

（一）融資租賃的形式

1. 直接租賃

直接租賃是融資租賃的最普遍最簡單也是最主要的形式。即租賃公司通過籌集資金，直接購入承租企業選定的租賃物品，並給承租企業使用的一種租賃形式。按出租人、承租人、供貨人參與，至少由融資租賃合同、購買合同兩個合同構成，具有不可解約性。因為設備是承租人特殊定購的，是特定設備，如果承租人解約，出租人很難再將此設備租給他人，出租人為此要承擔較大的風險。這種租賃方式關係簡單、手續較為簡便。

2. 轉租賃

轉租賃是指以同一物件為標的物的多次融資租賃業務。在轉租賃業中，上一租賃合同的承租人同時義是下一租賃合同的出租人，稱為轉租人。轉租人從其他出租人處租入租賃物件，再轉租給第三人，轉租人以收取租金差為目的，並可分享第一出租人所在國的稅收優惠政策。在轉租賃業務中，上游出租人可以是境內的租賃公司，也可以是境外的租賃公司；下游出租人是境內的租賃公司。通常產生轉租賃業務的動機是：由於某些限制，上游的境外出租人只有通過下游的境內出租人才有可能進入中國租賃市場；而上游出租人出於風險的考慮，又不願意直租賃公司通常要求承租人支付抵押金，用以彌補在購買合同簽訂後承租人解約帶來的損失。

3. 售後回租

售後回租的具體操作辦法是：物件的所有人將該物件賣給出租人，出租人支付了貨款後取得了該物件的所有權；然後物件原所有人以承租人的身分，向出租人租賃該物件，根據雙方簽訂的《融資租賃合同》，承租人在約定的期限內分期向出租人交付租金，直至重新取得物件的所有權。

4. 槓桿租賃

槓桿租賃是融資租賃的一種高級形式，適用於金額巨大、使用期長的資本密集型物件的長期租賃。面對如此金額巨大的項目，出租人往往沒有能力單獨支付貨款，因此，他自籌資金 20%～40%，享有物件的所有權，其他資金通過銀行等金融機構提供無追索權的貸款，但同時需要出租人以租賃物件作為抵押、以轉讓租賃合同作為擔保。在槓桿租賃中，出租人可僅就自己籌措的 20%～40%部分的資金納稅。

(二) 融資租賃的程序

（1）項目的溝通。融資租賃公司尋找承租人，進行市場開發，或者承租人向租賃公司提出融資租賃申請。融資租賃公司與承租人進行初步洽談，達成合作意向。出租人和承租人對雙方的資信狀況進行審查。

（2）項目的審查和評估。租賃公司根據其所掌握的承租人的狀況以及項目的基本情況，按照項目評估條件對項目進行初步的定性和定量評估。融資租賃項目開始前，融資租賃公司都要對承租人的資信狀況進行審查。租賃公司對項目進行評估，決定是否進行本次融資租賃交易

（3）項目前期策劃。租賃公司根據承租企業的不同需求和實際情況，為其選擇適當的融資租賃方式，同時確定租期以及租金支付方式。

（4）買賣合同的簽訂。租賃公司、承租人與出賣人進行談判，應注意融資租賃交易中買賣和認同的特殊性。

（5）融資租賃合同的簽訂。

（6）買賣合同的履行。包括付款、交貨、運輸和保險、報關、收貨和商檢、安裝調試和驗收、索賠等。

（7）融資租賃合同的履行。包括起租、收取租金、租賃物的保養維修、租期的確定等。

（8）融資租賃合同的終止。

(三) 融資租賃的優缺點

1. 融資租賃的優點

（1）拓寬融資渠道、操作便捷。

融資租賃的主要形式是通過「融物」的方式，為企業提供了一條新的融資途徑，拓寬了企業的融資渠道，由於銀行貸款的特點是門檻高、審查嚴、程序多，中小企業相對信用差，很難獲得銀行的資金貸款支持。而融資租賃信用審核手續相對簡單，操作便捷，融資速度較快。

（2）使用資金靈活。

相對於其他融資方式，採用租賃融資對提供給企業的資金監管較為寬鬆，有利於企業資金靈活安排。

（3）不占用企業授信額度。

企業通過在部分國家試點租賃企業獲得的資金，不計入徵信系統，不占用企業的授信額度，有利於企業通過租賃公司融資平臺與銀行開展深層次、全方位的合作。

（4）提高企業經營的靈活性。

融資租賃具有方式靈活，可隨時退租的特點，企業選擇這種方式引進固定資產，可以在市場條件好的時候迅速擴大生產規模，在市場萎縮時靈活退出，有利於提高企業經營的靈活性。

（5）改善公司財務狀況。

與銀行貸款方式不同，融資租賃屬於表外融資，租金不體現在財務報表的負債項目中，資金可以在財務管理裡列為稅前列支。承租人採用融資租賃方式租入固定資產時，一般可獲得 3~5 年的中長期融資，相比採用銀行流動資金貸款或短期商業信用而言，既能改善流動比率、速動比率等短期償債能力指標，也可以相對降低承租人資產負債率、提高資產收益率指標等。

（6）加速折舊，同時具有節稅功能。

根據政策「企業技術改造採取融資租賃方式租入的機器設備，折舊年限可按租賃期限和國家規定的折舊年限孰短的原則確定，但最短折舊年限不短於三年」，間接地起到了加速折舊的作用。企業可以按照最有利的原則，盡快折舊，把折舊費用打入成本。

（7）到期還本負擔較輕。

銀行貸款一般是採用整筆貸出，整筆歸還。而租賃公司卻可以根據每個企業的資金實力、銷售季節性等具體情況，為企業定做靈活的還款安排，例如延期支付、遞增和遞減支付等，使承租人能夠根據自己的企業狀況定制付款額。

2. 融資租賃的缺點

（1）資金成本較高。

（2）不能享有設備的殘值。

（3）固定的租金支付構成一定的負擔。

（4）相對於銀行貸款，風險因素較多。

第五節　其他長期融資方式

一、發行認股權證

認股權證是一種約定該證券的持有人可以在規定的某段期間內，有權利按約定價格向發行人購買標的股票的權利憑證。

(一) 認股權證的基本要素

1. 發行人

股本權證的發行人為標的上市公司，而衍生權證的發行人為標的公司以外的第三方，一般為大股東或券商。在後一種情況下，發行人往往需要將標的證券存放於獨立保管人處，作為其履行責任的擔保。

2. 看漲和看跌權證

當權證持有人擁有從發行人處購買標的證券的權利時，該權證為看漲權證。反之，當權證持有人擁有向發行人出售標的證券的權利時，該權證為看跌權證。認股權證一般指看漲權證。

3. 到期日

到期日是權證持有人可行使認購（或出售）權利的最後日期。該期限過後，權證持有人便不能行使相關權利，權證的價值也變為零。

4. 執行方式

有美式執行方式和歐式執行方式兩種。在美式執行方式下，持有人在到期日以前的任何時間內均可行使認購權；而在歐式執行方式下，持有人只有在到期日當天才可行使認購權。

5. 交割方式

交割方式包括實物交割和現金交割兩種形式，其中，實物交割指投資者行使認股權利時從發行人處購入標的證券，而現金交割指投資者在行使權利時，由發行人向投資者支付市價高於執行價的差額。

6. 認股價

認股價是發行人在發行權證時所訂下的價格，持證人在行使權利時以此價格向發行人認購標的股票。

7. 權證價格

權證價格由內在價值和時間價值兩部分組成。當正股股價，即指標的證券市場價格，高於認股價時，內在價值為兩者之差；而當正股股價低於認股價時，內在價值為零。但如果權證尚沒有到期，正股股價還有機會高於認股價，因此權證仍具有市場價值，這種價值就是時間價值。

8. 認購比率

認購比率是每張權證可認購正股的股數，如認購比率為 0.1，就表示每十張權證可認購一股標的股票。

9. 槓桿比率

槓桿比率是正股市價與購入一股正股所需權證的市價之比，槓桿比率可用來衡量「以小博大」的放大倍數，槓桿比率越高，投資者盈利率也越高，當然，其可能承擔的虧損風險也越大。

(二) 認股權證融資的優缺點

1. 認股權證融資的優點

（1）吸引投資者。認股權證為投資者提供了一個以小博大的理財工具，可以有效地刺激投資者投資，使發行公司較容易籌措到所需資金。

（2）降低籌資成本。由於認股權證具有價值，因此附認股權證債券的票面利率就會低於一般債券的票面利率。

（3）增加額外權益資本來源。利用發行認股權證的方式融資，發行公司不僅可以獲得降低資本成本的利益，還可以獲得由此帶來的認股權行使後增加額外權益資本來源。

2. 認股權證融資的缺點

（1）認股權證行使的時間具有不確定性。認股權證的行使權掌握在投資者手中，何時行使權力往往不能為公司所控制，在公司急需資金時，這筆資金的數額不能滿足需求，但又不便採取其他融資方式時，會使公司處於既有潛在的資金來源又無資金可用的困境之中。

（2）稀釋普通股收益。當認股權證行使時，普通股股份增多，每股收益下降，同時也稀釋了原股東對公司的控制。

（3）認購價格不易確定。認股權是投資者的選擇權，它取決於投資者對股票價值與價格的預期，該預期受多種因素影響，其中涉及期權價值的複雜計算，因此認購價格不易確定。

二、發行可轉換債券

可轉換債券是債券的一種，它可以轉換為債券發行公司的股票，通常具有較低的票面利率。從本質上講，可轉換債券是在發行公司債券的基礎上，附加了一份期權，並允許購買人在規定的時間範圍內將其購買的債券轉換成指定公司的股票。

(一) 可轉換債券的基本要素

1. 票面利率

與普通債券一樣，可轉債也設有票面利率。可轉債的票面利率是可轉債的發行人向投資者定期的支付可轉債轉換前利息的依據。較高的票面利率對投資者的吸引力較大，因此有利於發行，但較高的票面利率會對可轉債的轉股造成較大的壓力，發行公司也將支付較高的利息，財務風險較大。

2. 面值

中國可轉債的面值是100元，最小交易單位為1,000元。

3. 發行規模

發行規模即發行公司發行一次的可轉債的總額。可轉債的發行規模不僅影響企業的償債能力，而且要影響企業的股本結構，因此發行規模是可轉債一個很重要的因素。

4. 期限

（1）債券期限。可轉債發行公司通常根據自己的償債計劃、償債能力及股權擴張步伐來制定可轉債的期限。中國發行可轉債的期限規定為3~5年。

（2）轉換期限。可轉債的轉換期限是指可轉換債券轉換為股份的起始日至結束日的期間。通常根據不同的情況可有四種期限：①發行後某日至到期前某日；②發行後某日至到期日；③發行日至到期前某日；④發行日至到期日。

5. 轉換比率和轉換價格

轉換比率是指一個單位的債券能換成的股票數量。轉換價格是指債券發行時確定的將債券轉換成基準股票應付的每股價格。

6. 贖回條款

發行公司為避免利率下調所造成的損失和加速轉換過程，以及為了不讓可轉換債券的投資者過多地享受公司效益大幅增長所帶來的回報，通常設計贖回條款，這是保護發行公司及其原有股東的利益的一種條款。在同樣的條件下，附加此種條款，發行公司通常要在提高票面利率或降低轉換價格等方面向投資者適當讓利，它也是發行公司向投資者轉移風險的一種方式。

7. 回售條款

發行公司為了降低票面利率和提高轉換價格，吸引投資者認購可轉換債券，往往會設計回售條款，即當公司股票在一段時間內連續低於轉股價格達到某一幅度時，以高於面值的一定比例的回售價格，要求發行公司收回可轉換債券的權利。回售條款是投資者向發行人轉移風險的一種方式。

8. 轉換調整條件

轉換調整條件也叫向下修正條款。指當基準股票價格表現不佳，允許在預定的期限裡，將轉換價格向下修正，直至修正到原來轉換價格的80%。轉換調整條件是可轉換債券設計中比較重要的保護投資者利益的條款。

(二) 發行可轉換債券融資的優缺點

1. 發行可轉換債券融資的優點

（1）較低的籌資成本。由於投資者願意為未來獲得有利的股價上漲而付出代價，因此，可轉換債券的發行者能夠以相對於普通債券較低的利率及較少的條款限制發行可轉換債券。根據《可轉換公司債券管理暫行辦法》規定，可轉換債券的利率不超過銀行同期存款的利率水平，而目前普通企業債券的年利率基本上都超過4%，由此看來，即使未來可轉換債券到期沒有轉換成股票，企業以較低的利息率借入資金，對股東也是有利的。

（2）較高的發行價格。發行人可以通過發行可轉換債券獲得比直接發行股票更高的股票發行價格。即使一家公司可以有效地運用新的募集資金，但募集資金購買新設備並產生回報需要一段時間，直接發行新股一般會在短期內造成業績的稀釋，因此該公司股票發行價通常低於股票市場價格。相比之下，發行可轉換公司債券賦予投資者未來可轉可不轉的權利，且可轉換債券轉股有一個過程，業績的稀釋可以得到緩解。因此，在目前的國際市場上，通過認購可轉換公司債券獲得的標的股票，其價格通常比直接從市場上購買股票的價格高出5%～30%。中國暫行辦法規定，上市公司發行可轉換債券的轉股價格確定，是以發行可轉換公司債前1個月股票的平均價格為基準上

浮一定幅度，明顯要高於目前增發和配股價格的水平。

（3）獲取長期穩定的資本供給。可轉換債券可以在一定條件下轉換成沒有到期日的普通股，一方面克服了一般公司債券到期日需還本付息的償債壓力；另一方面在其轉換成股票後，該筆債務因轉為股權而減少或消失，股權資本增加，固定償還的債務本金轉為永久性資本投入，降低了公司債務比例，使公司在某種程度上獲得了相對穩定的資金來源。

（4）改善股權結構和債務結構，延長債務的有效期限。可轉換債券由於兼具債券和股票等特性，在轉股前，構成公司負債；轉股後，則成為公司的資本金。因此，它成為公司股權比重和債務比重的調節器。如果公司控股股東的股權比重過高，可以通過發行可轉換債券募集資金回購股權以提高每股收益。如果公司的債務比重過大，短期債務過多，則可以通過發行可轉換債券來替短期債務，延遲公司的償債期限。

（5）稅盾作用。轉換債券利息可以作為企業的財務費用，而股票紅利則不可以，所以適當運用可轉換債券可起到節約稅收的效果。

（6）對投資者具有吸引力。可轉換債券可使企業進行融資更加便利。附加轉換特性對於追求投機性和收益性融於一身的投資者頗具吸引力。特別是在債券市場疲軟時，投資者對股權市場較有興趣的時候，非常有助於促進可轉換債券的發行。可轉換債券兼有債券、期權和股票的三種金融產品的部分特點，可以滿足這三方面的潛在投資者的要求，投資者來源較廣。

2. 發行可轉換債券融資的缺點

（1）增加發行公司還本付息的風險。作為債券，就要承擔到期還本付息的責任。可轉換債券儘管票面利率一般低於同期銀行存款利率，但低幅程度是很難確定的。利率高，成功發行的可能性大一些；利率低，成本低一些，但有可能喪失吸引力。同時，即使低於同期銀行存款利率，仍會承受利率波動的風險。可轉換債券雖然存在較長時間和機會轉換為股票，甚至附加有回售條件，但總存在一次性償付本息的壓力。若可轉換公司債券發行後股票價格低迷，發行者不僅不能通過可轉換公司債券的轉股來降低財務槓桿，而且可轉換公司債券的集中償付有可能在還債前後給公司的財務形成壓力。而一旦出現到期兌付，即意味著可轉換債券的轉換失敗，可轉換債券持有者的不信任很可能造成公司的商譽危機，對發行公司造成負面影響。

（2）惡化發行公司的債務結構風險。可轉換債券在發行時會提高發行公司資本結構中的負債比率，降低股東權益比率。如果轉換成功，負債比率便會下降，股東權益比率重新上升。但如果發行的股價表現不好或股市低迷，股價低於轉換價格，投資者就會寧願受利息的損失要求還本付息，放棄轉換權，這樣會直接導致公司的財務負擔過重，債務結構惡化。

（3）控制權轉移危險。如果可轉換公司債券持有者不是公司原有股東，可轉換公司債券轉股後公司的控制權可能有所改變，還可能帶動兼併、收購等情況的發生。

（4）股價上揚風險。如果標的股票市場價格大幅上漲，當初採用普通債券融資對於發行公司來說更為有利。在股票價格過高的情況下的轉股，使得公司只能以較低的固定轉換價格換出股票，從而降低了公司的股權籌資額。

三、資產證券化

(一) 資產證券化的概念

資產證券化（Asset-Backed Securitization，ABS）是近30年來金融領域最重大的創新之一。資產證券化是以特定資產組合或特定現金流為支持，發行可交易證券的一種融資形式。它將缺乏流動性，但在可預期的未來具有穩定現金流的資產匯集起來，形成一個資產池，通過結構性重組，將其轉變為可在金融市場上出售和流通的證券，並據以融資的過程。

自1970年美國的政府國民抵押協會，首次發行以抵押貸款組合為基礎資產的抵押支持證券—房貸轉付證券，完成首筆資產證券化交易以來，資產證券化逐漸成為一種被廣泛採用的金融創新工具而得到了迅猛發展，在此基礎上，現在又衍生出如風險證券化產品。

(二) 資產證券化的分類

1. 根據基礎資產分類

根據證券化的基礎資產不同，可以將資產證券劃分為不動產證券化、應收帳款證券化、信貸資產證券化、未來收益證券化（如高速公路收費）、債券組合證券化等類別。

2. 根據資產證券化的地域分類

根據資產證券化發起人、發行人和投資者所屬地域不同，可將資產證券劃分為境內資產證券化和離岸資產證券化。

國內融資方通過在國外的特殊目的機構（Special Purpose Vehicles，簡稱SPV）或結構化投資機構（Structured Investment Vehicles，簡稱SIVs）在國際市場上以資產證券化的方式向國外投資者融資稱為離岸資產證券化；融資方通過境內SPV在境內市場融資則稱為境內資產證券化。

3. 根據證券化產品的屬性分類

根據證券化產品的金融屬性不同，可以分為股權型證券化、債券型證券化和混合型證券化。

值得注意的是，儘管資產證券化的歷史不長，但相關證券化產品的種類層出不窮，名稱也千變萬化。最早的證券化產品以商業銀行房地產按揭貸款為支持，故稱為按揭支持證券（MBS）；隨著可供證券化操作的基礎產品越來越多，出現了資產支持證券（ABS）的稱謂；再後來，由於混合型證券（具有股權和債權性質）越來越多，乾脆用CDOs（Collateralized Debt Obligations）概念代指證券化產品，並細分為CLOs、CMOs、CBOs等產品。最近幾年，還採用金融工程方法，利用信用衍生產品構造出合成CDOs。

(三) 資產證券化的特點

以轉讓資產的方式獲取資金，所獲資金不表現為負債，因此不會影響企業的資產負債率。同時將多個發起人所需融資的資產集中到一個資產池進行證券化，實現基礎資產多樣性。使資產證券化具有風險低、資本成本較低的優點。

思考題

1. 企業資金需求量預測的方法有哪些？
2. 發行普通股股票融資的優缺點？
3. 借款融資的優缺點？
4. 發行債券融資的優缺點？
5. 融資租賃的含義、融資租賃與經營租賃的區別？

練習題

1. 某公司 2014 年 12 月 31 日的資產負債表如下：

表 6-8　　　　　　　　　　　資產負債表　　　　　　　　　　單位：萬元

資產	金額	負債和所有者權益	金額
貨幣資金	40	短期借款	46
應收票據	20	應付票據	18
應收帳款	130	應付帳款	25
存貨	50	長期借款	39
長期股權投資	3	股本	90
固定資產	65	資本公積	35
無限資產	12	留存收益	67
資產總計	320	負債和所有者權益總計	320

該公司 2014 年實現銷售收入 4,000 萬元，實現淨利 100 萬元，支付股利 60 萬元。2015 年預計銷售收入比上年增長 25%，銷售淨利率增長 10%，股利支付率維持上年水平。要求：採用銷售百分比法預測該公司 2015 年的資金需求量。

2. 某公司近幾年產品資金占用量與銷售量有關資料如下表：

表 6-9　　　　　　　　產品資金占用與銷售量表

年度	產量（萬件）	資金占用量（萬元）
2009	6	11
2010	8	11.5
2011	4	8.5
2012	7	10.5
2013	9	12
2014	5	10

預計 2015 年該公司銷售量可達 10 萬件，請分別用迴歸直線法和高低點法預測其資

金需要量。

案例討論

案例一：小米融資案例

2014年11月9日，據《華爾街日報》網站報導，消息人士透露，小米在與潛在投資方進行洽談，估值融資近15億美元。這將是自Facebook 2011年融資以來金額最高的一次私募融資。如果完成談判，這次融資將使得小米進入一流科技公司行列，身價將超過索尼和聯想之和，達400億美元。目前聯想市值約為139億美元，索尼市值約為215億美元，兩者之和為354億美元。

市場研究公司IDC上個月表示，受小米4暢銷的影響，第三季度小米智能手機出貨量僅次於蘋果和三星。小米以生產質量堪比跨國巨頭、價格卻低得多的手機聞名。IDC稱，第三季度小米智能手機出貨量為1,730萬部——比上年同期增長了211%，高於聯想和LG。不過小米在全球智能手機市場上的份額仍然只有5%。

有業內人士認為，儘管增長很快，但是，鑒於摩托羅拉和HTC在智能手機市場上的大起大落，以及亞洲其他廠商推出價格更低的手機，以如此高的估值投資小米風險極高。但是，借助15億美元投資，小米將能繼續在亞洲和拉美地區開拓新市場，開發新款智能手機、平板電腦、路由器和電視機產品。瞭解小米的人士指出：「小米自認為能超過蘋果。他們希望將硬件、軟件、內容和服務融合為一個更大的生態鏈，超越蘋果。」知情人士稱，小米的「搖滾明星」發布會、產品供不應求，以及在線銷售和極低的廣告支出，推動其營收和利潤在以空前的速度增長。

小米可以毫不費力地獲得融資。小米最近與29家銀行達成金額達10億美元的貸款協議，小米可能利用這筆資金進軍巴西、印度尼西亞等新市場。

討論：根據上述資料對小米15億美元融資進行風險與報酬的全面分析。

案例二：萬科多元化融資

萬科成立於1984年5月，為隸屬於深圳經濟特區發展公司的全民所有制貿易企業。1988年12月公司經股份制改組，成為全國首批上市公司之一。

1990—1994年，萬科通過兩次配股和發行B股的融資，開始進行業務結構的調整，開始進入房地產行業。1995—2001年，中國經濟經歷了宏觀調控的影響，很多企業都受到了較大的衝擊，由於萬科分別於1997年與2000年進行了兩次配股，這兩次融資使萬科成功地免受宏觀調控的影響，順利推行在房地產行業中的擴張。2001年，萬科成功地將萬佳連鎖超市的股權轉讓，退出了商業零售業，完成了專業化調整戰略，成為一家完全專注於房地產業務的公司。

2001年至2004年，隨著中央政府繼續肯定房地產業作為促進國民經濟的支柱產業之一，專業化的萬科業績得到了快速增長。在證券市場中，萬科先後兩次發行可轉債（2002年與2004年），募集資金共計近35億，使得其有充足的資金去充實自身的土地

儲備，為主營業務的規模增長提供了保障。同時，保持財務狀況的良好，資產負債比例也相當合理。在 2004 年，萬科就開始與德國銀行 Hypo Real Estate Bank International（簡稱 HI）達成合作協議，由後者出資 3,500 萬美元，雙方共同在中山完成「萬科城市風景花園」項目。值得注意的是，這是以外國直接投資（FDI）為名，行商業貸款之實的信貸融資。因此，萬科是中國第一家取得境外貸款的房地產企業。萬科於 2008 年 9 月成功發行 59 億元公司債，其額度等同於 2,007 萬科地產年度淨資產的 40%。

萬科近幾年來實施較高的轉增方案而不實施送股方案，可能是出於對股東利益保護的考慮，因為轉增無需納稅，而送股要按面值徵收 20% 的個人所得稅，這也體現了萬科將現金股利發放和轉增股本捆綁式進行的股利政策從多方面很好地支持了萬科的投資和融資政策。萬科在 2009 年 9 月 15 日舉行的 2009 年第一次臨時股東大會上，通過了公司 2009 年度公開增發不超過 112 億元的再融資方案，但截止 2010 年年底，萬科已經連續四年未利用股市進行再融資，儘管如此，萬科公布的各項財務指標，及其不斷進行的擴張之路都表明萬科的資金鏈穩固和資金充足。2012 年初，萬科向華潤深國投信託融資人民幣 10 億元用於東莞紫臺、東莞金域華府、鞍山惠斯勒項目開發的需要。萬科的融資行為進一步說明隨著中國房地產調控政策的力度在加大，萬科持續通過不同方式和渠道籌集資金，這也是維持資金流的順暢週轉，在未來保持競爭力的強力保障。

討論：萬科多元化融資方式給我們有什麼樣的啟示。

案例三：三峽債券案例

在中國談企業債，不能不提中國長江三峽工程開發總公司（簡稱「三峽總公司」）。它是迄今為止在中國發債次數最多，而且每次發債都有產品創新的企業；4 次發債共融得上百億元資金，相當於三峽工程 2000 年全年的資金需求總量。儘管業內人士普遍把三峽債看作類似國債的金邊債券，但三峽債仍具有諸多企業債的典型特徵，對類似的和不類似的企業融資都有一定借鑑意義。

從 1996 年至今，三峽總公司共發行了 4 期 6 種企業債券。論次數、論金額、論創新，三峽債券都是中國企業債券的龍頭和樣板。要瞭解三峽債券的來龍去脈，就必須先瞭解舉世矚目的三峽工程的總體融資概況。眾所周知，三峽工程是中國唯一一個在全國人民代表大會上進行審議表決通過的建設項目。早在解放初期，國家就已經開始論證三峽工程的可行性。三代中央領導集體都為興建三峽工程傾註了大量心血。但是三峽工程在醞釀多年之後，中央還是難以下決心。除去很多技術問題以外，資金供應難以得到保證無疑是一個非常重要的因素。1994 年國務院批准長江三峽工程總體籌資方案時，確定了三峽工程的靜態投資總額為 900.9 億元。如果綜合考慮工期內的物價上漲和利息等因素，動態投資總額為 2,039 億元。工程的資金需求從 1993 年到 2005 年逐年上升，從 2005 年到 2009 年工程收尾階段資金需求呈下降趨勢，但是也仍舊保持在每年 100 億元到 200 億元的水平。

資金供給：首先，三峽工程建設基金。這筆資金由財政部以電力附加稅的形式在全國範圍內徵收，直接撥付給三峽總公司作為國家資本金，總計約 1,000 億元。其次，

是牽來葛洲壩電廠這頭高產奶牛。葛洲壩電廠可以在三峽工程 18 年建設工期內提供資金 100 億元左右。另外，國家開發銀行還可以每年提供 30 億元，共計 300 億元的政策性貸款支持。而 2004 年三峽電廠並網發電後，也可以在剩下的 5 年工期裡產生 670 億元的收入。以上這些資金來源總計約為 2,070 億元，和動態投資總額基本相當。

但是，如果對比每一個工程進展階段的資金供求情況就會發現，在從 1994 年到 2006 年這一段哺乳期內，三峽工程將直接面對奶不夠吃的問題。由於事先準確地預測到了這個階段性資金缺口，三峽總公司的領導層從上任第一天起就為三峽工程的總體籌資方案確定了三條原則，即：國內融資與國際融資相結合，以國內融資為主；股權融資與債權融資相結合，以債權融資為主；長期資金與短期資金相結合，以長期資金為主。

這三條原則在三峽融資戰略上又體現為三步走：在工程初期（1993—1997 年）以政府的政策性資金投入為主，同時逐步擴大市場融資的份額；在工程中期（1998—2003 年）以政府擔保發行公司債券為主，實現公司融資方式的市場化；在三峽電廠投產後（2004—2009 年）實現公司的股份制改造，以股權融資為主。

經反覆論證，三峽決策層認為這是可行的。首先，當時已並入三峽總公司的葛洲壩電廠每年可帶來 10 億元的穩定現金流入，這也為滾動發債、滾動還息提供了現實的可能。其次，如果再算上 2003 年三峽電廠開始並網發電後，又可形成每年近百億元的穩定收入，三峽工程因後續滾動發債而帶來的還本付息應該不成問題。最後，2009 年工程完工之後，三峽總公司還將對長江上游的水電項目進行滾動開發，發債同樣還可以成為彌補新資金缺口的重要手段。

討論：結合債券的特點說明三峽總公司當時確定以債權融資為主的原因。

第七章　資本成本及資本結構

引例

　　東方汽車製造公司急需 1 億元資金用於技術改造項目。生產副總經理提議發行 5 年期的債券籌集資金。財務副總經理則認為，公司目前資產負債率為 60%，已經比較高了，如果再利用債券籌資，財務風險太大，應當發行普通股或優先股籌集資金。金融專家認為發行普通股十分困難，並根據當時的利率水平和市場狀況測算，如果發行優先股，年股利率不能低於 16.5%；如果發行債券，以 12% 的年利率即可順利發行。技術改造項目投產後，預計稅後投資報酬率將達到 18% 左右。財務學家認為，以 16.5% 的股利率發行優先股不可行，因為發行優先股的籌資費用較高，加上籌資費用後的資本成本將達到 19%，高於項目的稅後投資報酬率。如果發行債券，由於利息可在稅前支付，實際的資本成本大約在 9% 左右。財務學家還提出，由於目前正處於通貨膨脹時期，利率較高，不宜發行期限長、具有固定負擔的債券或優先股，而應向銀行籌措 1 億元的 1 年期技術改造貸款，1 年後再以較低的股利率發行優先股來替換技術改造貸款。但是財務副總經理認為，銀行貸款的容量有限，在當時的條件下向銀行籌措 1 億元技術改造貸款不太現實，而且 1 年後通貨膨脹也未必會消除。

　　面對複雜多變的金融市場，如何恰當地測算資本成本、權衡資本結構、及時足額地籌集資金，是企業面臨的一個非常重要的問題。

學習目標：

1. 理解公司資本成本的概念。
2. 掌握個別資本成本以及綜合資本成本的計算。
3. 瞭解公司的邊際資本成本。
4. 掌握資本結構管理的基本決策方法。
5. 掌握經營槓桿、財務槓桿和綜合槓桿計算方法。

第一節　資本成本

一、資本成本概述

　　資本成本是財務管理中最重要的概念之一。它是聯繫公司投資決策和融資決策的

紐帶，直接影響到企業價值最大化目標的實現。

(一) 資本成本概念

企業從各種來源籌集的資本不能無償使用，而要付出代價。資本成本是指企業為籌集和使用資金而付出的代價，又稱資金成本。資本成本包括籌資費用和用資費用兩部分。

1. 籌資費用

籌資費用是指企業在籌集資金過程中支付的各項費用，如銀行借款的手續費，發行股票、債券支付的發行手續費、印刷費、律師費、公證費、廣告費等。

2. 用資費用

用資費用是指企業為了使用資金而支付的費用，如股票的股利、銀行借款和債券的利息等。用資費用是籌資企業經常發生的，而籌資費用則只在籌集資金時一次發生，因此，在計算資本成本時用資費用可作為籌集資金額的扣除項目。

資本成本可以用絕對數表示，也可用相對數表示，但通常用相對數表示。後者為用資費用與資金籌集所得的資金之間的比率。其一般計算公式表示如下：

$$K = \frac{D}{P-F} = \frac{D}{P(1-f)}$$

式中：K 為資本成本率；D 為用資費用；P 為籌資額；F 為籌資費用；f 為籌資費用率，即籌資費用與籌資額的比率。

由此可見，資金成本取決於用資費用、籌資費用和籌資額等三個因素。用資費用越大，分子越大，則資金成本越高；籌資費用越大，分母越小，則資金成本越高；籌資額越大，分母越大，則資金成本越低。

(二) 資本成本的種類

這裡所講的資本成本主要是指長期資金的成本，包括如下三類：

1. 個別資本成本

個別資本成本是指企業各種長期資金的成本，如債券資本成本、長期借款資本成本、優先股資本成本、普通股資本成本、留存收益資本成本。所有成本都應表示成稅後的形式，這與投資項目的現金流量按稅後的形式表達是一致的。

2. 綜合資本成本

綜合資本成本是指企業全部長期資金的加權平均資本成本。由於企業往往通過多種方式籌集資金，為此，籌資決策就需要計算各種不同長期資金的總成本。

3. 邊際資本成本

邊際資本成本是指企業追加長期資金的成本。

(三) 資本成本的作用

1. 資本成本在企業籌資決策中的作用

資本成本是影響企業籌資規模的一個重要因素；資本成本是企業選擇籌資渠道、確定籌資方式的一個重要標準；資本成本是企業確定資本結構的主要依據。

2. 資本成本在企業投資決策中的作用

在利用淨現值指標進行投資決策時，通常以資本成本作為貼現率；在利用內部報酬率指標進行投資決策時，通常以資本成本作為基準率。

3. 資本成本在企業經營管理中的作用

資本成本常常作為企業經營管理中評價企業經營成果的最低尺度。資本成本作為一種投資報酬是企業最低限度的投資收益率。以此，在實際生產經營活動中，資本成本率的高低就成為衡量企業投資收益率的最低標準。凡是實際投資收益率低於這個水平的，則應認為經營不利，它是向企業經營者發出信號，必須立即改善經營管理。

二、個別資本成本的計算

個別資本成本是指使用各種長期資金的成本，主要有長期借款成本、債券成本、優先股成本、普通股成本和留存收益成本等。

(一) 長期借款資本成本

長期借款的籌資額為借款本金；籌資費為借款手續費；借款利息在所得稅前支付，具有抵稅作用。長期借款資本成本（Cost of Long Term Loan）公式為：

$$K_l = \frac{I_l(1-T)}{L(1-f_l)} = \frac{L \times i(1-T)}{L(1-f_l)} = \frac{i(1-T)}{1-f_l} \qquad (7-1)$$

式中：K_l 為長期借款資本成本；L 為長期借款總額；T 為所得稅率；f_l 為長期借款籌資費率；I_l 為長期借款利息；i 為長期借款的年利率。

【例7-1】長江公司向銀行取得200萬元、5年期借款，年利率10%，每年付息一次，到期一次還本，借款手續費率0.3%，所得稅率25%。計算該銀行借款的資金成本。

$$K_l = \frac{L \times i(1-T)}{L(1-f_l)} = \frac{i(1-T)}{1-f_l} = \frac{10\%(1-25\%)}{1-0.3\%} = 7.52\%$$

如果長期借款的籌資費用率忽略不計，則其資本成本為：

$K_l = 10\% \times (1-25\%) = 7.5\%$

(二) 長期債券資本成本

企業發行債券的成本主要是指債券利息和籌資費用。債券的利息按其面值和票面利率計算並列入稅前費用，具有抵稅效用；債券的籌資費用為發行費，包括申請費、註冊費、印刷費及推銷費等。債券的籌資額為債券發行價格，有平價、溢價和折價，與債券面值有時不一致，這對資本成本的測算都有一定影響。因此，債券資本成本（Cost of Bond）計算公式為：

$$K_b = \frac{I_b(1-T)}{B(1-f_b)} \qquad (7-2)$$

式中：K_b 為債券資本成本；I_b 為債券利息；B 為債券發行總額（按發行價格計算）；T 為所得稅率；f_b 為債券籌資費率。

【例7-2】長江公司發行面值為1,000萬元，票面利率為7%的5年期長期債券，

利息每年支付一次。發行費為發行價格的5%，公司所得稅率為25%。要求：分別計算債券按面值、按面值的120%以及按面值的90%發行時的資金成本。

（1）債券按面值發行時的資金成本：

$K_b = [1,000×7%×(1-25%)] / [1,000×(1-5%)] = 5.53%$

（2）債券溢價發行時的資金成本：

$K_b = [1,000×7%×(1-25%)] / [1,000×120%×(1-5%)] = 4.613%$

（3）債券折價發行時的資金成本：

$K_b = [1,000×7%×(1-25%)] / [1,000×120%×(1-5%)] = 6.14%$

（三）優先股資本成本

公司發行優先股籌資需要支付發行費用，優先股股利通常是固定的，但其股利從稅後利潤中支付，沒有抵稅作用。優先股籌資額應按優先股的發行價確定。優先股資本成本（Cost of Preferred Stock）可按下列公式計算：

$$K_p = \frac{D_p}{p_p(1-f_p)} \tag{7-3}$$

式中：K_p為優先股成本；D_p為每年每股紅利；P_p為優先股每股發行價格；f_p為優先股籌資費率。

【例7-3】長江公司為了進行一項投資，按面值發行優先股240萬元，預計年股利率為10%，籌資費率為5%。則其優先股的資金成本為多少？

$$K_p = \frac{D_p}{P_p(1-f_p)} = \frac{240×10%}{240(1-5%)} = 10.53%$$

（四）普通股資本成本

從理論上說，普通股成本可以被看作是為保持公司普通股市價不變，公司必須為股權投資者創造的最低收益率。

普通股成本的確定方法主要有以下三種：

1. 股利折現模型法

股利貼現模型法是股票估價的基本模型。在理論上，普通股的價值可定義為預期未來股利現金流按股東要求的收益率貼現後的現值。它可以用來測量普通股的資本成本（Cost of Common Stock），其基本公式如下：

$$P(1-f) = \sum_{t=1}^{\partial=\infty} \frac{D_t}{(1+K_c)^t}$$

式中：P為普通股籌資額；f為普通股籌資費率；D_t為普通股第t年的股利；K_c為普通股資本成本。

運用股利折現模型計算普通股資本成本，因具體的股利政策而有所不同。其中典型的是固定股利政策和固定增長股利政策。

（1）固定股利政策下的股利折現模型。

在固定股利政策下普通股資金成本的計算與優先股一樣。

$$K_c = \frac{D_c}{P_c(1-f_c)} \qquad (7-4)$$

式中：K_c為普通股資本成本；D_c為普通股每年股利；P_c為普通股籌資額；f_c為普通股籌資費率。

(2) 固定增長股利政策下的股利折現模型。

如果普通股股利以固定的增長率 g 遞增，則發行普通股的資本成本為：

$$K_c = \frac{D_1}{P_c(1-f_c)} + g \qquad (7-5)$$

式中：D_1為普通股第一年股利；g 為普通股股利增長率。

【例7-4】長江公司發行面額為 1 元的普通股 1,000 萬股，每股發行價格 5 元，籌資費用為全部發行籌資額的 5%，預計第一年每股股利為 0.1 元。以後每年遞增 4%。則普通股資金成本率為：

$$K_c = \frac{D_1}{P_c(1-f_c)} + g = \frac{1,000 \times 0.1}{1,000 \times 5 \times (1-5\%)} + 4\% = 6.1\%$$

2. 資本資產定價模型法

普通股股利實際上是一種風險報酬，其高低取決於投資者所冒風險的大小。採用股利貼現模型法是假定普通股年股利增長率是固定不變的。事實上，估計未來股利增長率是很困難的，因許多企業未來股利增長率是不確定的。故可採用資本資產定價模型，只需計算某種股票在證券市場的組合風險係數，即可據以預計股票的資本成本。

資本資產定價模型的計算公式為：

$$K_c = R_f + \beta(R_m - R_f) \qquad (7-6)$$

式中：K_c為普通股資本成本；β 為股票的貝塔係數；R_f為無風險報酬率；R_m為市場平均報酬率。

【例7-5】長江公司股票的 β 為 1.5，無風險報酬率為 6%，股票市場的平均必要報酬率為 12%，則該股票的資金成本多少？

$$K_c = 6\% + 1.5 \times (12\% - 6\%) = 15\%$$

3. 債券收益加風險溢價模型法

股票資金成本可以用債券資金成本加上一定的風險溢價率表示。

根據歷史經驗，風險溢價率通常在 3%～5% 之間。

【例7-6】長江公司債券的資金成本為 6%，根據歷史經驗，預計風險溢價率為 4%，則股票的資本成本是多少？

$$K_c = 6\% + 4\% = 10\%$$

(五) 留存收益資本成本

留存收益是企業資金的一項重要來源，是所得稅後形成的，實質上相當於股東對公司的追加投資。股東將保留盈餘用於公司發展，是想從中獲取投資報酬，所以留存收益也有資本成本。其資本成本是股東失去向外投資的機會成本，因此，與普通股計算基本相同，只是不存在籌資費用。

留存收益資本成本（Cost of Retained Earnings）計算公式如下：

1. 固定股利政策

$$K_r = \frac{D_r}{p_0} \tag{7-7}$$

式中：K_r 為普通股資本成本；D_r 為普通股每年固定的股利；P_0 為普通股籌資額。

2. 固定增長股利政策

$$K_r = \frac{D_1}{p_0} + g \tag{7-8}$$

式中：D_1 為普通股第一年的股利；g 為固定的股利增長率

【例7-7】長江公司發行普通股 75 萬元，每股發行價格 15 元，籌資費率為 6%，今年剛發放的股利為每股股利 1.5 元，以後每年按 5% 遞增，計算留存收益成本。

$$K_r = \frac{D_1}{p_0} + g = \frac{1.5\ (1+5\%)}{15} + 5\% = 15.5\%$$

留存收益資本成本的計算亦可用資本資產定價模型和風險溢酬法來測算，具體同前。

三、綜合資本成本

綜合資本成本，也叫加權平均資本成本（Weighted Average Cost of Capital, WACC）。綜合資本成本是將各單項資本成本在總籌資額中所占百分比作為其權數，來計算其加權平均資本成本值。而這個加權平均資本成本就是企業進行投資時所要求的預期收益率 K_W。

$$K_W = \sum_{j=1}^{n} K_j W_j \tag{7-9}$$

式中：K_W 為綜合資本成本；K_j 為第 j 種個別資本成本；W_j 為第 j 種個別資金在所有長期資金中所占比重；n 為資本種數。

由於企業通過不同方式從不同來源取得的資金，其成本各不相同，因此，綜合資本成本由以下兩個因素決定：①各種長期資金的個別資本成本；②各種長期資金所占比重，即權數。長期資金權數的確定通常可以採用這樣幾種方法：

1. 帳面價值基礎

帳面價值基礎是指根據各種長期資金的帳面價值來確定各自所占的比重。其優點是數據獲取簡便，可以直接從財務報表中取得。但缺點是帳面價值反應的是過去的歷史情況，當資金的市場價值脫離帳面價值變動時，其計算結果會影響各種資金比重的客觀性。

2. 市場價值基礎

市場價值基礎是指股票、債券等有市場價格的資金根據其市場價格來確定所占比重。這種基礎的有點是能反應即時情況、真實客觀，缺點在於市場價格經常波動不易選定。

3. 目標價值基礎

目標價值是指股票、債券等根據預計的未來目標市場價值來確定其數額。這種基

礎體現了期望的目標資本結構的要求,能適用於未來籌措資金的需要,但是目標價值往往難以準確把握。

【例7-8】長江公司共有長期資本(帳面價值)1,000萬元,其中長期借款100萬元、債券200萬元、優先股100萬元、普通400萬元、留用利潤200萬元,其個別資金成本分別為6%、6.5%、12%、15%、14.5%。問:該公司的綜合資本成本為多少?

$K_W = 6\% \times 10\% + 6.5\% \times 20\% + 12\% \times 10\% + 15\% \times 40\% + 14.5\% \times 20\% = 12\%$

四、邊際資本成本

任何企業都不可能以某一固定的資本成本來籌措到無限的資本,隨著企業籌資規模的不斷擴大,當其籌集的資金超過一定限度時,原來的資本成本就會增加。在多種籌資方式條件下,即使資本結構不變,隨著追加籌資的不斷增加,也會由於個別資本成本的變化而使企業綜合資本成本發生變動。因此,企業再追加籌資時,需要確定籌資額在什麼範圍內綜合資本成本不變,超出什麼範圍為會使綜合資本成本發生變化,變化多大,從而產生了邊際資本成的概念。

邊際資本成本是指企業每增加一個單位量的資本所負擔的成本。邊際資本成本也是按加權平均法計算的,它取決於兩個因素:一是追加資本的結構;二是追加資本的個別資本成本水平。其計算過程為:

(一)確定目標資本結構

目標資本結構應該是企業的最優資金結構,即資金成本最低、企業價值最大時的資金結構。企業籌資時,應首先確定目標資金結構,並按照這一結構確定各種籌資方式的籌資數量。

(二)確定各種資金不同籌資範圍的資金成本

每種籌資方式的資金成本不是一成不變的,往往是籌資數量越多,資金成本就越高。因此,在籌資時要確定不同籌資範圍內的資金成本水平。

(三)計算籌資總額突破點

籌資總額突破點是某一種或幾種個別資金成本發生變化從而引起加權平均資金成本變化時的籌資總額。

$$BP_i = \frac{TF_i}{W_i} \tag{7-10}$$

式中:BP_i為籌資總額突破點;TF_i為個別資本成本發生變化時的籌資臨界點;W_i為個別資金的目標結構。

(四)計算邊際資金成本

根據上一步驟計算出的籌資總額突破點排序,可以列出預期新增資金的範圍及相應的綜合資金成本。

值得注意的是:此時的綜合資金成本的實質就是邊際資金成本,即每增加單位籌資而增加的成本。

【例7-9】長江公司目前有長期資金1,000,000元，其中長期債務200,000元，優先股50,000元，普通股750,000元。現為滿足投資要求，準備籌集更多的資金，試確定資金的邊際成本。這一計算過程的基本步驟為：

1. 確定公司最優資本結構

假設該公司財務人員經過認真分析，認為目前的資本結構即為最優資本結構，因此，在今後籌資時，繼續保持長期債務占20%，優先股占5%，普通股占75%的資本結構。

2. 確定各種籌資方式的資本成本

該公司財務人員在分析了目前金融市場狀況和企業籌資能力的基礎上，測算出了隨籌資額的增加各種資本成本的變化情況，如表7-1所示。

表7-1　　　　　　　　　　長江公司籌資資料

籌資方式	目標資本結構	新籌資的數量範圍（元）	資本成本
長期債務	20%	0~10,000 10,000~40,000 大於40,000	6% 7% 8%
優先股	5%	0~2,500 大於2,500	10% 12%
普通股	75%	0~22,500 22,500~75,000 大於75,000	14% 15% 16%

3. 計算籌資總額分界點（突破點）

在表7-1中，花費6%資本成本時，取得長期債務籌資限額為10,000元，其籌資總額分界點便為：50,000元，而在花費7%資本成本時，取得的長期債務籌資限額為40,000元，其籌資總額分界點為：200,000元，資料中各種情況下的籌資總額分界點計算結果如表7-2所示。

表7-2　　　　　　　　籌資總額分界點計算表　　　　　　　　單位：元

籌資方式及目標結構	資金成本	特定籌資方式的籌資範圍	籌資總額分界點	籌資總額的範圍
長期債務20%	6% 7% 8%	0~10,000 10,000~40,000 大於40,000	10,000/0.2=50,000 40,000/0.2=200,000 _____	0~50,000 5,000~200,000 大於200,000
優先股5%	10% 12%	0~2,500 大於2,500	2,500/0.05=50,000 _____	0~50,000 大於50,000
普通股75%	14% 15% 16%	0~22,500 22,500~75,000 大於75,000	22,500/0.75=30,000 75,000/0.75=100,000 _____	0~30,000 3,000~100,000 大於100,000

3. 計算資金的邊際資本成本（如表 7-3 所示）

表 7-3　　　　　　　　　　　　資金邊際成本計算表

序號	籌資總額範圍	籌資方式	目標資金結構 （1）	個別資金成本 （2）	資金邊際成本 （3）＝（1）×（2）
1	0～30,000	長期債務 優先股 普通股	20% 5% 75%	6% 10% 14%	1.2% 0.5% 10.5%
			\multicolumn{3}{c}{WACC＝12.2%}
2	30,000～50,000	長期債務 優先股 普通股	20% 5% 75%	6% 10% 15%	1.2% 0.5% 11.25%
			\multicolumn{3}{c}{WACC＝12.95%}
3	50,000～100,000	長期債務 優先股 普通股	20% 5% 75%	7% 12% 15%	1.4% 0.6% 11.25%
			\multicolumn{3}{c}{WACC＝13.25%}
4	100,000～200,000	長期債務 優先股 普通股	20% 5% 75%	7% 12% 16%	1.4% 0.6% 12%
			\multicolumn{3}{c}{WACC＝14%}
5	200,000 以上	長期債務 優先股 普通股	20% 5% 75%	8% 12% 16%	1.6% 0.6% 12%
			\multicolumn{3}{c}{WACC＝14.2%}

　　由表 7-3 可知，如果公司籌資總額在 30,000 元以下，其加權平均資本成本為 12.2%，如果籌資額超過 30,000 元，但小於 50,000 元，其加權平均資本成本將變為 12.95%。以此類推。

　　由以上分析可知，隨著公司籌資總額的增加並保持公司資本結構不變的情況下，綜合資金成本率也是增加的。以上結果可用圖形更加形象地表示，如圖 7-1 所示。

圖 7-1 資本成本線

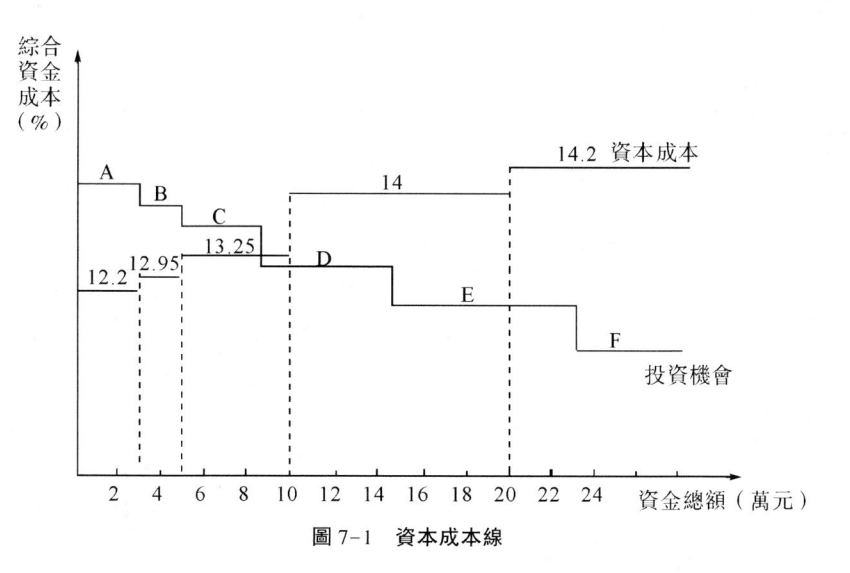

第二節　資本結構決策

一、資本結構的含義

資本結構是指企業各種資金的構成及其比例關係。資本結構是企業籌資決策的核心問題。資金結構有廣義和狹義之分。廣義的資本結構是指全部資金來源的結構，實際上也就等同於我們通常所講的資產結構，也就是指負債和所有者權益在總資產中各占多大的比例；狹義的資本結構，主要是指長期資金結構，也就是長期負債和所有者權益之間的比例關係，而不考慮流動負債，因為流動負債是屬於短期資金來源。通常財務管理中的資本結構是指狹義的資本結構，即長期的資本結構。

二、影響資本結構的因素

1. 企業獲利水平

首先，只有當企業的獲利水平高於債務利率時，財務槓桿才會發揮正面作用，此時選擇債權性資金對企業才可能是有益的。其次，企業的獲利水平越高，一般來說舉債能力也就越強。最後，獲利水平相當高的企業，由於有充足的留存收益來滿足資金需要，因此對債權性資金的需求相對較小。

2. 企業現金流量

由於債務利息和本金通常必須以現金支付，因此企業的舉債能力不僅會受到企業獲利水平的影響，還與企業的現金流量狀況相關。企業各期的現金淨流量金額越大、越穩定，債權性資金的籌集能力就越強。

3. 企業資產結構

資產結構肯定是要影響資本結構的，如果流動資產在總資產中佔有的比例越高，那從資金來源的角度來講，就意味著對短期資金的需求就越多，在這種情況下，企業在籌集資金的時候，要更多的依賴流動負債；如果在資產結構當中，長期資產占的比例大，從長期資金來源的角度的講，對長期負債和所有者權益的依賴程度就大了。

4. 企業所得稅稅率

負債籌資和所有者權益籌資相比較，一個很大的優越性就在於負債籌資的利息在稅前扣除，可以減少企業所得稅，而所有者權益不能夠減少所得稅。所以在這種情況下，如果企業的所得稅稅率較高，要盡可能選擇負債較籌資，這種情況下負債籌資的優越性體現地才更加充分；如果所得稅率較低，那麼負債籌資利息減少的所得稅也比較少，這時負債籌資的優越性體現的就不是很充分。

5. 企業所有者和管理人員的態度

企業所有者如果不願稀釋對企業的控制權，則可能更願意採用債權籌資。而企業管理者越願意冒險，則可能傾向於較多地採用債權籌資；相反，管理者越保守，則可能傾向於較少採用債權籌資。

6. 貸款人和信用評級機構的影響

企業在涉及較大規模的債權性籌資時，貸款人和信用評級機構的態度不容忽視。

7. 利率水平的變動趨勢

利率水平的變動趨勢直接影響到是籌集長期資金還是短期資金。如果預期未來的利率水平是上升的，那就意味著未來的籌資成本會越來越高。那麼在還沒升高之前，籌資的時候應該選擇籌集長期資金；如果未來的利率水平要下降了，那麼未來的籌資成本會越來越低，那麼籌資的時候應該籌集短期資金，也就是只要能夠滿足短期使用就可以了，將來再籌集資金的時候，成本會更低，更廉價。

8. 其他因素

整個經濟的發展狀況、市場的競爭機制、資金的流向、投資者的偏好以及企業所處行業、地區等都可能影響到企業的籌資方式和資本結構。

三、資本結構理論

(一) 早期資本結構理論

20世紀50年代之前，早期傳統資本結構理論主要是從收益的角度來探討資本結構。1952年，美國經濟學家大衛·杜蘭特（David Durand）在《企業債務和股東權益成本：趨勢和計量問題》一文中，系統地總結了早期資本結構理論，將它們分為三個理論：

1. 淨收益理論

淨收益理論認為，在公司的資本結構中，債權資本的比例越大，公司的淨收益或稅後利潤就越多，從而公司的價值就越高。由於債務資金成本低於權益資金成本，運用債務籌資可以降低企業資金的綜合資金成本，債務資本融資可以提高公司的財務槓桿，產生稅盾效應，從而提高企業的市場價值，所以企業應當盡可能利用負債融資優化其

資本結構。該理論極端的認為，當負債達到100%時，公司的平均資本成本將降至最低，此時公司的價值也將達到最大。

由於財務槓桿的存在，如果介入資金的投資收益率大於平均負債的利息率，這時候是可以因為負債從財務槓桿中獲益的，這種情況下，負債確實對公司的價值有益。實際上過多的債權資本比例，會帶來過高的財務風險，而且當資金的投資受益率小於平均負債的利息率，過多的債務資本比例只能增加企業的資本成本，因此淨收益理論是不夠科學的。

2. 淨營業收益理論

淨經營收益理論認為：在公司的資本結構中，債權資本比例的多少，實際上與公司的價值就沒有關係。無論企業財務槓桿如何變化，公司的加權平均資本成本固定不變的。這是因為，債權的成本率不變，股權資本成本率是變動的，債權增加，財務風險變大，投資要求的匯報越高，反之亦然。公司的綜合資本成本率是不變，所以企業融資並不存在最優資本結構，公司的總價值與資本結構無關，決定公司價值的應該是經營業務收益。

3. 傳統折中理論

淨收益理論和淨經營收益理論是兩種極端觀點，傳統折衷理論則是介於兩者之間的一種折衷理論。增加債權資本對提高公司價值是有利的，但債權資本規模必須適度。

該理論假定：債務融資成本、權益融資成本、加權資本成本都會隨著資本結構的變化而變化，但債務融資成本是小於權益融資成本。謹慎的債務融資不會明顯增加企業經營風險，在謹慎的債務融資範圍內，加權資本成本將隨著負債比率的增加而減少。企業價值則隨其增加而增加；相反，過度的債務融資將導致權益資本成本與債務融資成本明顯上升，致使加權資本成本上升、企業價值下降。結論是，負債有益，但要控制在一個合理的範圍之內。

傳統折中理論相對其他兩種，較為準確地描述了財務槓桿與資本成本以及企業價值的關係。

(二) 現代資本結構理論

1. MM 理論提出

1958年，美國學者莫迪格萊尼（Modigliani）和米勒（Miller）提出：公司價值是由全部資產的盈利能力決定的，而與實現資產融資的負債與權益資本的結構無關。這一令人意外的結論在理論界引起很大反響，被稱之為 MM 理論，標誌著現代資本結構理論的創建。

2. 無稅收的 MM 理論

早期的 MM 理論認為，資本結構與資本成本和企業價值無關。如果不考慮公司所得稅和破產風險，且資本市場充分發育並有效運行，則負債企業的價值與無負債企業的價值相等，無論企業是否有負債，企業的資本結構與企業價值無關。企業資本結構的變動，不會影響企業的加權資本成本，也不會影響到企業的市場價值。以低成本借入負債所得到的杠杠收益會被權益資本成本的增加而抵消，最終使有負債與無負債企

業的加權資本成本相等，即企業的價值與加權資本成本都不受資本結構的影響。

3. 有公司所得稅的 MM 理論

早期的「MM 理論」是在不考慮企業所得稅等條件而得出資本結構的相關結論的，而這顯然不符合實際情況。因此，米勒等人對之前的 MM 理論進行了修正，考慮所得稅因素後，儘管股權資金成本也會隨負債比率的提高而上升，但上升速度卻會慢於負債比率的提高。修正後的「MM 理論」認為，在考慮所得稅後，公司使用的負債越高，其加權平均成本就越低，公司收益乃至價值就越高。

在加入所得稅因素之後，使得 MM 理論更加與企業的實際經營狀況相符合。

4. 權衡理論

權衡理論通過放寬 MM 理論完全信息以外的各種假定，考慮在稅收、財務困境成本、代理成本分別或共同存在的條件下，資本結構如何影響企業市場價值。因此，權衡理論是企業最優資本結構就是在負債的稅收利益和預期破產成本之間權衡。

權衡該理論認為，雖然負債可以利用稅收屏蔽的作用，通過增加債務來增加企業價值。但隨著債務的上升，企業陷入財務困境的可能性也增加，甚至可能導致破產，如果企業破產，不可避免地會發生破產成本。即使不破產，但只要存在破產的可能，或者說，只要企業陷入財務困境的概率上升，就會給企業帶來額外的成本，這是制約企業增加負債的一個重要因素。因此，隨企業債務上升而不斷增大的企業風險，制約企業無限追求提高負債率所帶來的免稅優惠或槓桿效應，因此企業最優資本結構是權衡免稅優惠收益和因陷入財務危機而導致的各種成本的結果。或者說，企業最佳資本結構應該是在負債價值最大化和債務上升帶來的財務危機成本及代理成本之間的平衡，此時企業價值才能最大化。

權衡理論不僅注意到了公司所得稅存在下的負債抵稅收益，也注意到了負債的財務拮据成本和代理成本，認為二者相權衡下，企業存在一個最優資本結構。較為符合學術界大多數專家關於企業存在一個最優資本結構的看法，相對較為客觀的揭示了負債與企業價值的關係，權衡理論提出的還是相對較為科學的資本結構理論。

(三) 新資本結構理論

在新資本結構理論的研究中，學者們把信息不對稱和道德風險等概念被引入了資本結構理論的研究中，把傳統資本結構的權衡難題轉化為結構或制度設計問題，給資本結構理論問題開闢了新的研究方向。

1. 代理成本理論

代理成本理論是新資本結構理論的一個主要代表。它是通過引入代理成本這個概念來分析企業最優資本結構的決定。由於企業中代理關係的存在，必然產生股東與企業經營者、股東與債權人之間的利益衝突，為解決這些衝突而產生的成本為代理成本，包括股權的代理成本和債權的代理成本。隨著債務比例的增加，股東的代理成本將減少，債務的代理成本將增加。而如果要發行新股，相當於現有所有者以股權換取新所有者的資金。新舊所有者之間不可避免地會引發利益衝突，這樣，新的所有者為保證他們的利益不受原所有者的損害。也必須付出 監督費用等代理成本。

2. 信息傳遞理論

在金融市場上，存在典型的信息不對稱因素，企業家比投資者掌握更多的關於企業項目投資的「內部信息」，信息傳遞理論研究的是在企業管理者與投資者之間存在信息不對稱的情況下。市場的投資者只能通過企業表面信息的分析來對收益進行估計，這樣就使管理者可以通過資本結構的選擇來改變市場對企業收益的評價，進而改變企業的市場價值。他的結論是負債和資本比是一種把內部信息傳遞給市場的信號工具。企業管理者可以通過改變企業的資本結構來影響投資者對企業價值的評估。

在管理者持有股權以及管理者為風險厭惡者的假設下，如果企業管理者提高企業的負債率，那麼他所持有的股權在企業總股權中的比例上升，那麼企業管理者將面臨更大的他所要規避的風險，企業管理者只有在他所管理的企業價值較大時才會這麼做，價值較小的企業管理者是不會冒著破產風險提高企業負債率的。由於信息不對稱，投資者只能通過經理者輸送出來的信息間接地評價市場價值。企業債務比例或資產負債結構就是一種把內部信息傳給市場的信息工具，負債比例上升是一個積極的信息，它表明經理者對企業未來收益有較高期望，傳遞著經理者對企業的信心。因此，在信息不對稱的情況下，高負債率向投資者傳遞的是企業價值較大的信號，企業價值與負債率的高低呈正相關的關係。

3. 優序融資理論

1984年，美國經濟學家梅耶（Myers）認為，公司傾向於首先採用內部籌資；如果需要外部籌資，公司將先選擇債券籌資，在選擇其他外部股權籌資，這種籌資順序的選擇也不會傳遞對公司股價產生比例影響的信息。

按照信息傳遞理論，因為不對稱信息對融資成本的影響，獲利能力強的公司之所以安排較低的債權比率，並不是由於以確立較低的目標債權比率，而是由於不需要外部籌資，獲利能力較差的公司選用債權籌資是由於沒有足夠的留存收益，而且在外部籌資選擇中債權籌資為首選。

之後，梅耶和麥吉勒夫（Majluf）進一步考察不對稱信息對融資成本的影響，發現這會促使企業盡可能少用股票融資，因為企業通過發行股票融資時，會被市場誤解，認為其前景不佳。由此新股發行總會使股價下跌。但是，多發債券又會使企業受到財務危機的約束。在這種情況下，企業資本結構的順序是：先是內源融資，然後債務融資，最後才是股權融資。

四、資本結構決策方法

資本結構決策是指確定企業的最佳資本結構。所謂最佳資本結構是指在一定條件下使企業綜合資本成本最低、企業價值最大的資本結構。確定最佳資本結構的方法主要有每股收益分析法、比較資本成本法和企業價值比較法。

（一）每股收益分析法

資本結構是否合理，可以通過每股收益的變化進行分析。一般來講，凡是能夠提高每股收益的資本結構是合理的；反之，認為是不合理的。

財務管理

每股收益分析法是指在息稅前利潤的基礎上，通過比較不同資本結構方案的普通股每股收益，來選擇最優資本結構或評價債務與權益資本如何安排更為合理。如果未來的息稅前利潤不確定，則需計算每股收益無差別點，以幫助判別不同資本結構的優劣。所謂每股收益無差別點，是指使不同資本結構下的每股收益相等的息稅前利潤點。所以該方法又稱每股收益無差別點分析法、EBIT-EPS 分析法。該方法分析思路：

（1）計算兩套追加籌資方案每股收益無差別點。

$$\frac{(EBIT^*-I_1)(1-T)-D_1}{N_1}=\frac{(EBIT^*-I_2)(1-T)-D_2}{N_2} \qquad (7-11)$$

式中：$EBIT^*$ 為兩種籌資方案的每股收益無差別點；I_1，I_2 為兩種籌資方案下的債務年利息；D_1，D_2 為兩種籌資方案下的優先股年股利；T 為公司所得稅；N_1，N_2 為兩種籌資方案下的流通在外的普通股股數。

（2）利用每股收益無差別點分析圖進行決策。

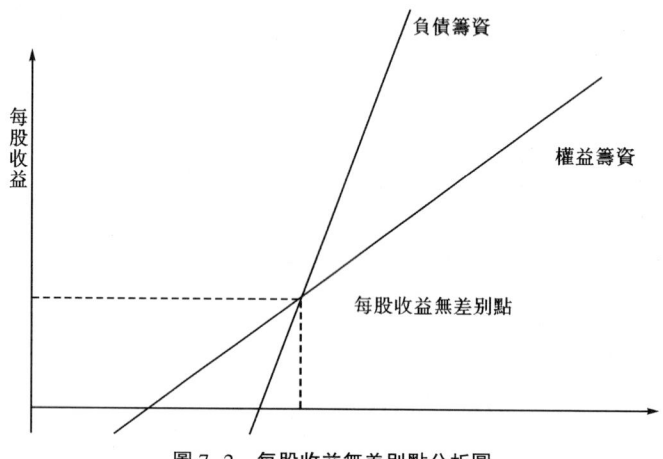

圖 7-2　每股收益無差別點分析圖

上圖表明：只要追加籌資以後的息稅前利潤大於每股收益無差別點（$EBIT^*$），那選擇負債籌資可獲得較高的每股收益；如果小於每股收益無差別點（$EBIT^*$），就選擇普通股籌資可獲得較高的每股收益。

【例7-10】長江公司目前擁有資本1,000萬元，其結構為：債券資本20%（年利息為20萬元）。普通股權益資本80%（發行普通股10萬，每股面值80元），現準備追加籌資400萬元，有兩種籌資選擇：（1）全部發行普通股：增發5萬股，每股面值80元。（2）全部籌措長期債務：利率10%，利息為40萬元。企業追加籌資後，EBIT預計為160萬元，所得稅率為25%。

要求：計算每股收益無差別點，並簡要說明企業應該如何選擇。

（1）$I_1 = 20$ 萬，$I_2 = 20+40 = 60$ 萬

$N_1 = 10+5 = 15$ 萬，$N_2 = 10$ 萬

無優先股

$$\frac{(\text{EBIT}^* - 20)(1-25\%)}{15} = \frac{(\text{EBIT}^* - 60)(1-25\%)}{10}$$

解得：EBIT* = 140 萬

（2）預計息稅前利潤（160萬元）大於每股收益無差別點（140萬元），因此，採用負債籌資方式較好。運用負債籌資可獲得較高的每股收益。

(二) 比較資本成本法

比較資本成本法是通過計算不同籌資方案的綜合資本成本，並從中選出綜合資本成本最低的方案為最佳資本結構方案的方法。

【例7-11】長江公司目前的資金結構如下表：

表7-4　　　　　　　　　　　長江公司資金結構表

資金來源	金額（萬元）
長期債券，年利率8%	200
優先股，年股息率6%	100
普通股，25,000股	500
合計	800

該公司普通股每股面值200元，今年期望股利為24元，預計以後每年股息增加4%，該公司的所得稅率為25%，假設發行各種證券無籌資費用。該公司計劃增資200萬元，有以下兩種方案可選擇：

甲方案：發行債券200萬元，年利率為10%，此時普通股股息將增加到26元，以後每年還可增加5%，但由於風險增加，普通股市價跌到每股180元；

乙方案：發行債券100萬元，年利率10%，發行普通股100萬元，此時普通股股息將增加到26元，以後每年增加4%，由於企業信譽提高，普通股市價將上升到230元。

通過計算，在兩種方案中選擇較優方案。

解：（1）計算目前資金結構下的綜合資本成本：

長期債券比重 = 200/800 = 25%
優先股比重 = 100/800 = 12.5%
普通股比重 = 500/800 = 62.5%
長期債券成本 = 8% × (1−25%) = 6%
優先股成本 = 6%
普通股成本 = 24/200 + 4% = 16%
綜合資本成本 = 25% × 6% + 12.5% × 6% + 62.5% × 16%
　　　　　　 = 12.25%

（2）計算按甲方案增資後的綜合資本成本：

原債券比重 = 200/1,000 = 20%

新發行債券比重＝200/1,000＝20%
優先股比重＝100/1,000＝10%
普通股比重＝500/1,000＝50%
原債券成本＝6%
新發行債券成本＝10%×（1−25%）＝7.5%
優先股成本＝6%
普通股成本＝26/180+5%＝19.44%
甲方案的綜合資本成本＝20%×6%+20%×7.5%+10%×6%+50%×19.44%
　　　　　　　　　＝13.02%

（2）計算按乙方案增資後的綜合資本成本：
原債券比重＝200/1,000＝20%
新發行債券比重＝100/1,000＝10%
優先股比重＝100/1,000＝10%
普通股比重＝600/1,000＝60%
原債券成本＝6%
新發行債券成本＝10%×（1−25%）＝7.5%
優先股成本＝6%
普通股成本＝26/230+4%＝15.30%
乙方案的綜合資本成本＝20%×6%+10%×7.5%+10%×6%+60%×15.30%
　　　　　　　　　＝11.73%

通過計算，可看出乙方案的綜合資本成本不僅低於甲方案，而且低於目前的綜合資本成本，所以選擇乙方案，使企業的綜合資本成本較低。

（三）企業價值比較法

企業價值比較法是通過對不同資本結構下的企業價值和綜合資金成本進行比較分析，從而選擇最佳資本結構的方法。這種方法的基本步驟為：

（1）測算不同資本結構下的企業價值。企業價值等於長期債務（包括長期借款和長期債券）價值與股票價值之和。公式為：

$$V = B + S \tag{7-12}$$

式中：V 為企業價值；B 為企業長期債務價值；S 為企業股票價值。

由於長期債務的總價值受外部市場波動的影響比較小，所以一般情況下，長期債務的價值就等於其帳面價值。因此，要想確定企業的總價值，關鍵是確定股票的價值。而股票的價值就是指公司在未來的持續經營過程中，每年給股東帶來的現金流入所折合成的現值。假設公司實現的淨利潤全部給股東派發，沒有任何留存，且不考慮優先股的問題。那麼公司的稅後淨利潤就等於公司給普通股股東派發的現金股利，體現股東未來每年獲得的現金流入，而且假設公司在未來的持續經營過程中，每年的淨利潤是相等的，而且沒有留存收益，就意味著未來每年的淨利潤等於未來每年的股利，是等額的連續的一種現金的流入，就等同於永續年金，這樣，把未來股東得到的淨利潤，

也就是等額的淨利潤折合成現值加起來,這就是股票的價值,折現的時候用到的就是永續年金求現值。

$$S = \frac{(EBIT-I)(1-T)}{K_s} \tag{7-13}$$

式中:K_s為普通股資本成本。

(2) 公司資本成本的測算。

企業的綜合資本成本等於長期債務和股票的加權平均資本成本。

$$K_W = K_b \left(\frac{B}{V}\right)(1-T) + K_s \left(\frac{S}{V}\right) \tag{7-14}$$

式中:K_b為長期債務利率;K_W為綜合資本成本。

(3) 確定最佳資本結構。

使得企業價值最大、綜合資金成本最低的資本結構就是企業最佳的資本結構。

【例7-12】長江公司的長期資本構成均為普通股,無長期債務資本和優先股資本,股票的帳面價值為3,000萬元。預計未來每年EBIT為600萬元,所得稅稅率為25%。該企業認為目前的資本結構不夠合理,準備通過發行債券回購部分股票的方式,調整資本結構,提高企業價值。經諮詢調查,目前的長期債務利率和權益資本的成本情況如表7-5所示。

表7-5　　　　　　不同債務水平下的公司債務資本成本和權益資本成本

債券的市場價值B(萬元)	0	300	600	900	1,200	1,500
債務利率K_b(%)	−	10	10	12	14	16
股票β值	1.2	1.3	1.4	1.55	1.7	2.1
無風險報酬率R_f(%)	8	8	8	8	8	8
市場證券組合必要報酬率R_m(%)	12	12	12	12	12	12
普通股資本成本K_s(%) $K_s = R_f + \beta(R_m - R_f)$	12.8	13.2	13.6	14.2	14.8	16.4

根據上表的資料,即可計算出不同長期債務規模下的企業價值和綜合資本成本,計算結果如表7-6所示。

表7-6　　　　　　不同債務下企業價值和綜合資本成本

企業價值 V(萬元) ①=②+③	3,515.63	3,538.64	3,577.94	3,498.59	3,389.19	3,146.34
長期債務價值B(萬元) ②	0	300	600	900	1,200	1,500
股票價值S(萬元) ③	3,515.63	3,238.64	2,977.94	2,598.59	2,189.19	1,646.34
債務利率K_b(%)	−	10	10	12	14	16
普通股資本成本K_s(%)	12.8	13.2	13.6	14.2	14.8	16.4
綜合資本成本K_W(%)	12.8	12.72	12.58	12.86	13.28	14.3

表中：股票價值計算示例（其他普通股價值的計算類似）：

$$S = \frac{(EBIT-I)(1-T)}{K_s} = \frac{(600-600 \times 10\%)(1-25\%)}{13.6\%} = 2,977.94 \text{ 萬元}$$

綜合資本成本計算示例（其他綜合資本成本的計算類似）：

$$K_W = K_b \left(\frac{B}{V}\right)(1-T) + K_s \left(\frac{S}{V}\right) = 10\% \left(\frac{600}{3,577.94}\right)(1-25\%) + 13.6\% \left(\frac{2,977.94}{3,577.94}\right)$$

由表 7-5 可知，長江公司利用長期債務部分替代普通股時，企業價值開始上升，同時綜合資本成本開始下降。當長期債務達到 600 萬元時，企業價值達到最大（2,977.94萬元），同時綜合資本成本最低（12.58%）。當長期債務繼續上升時，企業價值又逐漸下降，綜合資本成本逐漸上升。因此，當長期債務為 600 萬元時的資本結構為長江公司的最佳資本結構。

第三節　槓桿效應

槓桿是一種加乘效應，一個因素變動時，另一個因素會以更大的幅度變動。企業的固定經營成本與固定債務利息、固定優先股股利就能起到這樣一種加乘的作用，分別稱之為經營槓桿和財務槓桿作用，二者共同的作用稱為綜合槓桿作用。槓桿作用既能為企業帶來加乘的收益，也可能給企業帶來加乘的風險。因此槓桿效應是財務管理中風險與收益的具體運用，也是籌資決策的重要內容。

一、成本習性、邊際貢獻、息稅前利潤

（一）成本習性

1. 成本習性及其分類

成本習性是指成本總額與業務量之間在數量上的依存關係。成本按習性分類，通常可分為：固定成本、變動成本、混合成本三類。

（1）固定成本。固定成本是指其總額在一定時期和一定業務量範圍內不隨業務量發生任何變動的那部分成本。固定成本還可進一步區分為約束性固定成本和酌量性固定成本兩類。

約束性固定成本屬於企業「經營能力」成本，是企業為維持一定的業務量所必須負擔的最低成本。機器設備的折舊、維修費用、保險費以及主要管理人員的薪金等都屬於典型的約束性固定成本項目。

酌量性固定成本屬於企業「經營方針」成本，是企業根據經營方針確定的一定時期（通常為一年）的成本。研發費用、廣告宣傳費用都屬於典型的酌量性固定成本項目。

（2）變動成本。變動成本是指在一定時期和一定業務量範圍內隨著業務量變動而成正比例變動的那部分成本。直接人工、直接材料都是典型的變動成本項目。

（3）混合成本。有些成本雖然也隨業務量的變動而變動，但不成同比例變動，這類成本稱為混合成本。混合成本包含了固定成本和變動成本兩種因素。如電話費、公用事業服務費、機器的維護費用等基本上都屬於這一類。

2. 總成本習性模型

上述成本雖然分為三大類，但在進行成本習性分析時，首先將成本分成三大類，然後將混合成本分解為固定成本和變動成本，這樣只剩下固定成本和變動成本兩大類。總成本習性數學模型可以用以下公式表示：

$$y=a+bx \tag{7-15}$$

式中：y 為總成本，a 為固定成本，b 為單位變動成本，x 為業務量。

（二）邊際貢獻

邊際貢獻是指營業收入減去變動成本後的差額。邊際貢獻也是一種利潤。

邊際貢獻＝營業收入－變動成本

計算公式：

$$M=S-C=(P-V) \cdot Q=m \cdot Q \tag{7-16}$$

式中：M 為邊際貢獻總額；S 為營業收入總額；C 為變動成本總額；P 為單價；V 為單位變動成本；Q 為業務量；m 為單位邊際貢獻。

（三）息稅前利潤

息稅前利潤是不扣利息和所得稅之前的利潤。

息稅前利潤＝營業收入－變動成本－固定生產經營成本

注意：息稅前利潤公式中成本指企業正常經營當中所發生的成本和費用，不包括非經營活動的費用。如固定成本和變動成本不包括利息。

息稅前利潤＝邊際貢獻－固定成本

計算公式：

$$EBIT=S-C-F=(P-V) \cdot Q-F=M-F \tag{7-17}$$

式中：$EBIT$ 為息稅前利潤；F 為固定成本。

【例 7-13】長江公司生產 A 產品，單價為 10 元，單位變動成本為 4 元，固定成本為 5,000 元，計算當銷售量為 1,000 件時的邊際貢獻與息稅前利潤。

解：當銷售量為 1,000 件時的邊際貢獻為：

$M=(10-4) \times 1,000=6,000$（元）

當銷售量為 1,000 件時的息稅前利潤為：

$EBIT=6,000-5,000=1,000$（元）

二、經營槓桿

（一）經營槓桿的概念

經營槓桿是指企業在生產經營中由於固定成本的存在而引起的息稅前利潤變動幅度大於銷售變動幅度的槓桿效應。

【例7-14】長江公司生產 A 產品，基期產銷量為 10 萬件，單價 10 元，單位變動成本 6 元，固定成本總額 20 萬元。利息費用 10 萬元，所得稅稅率 25%，該企業普通股股數為 10 萬股。計劃下年產銷量提高 10%，增加到 11 萬件，其他因素不變。要求計算該企業基期息稅前利潤、計劃期息稅前利潤、息稅前利潤變動率。

解：基期息稅前利潤：

100,000×（10-6）-200,000=200,000（元）

計劃期息稅前利潤：

110,000×（10-6）-200,000=240,000（元）

息稅前利潤變動率＝（240,000-200,000）/200,000=20%

由以上計算可以看出，銷售增加 10%，而息稅前利潤卻增加了 20%，這種現象稱為經營槓桿。

(二) 經營槓桿系數

對經營槓桿進行計量的最常用指標是經營槓桿系數。經營槓桿系數是企業息稅前利潤變動率與銷售變動率之間的比率。其基本公式為：

$$DQL=\frac{息稅前利潤變動率}{產銷業務量變動率}=\frac{\Delta EBIT/EBIT}{\Delta Q/Q}=\frac{\Delta EBIT/EBIT}{\Delta S/S} \quad (7-18)$$

式中：DOL 為經營槓桿系數；EBIT 為息稅前利潤；ΔEBIT 為息稅前利潤變動額；Q 為產銷業務量；ΔQ 為產銷業務量變動額；S 為營業收入；ΔS 為營業收入變動額。

當企業只生產並銷售一種產品且前後兩個期間的產品銷售單價、單位產品的變動成本以及固定成本不變，為了便於計算，可將上述基本公式簡化為：

∵ S＝QP

ΔS＝ΔQP

EBIT＝Q（P-V）-F

ΔEBIT＝ΔQ（P-V）

$$\therefore DOL=\frac{\Delta EBIT/EBIT}{\Delta S/S}=\frac{\Delta Q(P-V)/Q(P-V)}{\Delta QP/QP}=\frac{Q(P-V)}{Q(P-V)-F}=\frac{S-C}{S-C-F} \quad (7-19)$$

式中：F 指固定成本；S 指營業收入總額；C 指變動成本總額；P 指單價；V 指單位變動成本；Q 指業務量。

由推導過程可知：公式中的 Q、P、V、F、S、C 都是基期數據，即變化之前的數據。因此，利用這個公式可以在基期結束之後就測算出第二年的經營槓桿系數，而不必等到第二年結束，這能讓企業提早得知第二年經營槓桿作用的程度，便於採取相應的對策。

【例7-15】依【例7-14】的資料，要求計算該企業計劃期經營槓桿系數以及息稅前利潤變動率，用簡化公式可得：

$$DOL_2=\frac{Q_1(P-V)}{Q_{m1}(P-V)-F}=\frac{100,000(10-6)}{100,000(10-6)-200,000}=2$$

$$DOL=\frac{\Delta EBIT/EBIT}{\Delta Q/Q}$$

$$\frac{\Delta \text{EBIT}}{\text{EBIT}} = \text{DOL} \times \frac{\Delta Q}{Q} = 2 \times 10\% = 20\%$$

（三）影響經營槓桿的因素

企業的經營槓桿系數越高，經營槓桿利益和經營槓桿風險就越大，利潤變動就越激烈。因此，企業應在利益和風險之間適當權衡，確定合理的經營槓桿系數。企業要調節經營槓桿，必須瞭解影響經營槓桿的因素。由以上計算公式可知，影響經營槓桿系數的基本因素有產品銷售數量、產品銷售單價、單位產品的變動成本和固定成本。下面從純數量關係來考察這四個因素對經營槓桿的影響。

（1）產品銷售數量 Q：其他因素不變時，Q 與 DOL 成反比。
（2）產品銷售單價 P：其他因素不變時，P 與 DOL 成反比。
（3）單位產品的變動經營成本 V：其他因素不變時，V 與 DOL 成正比。
（4）固定經營成本總額 F：在其他因素不變時，F 與 DOL 成正比。

（四）經營槓桿與經營風險

所謂經營風險是指由於企業經營上的原因給投資收益（EBIT）帶來的不確定性。影響企業經營風險的因素很多，主要有以下幾方面：

（1）產品需求。

市場對企業產品的需求越穩定，經營風險就越小；反之，經營風險就越大。

（2）產品售價。

產品售價變動補發，經營風險就較小；否則經營風險則增大。

（3）產品成本。

產品成本是收入的抵減項目，成本不穩定，會導致利潤不穩定，因此產品成本變動大的經營風險就比較大；反之經營風險較小。

（4）調整價格的能力。

當產品成本變動時，企業若具有較強的價格調整能力，則經營風險較小；反之經營風險較大。

（5）固定成本的比重。

在企業全部成本中，固定成本所占比重較大時，單位產品分攤的固定成本就多，若產品量發生變動，單位產品分攤的固定成本會隨之而變動，最後導致利潤更大幅度的變動，經營風險就比較大；反之，經營風險就小。

因此，固定成本的比重只是影響經營風險的一個因素。其風險傳導過程表現為：銷售業務量增加時，息稅前利潤將以 DOL 倍數的幅度增加，而銷售業務量減少時，息稅前利潤又將以 DOL 倍數的幅度減少。可見經營槓桿系數越高，利潤變動越激烈。於是，企業經營風險的大小和經營槓桿有重要關係。一般而言，在其他因素不變的情況下，固定成本越高，經營槓桿系數越大，經營風險越大。

DOL 隨固定成本的變化呈同方向變化，即在其他因素一定的情況下，固定成本越高，DOL 越大，此時企業經營風險也越大；如果固定成本為零，則 DOL 等於 1，此時沒有槓桿作用，但並不意味著企業沒有經營風險。

三、財務槓桿

（一）財務槓桿的概念

財務槓桿是由於固定財務費用（債務利息和優先股股利）的存在而引起普通股每股收益變動幅度超過息稅前利潤變動幅度的槓桿效應。

【例7-16】依【例7-14】的資料，在銷售增加10%，息稅前利潤提高20%的情況下，其淨收益增長幅度可計算如下：

基期每股收益

= [（200,000-100,000）×（1-25%）] /100,000＝0.75（元）

計劃期每股收益

= [（240,000-100,000）×（1-25%）] /100,000＝1.05（元）

每股收益增長率＝（1.05-0.75）/0.75＝40%

（二）財務槓桿系數

衡量財務槓桿作用的指標是財務槓桿系數。財務槓桿系數是指普通股每股收益的變動率相當於息稅前利潤變動率的倍數。其基本公式為：

$$\text{DFL} = \frac{\text{每股收益變動率}}{\text{息稅前利潤變動率}} = \frac{\Delta \text{EPS}/\text{EPS}}{\Delta \text{EBIT}/\text{EBIT}} \tag{7-20}$$

式中：DFL 為財務槓桿系數；EPS 為每股收益；ΔEPS 為每股收益變動額；EBIT 為息稅前利潤；ΔEBIT 為息稅前利潤變動額。

只要前後兩期的債務利息、優先股股利和所得稅率不變，為了便於計算，可將上述基本公式作如下簡化。

$$\because \text{EPS} = \frac{(\text{EBIT}-\text{I})(1-\text{T})-\text{D}}{\text{N}}$$

$$\Delta \text{EPS} = \frac{\Delta \text{EBIT}(1-\text{T})}{\text{N}}$$

$$\therefore \text{DFL} = \frac{\Delta \text{EPS}/\text{EPS}}{\Delta \text{EBIT}/\text{EBIT}}$$

$$= \frac{\dfrac{\Delta \text{EBIT}(1-\text{T})}{\text{N}} \bigg/ \dfrac{(\text{EBIT}-\text{I})(1-\text{T})-\text{D}}{\text{N}}}{\Delta \text{EBIT}/\text{EBIT}}$$

$$= \frac{\text{EBIT}}{\text{EBIT}-\text{I}-\text{D}/(1-\text{T})} \tag{7-21}$$

式中：I 為債務利息；T 為公式所得稅稅率；D 為優先股股利；N 為發行在外的普通股股數。

由推導過程可知：公式中的 EBIT、I、D、T 都是基期數據，即變化之前的數據。因此，利用這個公式可以在基期結束之後就測算出第二年的財務槓桿系數，而不必等到第二年結束，這能讓企業提早得知第二年財務槓桿作用的程度，便於採取相應的

對策。

【例7-17】依【例7-14】的資料，在銷售增加10%，息稅前利潤提高20%的情況下，其計劃期的財務槓桿系數以及淨收益增長幅度可用簡化公式計算如下：

基期 EBIT＝100,000×（10-6）-200,000＝200,000 元

$$DFL_2 = \frac{EBIT_1}{EBIT_1 - I - \frac{D}{1-T}} = \frac{200,000}{200,000 - 100,000 - 0} = 2$$

每股收益增長率＝DFL×息稅前利潤變動率＝2×20%＝40%

(三) 影響財務槓桿的因素

企業的財務槓桿系數越高，財務槓桿利益和財務槓桿風險就越大。企業應在利益和風險之間適當權衡，確定合理的財務槓桿系數。企業要調節財務槓桿，必須瞭解影響財務槓桿的因素。由以上計算公式可知，影響財務槓桿系數的基本因素有息稅前利潤、債務利息、優先股股利和所得稅率，而影響債務利息的因素有長期資金規模、債務資金比例和債務利率，因此影響財務槓桿的主要因素包括息稅前利潤、長期資金規模、債務資金比例、債務利率、優先股股利以及所得稅稅率。下面從純數量關係來考察這六個因素對財務槓桿的影響。

(1) 息稅前利潤 EBIT：在其他因素不變的情況下，與 DFL 成反比。

(2) 長期資金規模：長期資金規模作為影響債務利息的因素，在其他因素不變的情況下，其大小與 DFL 成正比。

(3) 債務資金比例：實質影響債務利息 I 的大小，與 DFL 成正比。

(4) 債務利率：實質影響債務利息 I 的大小，與 DFL 成正比。

(5) 優先股股利 D：與 DFL 成正比。

(6) 所得稅稅率 T：與 DFL 成正比。如某些高新技術企業的稅率為15%，一般企業為25%。

(四) 財務槓桿與財務風險

所謂財務風險（又稱融資風險或籌資風險）是指企業為取得財務槓桿利益而利用負債資金時，增加了破產機會或普通股利潤大幅度變動的機會所帶來的風險。這些風險應由普通股股東承擔，它是財務槓桿作用的結果。

影響財務風險的因素主要有：資本供求變化；利率水平的變化；獲利能力的變化；資本結構的變化，即財務槓桿的利用程度，其中，財務槓桿對財務風險的影響最為綜合。

一般而言，在其他因素不變的情況下，固定財務費用越高，財務槓桿系數越大，財務風險越大。

四、綜合槓桿

(一) 綜合槓桿的概念

綜合槓桿是由於固定生產經營成本和固定財務費用的共同存在而導致的每股利潤變動大於產銷量變動的槓桿效應，也可稱為複合槓桿、聯合槓桿和總槓桿。

綜合槓桿作用的意義在於：①能夠估計出銷售變動對每股收益造成的影響。②揭示了經營槓桿與財務槓桿之間的相互關係，即為了達到某一總槓桿系數，經營槓桿和財務槓桿可以有多種不同的組合。經營槓桿度較高的企業可以在較低程度上使用財務槓桿；經營槓桿度較低的企業可以選擇較高的財務槓桿。

(二) 綜合槓桿系數

對綜合槓桿進行計量的最常用指標是綜合槓桿系數。綜合槓桿系數，是經營槓桿系數和財務槓桿系數的乘積，反應了企業每股利潤變動率相對於業務量變動率的倍數。其基本公式為：

$$DCL = DOL \times DFL = \frac{\Delta EPS/EPS}{\Delta Q/Q} = \frac{\Delta EPS/EPS}{\Delta S/S} \quad (7-22)$$

另外，當前後兩年的 P、V、F 和 I、D、T 不變時，根據經營槓桿系數的變換公式和財務槓桿系數的變換公式可推導出綜合槓桿系數的變換公式：

$$\because DCL = DOL \times DFL = \frac{S-C}{S-C-F} \times \frac{EBIT}{EBIT-I-D/(1-T)}$$

$$EBIT = S-C-F$$

$$\therefore DCL = \frac{S-C}{EBIT-I-D/(1-T)}$$

$$= \frac{S-C}{S-C-F-I-D/(1-T)}$$

$$= \frac{Q(P-V)}{Q(P-V)-F-I-D/(1-T)} \quad (7-23)$$

與經營槓桿系數和財務槓桿系數的變換公式類似，綜合槓桿系數的變換公式中所用的數據均為基期數據。

一般來說，公司的總槓桿系數越大，每股收益隨銷售量增長而擴張的能力就越強，但風險也隨之越大。公司的風險越大，債權人和投資者要求的貸款利率和預期的投資報酬率就越高。

【例7-18】長江公司只生產和銷售 A 產品，其總成本習性模型為 y = 20,000+4x。假定該企業 2014 年度 A 產品銷售量為 50,000 件，每件售價為 6 元；按市場預測 2015 年 A 產品的銷售數量將增長 20%。

要求：

(1) 計算 2014 年該企業的邊際貢獻總額。

(2) 計算 2014 年該企業的息稅前利潤。

（3）計算 2015 年的經營槓桿系數。
（4）計算 2015 年息稅前利潤增長率。
（5）假定企業 2014 年發生負債利息為 30,000 元，優先股股息為 7,500 元，所得稅率為 25%，計算 2015 年的總槓桿系數。

解：
（1）2014 年該企業的邊際貢獻總額為：
50,000×（6-4）=100,000（元）
（2）2014 年該企業的息稅前利潤為：
50,000×（6-4）-20,000=80,000（元）
（3）2015 年 DOL=邊際貢獻÷息稅前利潤=100,000÷80,000=1.25
（4）2015 年息稅前利潤增長率=經營槓桿系數×產銷量增長率=1.25×20%=25%
（5）2015 年 DCL 為：
DFL=80,000÷［80,000-30,000-7,500/（1-25%）］=2
DCL=DOL×DFL=1.25×2=2.5

思考題

1. 何謂資本成本？怎樣理解資本成本在財務管理中的作用？
2. 計算個別資本成本時，是否應考慮所得稅的影響？所得稅會對哪些資本的成本造成影響？
3. 簡述經營槓桿的基本原理。
4. 簡述財務槓桿的基本原理。
5. 簡要說明綜合槓桿的含義和作用。
6. 試述債務資本在資本結構中的作用。
7. 你如何理解最佳資本結構？

練習題

1. A 企業計劃籌集資金 100 萬元，所得稅稅率 25%。有關資料如下：
（1）向銀行借款 10 萬元，借款年利率 7%，手續費 2%。
（2）按溢價發行債券，債券面值 14 萬元，溢價發行價格為 15 萬元，票面利率 9%，期限為 5 年，每年支付一次利息，其籌資費率為 3%。
（3）發行優先股 25 萬元，預計年股利率為 12%，籌資費率為 4%。
（4）發行普通股 40 萬元，每股發行價格 10 元，籌資費率為 6%。預計第一年每股股利 1.2 元，以後每年按 8%遞增。
（5）其餘所需資金通過留存收益取得。
要求：（1）計算個別資本成本。
（2）計算該企業綜合資本成本。

2. 某投資項目資金來源情況如下：銀行借款 300 萬元，年利率為 4%，手續費為 4 萬元。發行債券 500 萬元，面值 100 元，發行價為 102 元，年利率為 6%，發行手續費率為 2%。優先股 200 萬元，年股利率為 10%，發行手續費率為 4%。普通股 600 萬元，每股面值 10 元，每股市價 15 元，每股股利為 2.40 元，以後每年增長 5%，手續費率為 4%。留用利潤 400 萬元。預計該投資項目的內含報酬率為 12.4%，企業所得稅率為 25%。企業是否應該籌措資金投資該項目？

3. 已知某公司當前資金結構如下表：

表 7-7　　　　　　　　　　　　　資金結構表

籌資方式	金額（萬元）
長期債券（年利率 8%）	2,000
普通股（5,000 萬股）	5,000
留存收益	1,000
合計	8,000

該公司因生產發展需要，準備增加資金 3,000 萬元，現有兩個籌資方案可供選擇：甲方案為增加發行 1,000 萬股普通股，每股市價 3 元；乙方案為按面值發行每年年末付息、票面利率為 10% 的公司債券 3,000 萬元。假定股票與債券的發行費用均可忽略不計；適用的企業所得稅稅率為 25%。要求：

（1）計算兩種籌資方案下每股收益無差別點。
（2）如果公司預計息稅前利潤為 1,500 萬元，指出該公司應採用的籌資方案。
（3）如果公司預計息稅前利潤為 2,100 萬元，指出該公司應採用的籌資方案。

4. 某企業年初長期資本 2,200 萬元，其中：長期債券（年利率 9%）800 萬元；優先股（年股息率 8%）400 萬元；普通股 1,000 萬元（每股面額 10 萬）。預計當年期望股息為 1.20 元，以後每年股息增加 4%。假定企業的所得稅稅率為 25%，發行各種證券均無籌資費。

該企業現擬增資 800 萬元，有以下兩個方案可供選擇：

甲方案：發行長期債券 800 萬元，年利率為 10%。普通股股息增加到每股 1.40 元，以後每年還可增加 5%。因風險增加，普通股市價將跌到每股 8 元。

乙方案：發行長期債券 400 萬元，年利率 10%。另發行普通股 400 萬元，普通股股息增加到每股 1.40 元，以後每年還可增加 5%。因經營狀況好，普通股市價將升到每股 14 元。

通過計算，在兩種方案中選擇較優方案。

5. 長江公司年銷售額 100 萬元，變動成本率 70%，全部固定成本 20 萬元，總資產 50 萬元，資產負債率 40%，負債平均成本 8%，假設所得稅率為 40%。分別計算該企業的經營槓桿度、財務槓桿度和聯合槓桿度。

6. 長江公司只生產和銷售一種產品，其單位變動成本為 2 元，固定成本為 20,000 元。假定該企業 2014 年度產品銷售量為 10,000 件，每件售價為 8 元；按市場預測

2015年產品的銷售數量將增長10%。

要求：
(1) 計算2014年該企業的息稅前利潤。
(2) 計算2015年的DOL。
(3) 計算2015年息稅前利潤增長率。
(4) 假定企業2014年發生負債利息20,000元，且無優先股股息，計算2015的DCL。

案例分析

案例一：日本企業經營和財務管理的特點

索尼、本田、富士、日立以及三菱公司的共同點是什麼？它們的共同點不僅僅體現在都是日本企業，而且從經營和財務管理的角度看，它們也都有其共同點。

採用高新技術來替代較高昂的人工，日本企業在這一方面是全世界的領先者。它們以自動化工廠、激光技術、機器人技術、記憶芯片、數字處理等聞名於世。另外，日本的通商產業省和科學技術廳，通過政府資助和共同研究的方式鼓勵企業進行新技術投資。

為了不斷地利用技術帶來的好處，日本企業的固定支出一般都很高。顯然，即使企業的經營發展速度有所減緩，初始支出成本高的技術也不容易「退出」。還有，與開發和操作新技術有關的必要人工成本也已經有某種程度的固定性。不像美國，日本企業通常不解雇員工，很多日本企業的員工都視他們的工作是雇主對其一生的承諾。

日本企業在財務結構上表現在其負債權益比率一般比美國同類企業高2~3倍。造成這種現象的原因是日本的銀行和企業間的關係密切，使得企業很容易獲得信用。它們可能是相同卡特爾下的成員，或者銀行和企業裡有連鎖董事（同時在兩個企業擔任董事）。在這樣的制度安排下，銀行一般願意對企業提供較多的貸款，如果信用出現問題，則共擔風險。而在美國則相反，像花旗銀行和美洲銀行這樣的主要金融機構，在貸款協議中有很多限制性條款和規定，一旦企業有了出現信用危機的跡象，就立即收回貸款。以上所述當然不是說日本企業沒有不良貸款。事實上，在2000年，日本銀行帳面上就存在大量的不良貸款。

日本企業的這些經營和財務的共同點造就了它們強勁的競爭力，也同時給它們帶來了較大風險。

討論：
1. 從槓桿原理的角度分析日本企業的共同點。
2. 闡述這種共同點為什麼既造就了日本企業很強的競爭力，又同時給它們帶來了較大風險。

案例二：大宇資本結構的神話

韓國第二大企業集團大宇集團1999年11月1日向新聞界正式宣布，該集團董事長金宇中以及14名下屬公司的總經理決定辭職，以表示「對大宇的債務危機負責，並為推行結構調整創造條件」。韓國媒體認為，這意味著大宇集團解體進程已經完成、大宇集團已經消失。

大宇集團於1967年開始奠基立廠，其創辦人金宇中當時是一名紡織品推銷員。經過30年的發展，通過政府的政策支持、銀行的信貸支持和在海內外的大力購並，大宇成為直逼韓國最大企業——現代集團的龐大商業帝國：1998年年底，總資產高達640億美元，營業額占韓國GDP的5%；業務涉及貿易、汽車、電子、通用設備、重型機械、化纖、造船等眾多行業；國內所屬企業曾多達41家，海外公司數量創下過600家的記錄，鼎盛時期，海外雇員多達幾十萬，「大宇」成為國際知名品牌。大宇是「章魚足式」擴張模式的積極推行者，認為企業規模越大，就越能立於不敗之地。據報導，1993年金宇中提出世界化經營戰略時，大宇在海外的企業只有15家，而到1998年年底已增至600多家，等於每3天增加一個企業。還有更讓韓國人為大宇著迷的是：在韓國陷入金融危機的1997年，大宇不僅沒有被危機困倒，反而在國內的集團排名中由第四位上升到第二位，金宇中本人也被美國《幸福》雜誌評為「亞洲風雲人物」。

1997年底韓國發生金融危機後，其他企業集團都開始收縮，但大宇仍然我行我素，結果債務越背越重。尤其是1998年年初，韓國政府提出「五大企業集團進行自律結構調整」方針後，其他集團把結構調整的重點放在改善財務結構方面，努力減輕債務負擔。大宇卻認為，只要提高開工率，增加銷售額和出口就能躲過這場危機。因此，它繼續大量發行債券，進行借貸式經營。1998年大宇發行的公司債券達7萬億韓元（約58.33億美元）。1998年第四季度，大宇的債務危機已初露端倪，在各方援助下才避過債務災難。此後，在嚴峻的債務壓力下，大夢方醒的大宇雖做出了種種努力，但為時已晚。1999年7月中旬，大宇向韓國政府發出求救信號；7月27日，大宇因延遲重組，被韓國4家債權銀行接管；8月11日，大宇在壓力下屈服，割價出售兩家財務出現問題的公司；8月16日，大宇與債權人達成協議，在1999年年底前，將出售盈利最佳的大宇證券公司，以及大宇電器、大宇造船、大宇建築公司等，大宇的汽車項目資產免遭處理。「8月16日協議」的達成，表明大宇已處於破產清算前夕，遭遇「存」或「亡」的險境。

由於在此後的幾個月中，經營依然不善，資產負債率仍然居高，大宇最終不得不走向本文開頭所述的那一幕。大宇集團為什麼會倒下？在其轟然坍塌的背後，存在的問題固然是多方面的，但不可否認有財務槓桿的消極作用在作怪。大宇集團在政府政策和銀行信貸的支持下，走上了一條「舉債經營」之路，企圖通過大規模舉債，達到大規模擴張的目的，最後實現市場佔有率至上的目標。1997年亞洲金融危機爆發後，大宇集團已經顯現出經營上的困難，其銷售額和利潤均不能達到預期目的，而與此同時，債權金融機構又開始收回短期貸款，政府也無力再給它更多支持。正由於經營上的不善，加上資金週轉上的困難，韓國政府於7月26日下令債權銀行接手對大宇集團進行

結構調整，以加快這個負債累累的集團的解散速度。由此可見，大宇集團的舉債經營所產生的財務槓桿效應是消極的，不僅難以提高企業的盈利能力，反而因巨大的償付壓力使企業陷入難以自拔的財務困境。從根本上說，大宇集團的解散，是其財務槓桿消極作用影響的結果。

（資料來源：MBA智庫文檔）

要求：

1. 試對財務槓桿進行界定，並對「財務槓桿效應是一把『雙刃劍』」這句話進行評述。

2. 取得財務槓桿利益的前提條件是什麼？

3. 何為最優資本結構？其衡量的標準是什麼？

4. 中國資本市場上大批ST、PT上市公司以及大批靠國家政策和信貸支持發展起來而又債務累累的企業，從「大宇神話」中應吸取哪些教訓？

第八章　營運資金管理

引例

昆明機床欠 2,000 萬貨款被訴

昆明機床 2015 年 8 月 5 日發布的公告稱，公司收到法院民事傳票，要求昆明機床立即向玉溪敦煌鑄造原料有限責任公司（敦煌鑄造）支付貨款及利息，共計逾 1,989 萬元。

昆明機床是國內裝備行業唯一在境內、外上市的 A+H 股上市公司，其主導產品鏜床國內規模居第二。但正是這樣一家行業龍頭，卻因拖欠貨款被供應商訴至法院。新京報記者查閱沈陽機床（000410）今年一季度報及 2014 年年報發現，因機床行業整體不景氣，為減少庫存，昆明機床減少預收帳款比例，以應收帳款方式銷售，導致銷售回款不足，大量資金被擠占，現金嚴重缺乏，資金週轉困難。昆明機床 2015 年一季度報顯示，公司持有貨幣現金餘額僅約 1.48 億，較 2014 年末的 1.63 億繼續減少。與此相反的是，一季度末昆明機床手握 6.35 億的應收帳款，應收帳款較年初餘額增加了 7,000 餘萬。昆明機床在一季度報中解釋，應收帳款增加是因為公司針對當前嚴峻的市場形勢，調整營銷策略，擴大客戶信用範圍和條件，降低預收款比例，使得應收帳款有所上升。

這種銷售策略的調整，並未使昆明機床產品銷量明顯增加。截至一季度末，昆明機床庫存為 9.37 億，較年初餘額 8.97 億還增加了 4,000 餘萬。昆明機床在一季度報中解釋，客戶延期提貨或暫不提貨，導致機床產品出現積壓，庫存占用資金加大，影響了再投入生產及運轉。應收帳款增加，庫存週轉緩慢，存貨占用資金增加，兩頭擠壓下，一季度末昆明機床經營性現金淨流量為 -4,379.43 萬，上年同期則為 3,574.67 萬，同比下降了 222.51%。

昆明機床的困境屬於典型的營運資金管理不善問題，營運資金管理是對企業流動資產和流動負債的管理。一個企業要維持正常的運轉就必須擁有適量的營運資金。

（資料來源：李春平. 昆明機床欠 2,000 萬貨款被訴 [J]. 新京報，2015-08-06）

學習目標：

1. 理解營運資金管理的有關概念。
2. 掌握流動資產投資管理方法。
3. 掌握流動負債管理方法。

第一節　營運資金管理概述

一、營運資金的概念

營運資金在概念上有廣義和狹義之分。廣義的營運資金也叫總營運資金（Gross Working Capital），是指企業流動資產的總額，即企業在流動資產上的總投資。狹義的營運資金也叫淨營運資金（Net Working Capital），是指企業流動資產減去流動負債後的差額，一般用來衡量企業流動性風險問題，本章研究的即狹義的營運資金。用公式表示為：營運資金＝流動資產總額－流動負債總額。因此營運資金管理的內容既包括流動資產管理（短期投資問題），也包括流動負債管理（短期籌資問題）。

二、營運資金管理目標

有效的營運資金管理對於提升企業的盈利能力，降低企業的風險具有十分重要的意義。一般而言，營運資金占企業全部資產的比例超過50％，並在企業內部頻繁地流動和運轉，財務經理的大部分時間被用於日常的營運資金管理，而不是長期決策。對營運資金進行有效的管理，首先必須要明確營運資金管理的目標。營運資金管理的目標主要包括充分流動性、最小風險性和收益最大化三個方面。

（1）充分流動性，正如前面章節提到的流動比率指標，保持充分的流動性、較強的短期償債能力，對於企業的生產經營具有非常重要的意義。流動性缺乏，輕則短期償債困難，影響企業正常的生產經營，重則導致企業破產清算。

（2）最小風險性，在財務管理活動中，風險無處不在，尤其是投資和融資環節。一般而言，持有大量的流動資產可以降低企業的風險，因為流動資產可以迅速轉換為現金，以償還企業到期負債，而長期資產變現能力則比較差。另一方面，流動負債比長期負債風險大，這是因為，其一，企業所用資金的到期日越短，其不能償還本金和利息的風險就越大。其二，短期資金償還次數多，發生到期不能支付的可能性也加大。總之，財務管理人員要注意對營運資金的風險管理，企業的淨營運資金越多，意味著流動資產與流動負債之間的差額越大，則無力償還的可能性越小，也即風險越小；反之，風險越大。

（3）收益最大化，營運資金管理與其他財務活動一樣，其目標都是企業價值最大化，幫助企業獲得更多的收益。一般而言，流動資產的收益性會低於長期資產，流動負債的資金成本會低於長期負債。淨營運資金越多，意味著企業把更大份額的成本較高的長期負債運用到盈利能力較低的流動資產上，從而大大降低企業的盈利能力。

綜上所述，流動性、風險性以及收益性三者之間的關係是：流動性強的資產風險小、收益低；流動性強的負債成本低、收益高、風險大。三者之間存在一定的矛盾。因此，有效的營運資金管理，就是要保持一定的流動性，通過合理安排營運資金結構，在企業風險承受範圍以內，實現更多的盈利。

三、營運資金管理模式

營運資金管理模式包括流動資產投資策略與流動資產籌資策略。

(一) 流動資產投資策略

流動資產投資策略，是指如何確定流動資產投資的相對規模，也即流動資產與長期資產的投資結構問題。

企業的流動資產的數量按其功能可以分為兩部分：

(1) 正常需要量。是指為滿足正常的生產經營需要而占用的流動資產。

(2) 保險儲備量。是指為應付意外情況的發生，在正常需要量以外而儲備的流動資產。

對於保險儲備量大小的選擇，決定了企業的流動資產投資策略。

1. 保守型流動資產投資策略

保守型流動資產投資策略就是企業在安排流動資產數量時，在正常生產經營需要量和正常保險儲備量的基礎上，再加上一部分額外的儲備量，以便降低企業的風險。在這一策略下，企業持有的流動資產占總資產的比例相當大。由於流動資產的風險與收益均低於長期資產，因此，企業採用這一策略就意味著收益較低，但風險也較小。

2. 激進型流動資產投資策略

激進型流動資產投資策略就是企業在安排流動資產數量時，只安排正常生產經營需要量而不安排或少安排保險儲備量，以便提高企業的收益率。在這一策略下，企業持有的流動資產占總資產的比例相對較少。企業採用這一策略就意味著收益較高，但風險也較大。

3. 適中型流動資產投資策略

適中型流動資產投資策略就是在保證正常需要的情況下，適當地留有一定的保險儲備，以防不測。採用這種策略，企業的收益一般，風險也一般，正常情況下企業都採取這種策略。

三種流動資產投資策略如表 8-1 所示。

表 8-1　　　　　　　　　　企業流動資產投資策略

不同流動資產投資策略	保守策略	適中策略	激進策略
收益性	低	一般	高
風險性	低	一般	高
資產組成	正常需要量 基本保險儲備 額外儲備 長期資產	正常需要量 基本保險儲備 長期資產	正常需要量 長期資產

綜上，流動資產投資策略的選擇，實則是風險與收益的均衡問題，不存在風險低同時收益高的投資策略，企業應根據自身的經營狀況，結合自身的風險承受能力，選

擇最有利於企業的流動資產投資策略。

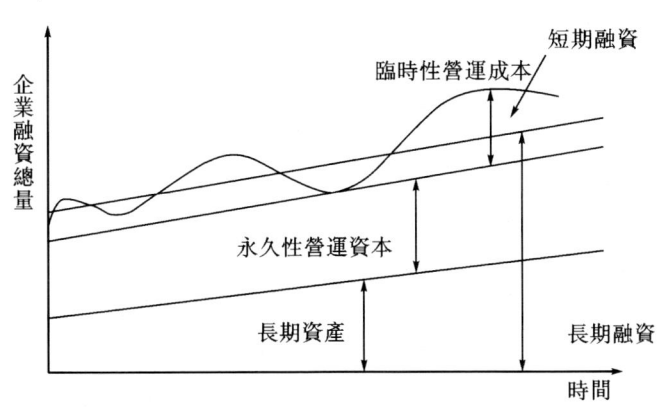

(二) 流動資產籌資策略

　　流動資產籌資策略，是指在總體上如何為流動資產籌資，採用短期資金來源還是長期資金來源，或者兼而有之。制定流動資產籌資策略，就是確定流動資產所需資金中短期來源和長期來源的比例。流動資產投資策略，決定了投資的總量與結構，流動資產籌資策略，主要是決定籌資的來源結構。

　　流動資產按照投資需求的時間長短分為兩部分：臨時性流動資產與永久性流動資產。臨時性流動資產是指受季節性或週期性影響的流動資產，如季節性存貨、銷售旺季的應收帳款等；永久性流動資產是指為了滿足企業長期穩定的資金需要，即使處於經營淡季也必須保留的流動資產。

　　與流動資產的投資策略相對應，流動資產的籌資策略也包括保守型、激進型和適中型流動資產籌資策略。

　　1. 保守型流動資產籌資策略

　　保守型流動資產籌資策略特點是：長期融資既滿足永久性流動資產和固定資產的資金需求，還要滿足一部分臨時性流動資產的資金需求。如圖 8-1 所示，在資金需求淡季，通過長期融資獲得的資金，除了滿足永久性流動資產和固定資產的資金需求以外還有剩餘；在資金需求旺季，長期融資不能完全滿足臨時性流動資產的資金需求，這部分資金缺口可以通過短期融資的方式來滿足。

　　在保守型流動資產籌資策略下，企業大部分的流動資產都是通過長期融資的方式籌集，可以降低企業的財務風險，但是，資金需求淡季閒置的資金仍然要負擔成本，以及長期資金融資成本高於短期融資，使得企業融資成本較高。一般而言，中小企業由於融資渠道窄，更多地採用這種風險性和收益性都較低的流動資產籌資策略。

圖 8-1　保守型流動資產籌資策略

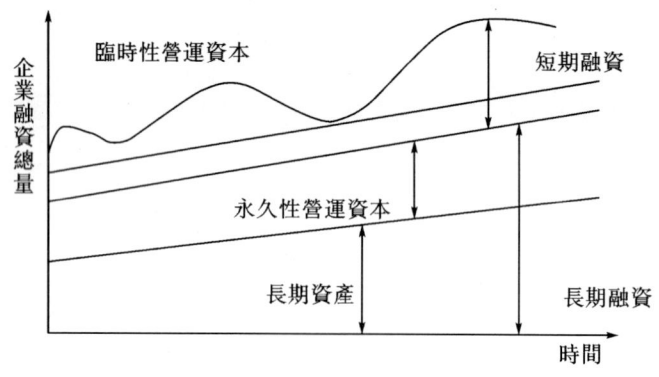

2. 適中型流動資產籌資策略

適中型流動資產籌資策略也叫配合型流動資產籌資策略，其特點是：對於臨時性流動資產，應用短期資金滿足其資金需求；對於永久性流動資產和固定資產，則用長期資金來滿足其資金需求。如圖 8-2 所示，在資金需求旺季，企業所需的資金缺口可以由短期融資予以保障，而在在資金需求淡季，則不考慮短期融資。這種融資的優點是可以減少閒置資金，與保守的流動資產籌資策略比較成本更低收益更高，缺點是要求企業能很好地預測其流動資產的波動，一旦失誤可能導致短期償付困難，總之這是一種理想化的融資模式，在現實中難以實現。

圖 8-2　適中型流動資產籌資策略

3. 激進型流動資產籌資策略

與保守型流動資產籌資策略相反，激進型流動資產籌資策略要求短期融資不但要融通全部臨時性流動資產的資金需要，而且還要解決部分永久性流動資產的資金需求。如圖 8-3 所示。

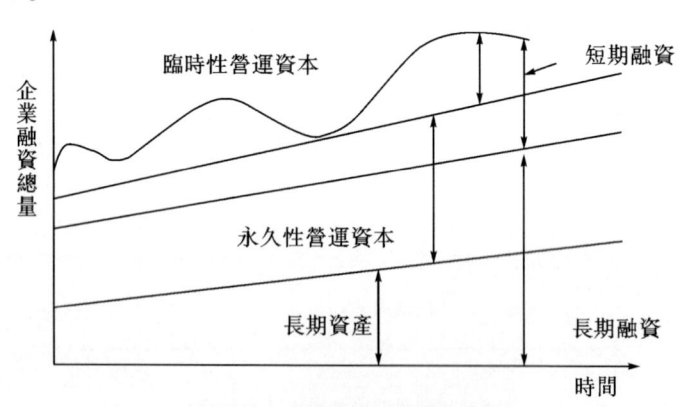

圖 8-3　激進型流動資產籌資策略

在激進型流動資產籌資策略下，一方面，短期資金所占比重較大，由於短期資金成本低於長期資金，所以該籌資策略下的成本較低，收益較高；另一方面，短期資金籌資風險高於長期資金，因此，該策略是一種風險性與收益性均較高的籌資策略。

第二節　流動資產投資管理

一、現金管理

現金，是指可以立即投入流動的交換媒介，包括庫存現金、各種形式的銀行存款、銀行本票、銀行匯票。現金是流動性最強的資產。現金管理的過程就是在現金流動性與收益性之間進行權衡的過程。

(一) 企業持有現金的動機

企業持有現金的動機，主要是滿足交易性需要、預防性需要和投機性需要。

交易性需要是指企業滿足日常業務的現金支付需要，包括支付貨款、支付工資、償還債務、繳納稅款等。企業每天的現金流入與現金流出經常不一致。保留適當的現金餘額，才能維持企業正常的營運。

預防性需要是指企業為了應付意外發生的現金需要。企業要面對各種風險，現金的收支與企業的現金預算往往也會有一定的出入，為了預防突發性的現金需求，企業必須額外持有一定的預防性現金，如自然災害、工人罷工、主要顧客未能及時付款等。

投機性需要是指持有現金以便進行短期性的投資，如原材料價格下降、證券市場上出現好的投資機會等。

(二) 現金管理的目標

現金直接影響到企業資金的流動性，有效的現金管理對企業至關重要。現金是流動性最強的資產，但並不具有盈利性。因此，從收益的角度講，企業應少持有現金，以避免資金閒置機會成本。但是，從風險的角度看，企業應該多持有現金，以避免因現金短缺而帶來的各種風險，保證企業的穩健經營。因此，現金管理的目標實質上是要在資產的盈利性與風險性之間進行權衡，在保證安全性的同時，盡量少持有現金，以提高盈利性。

(三) 最佳現金持有量

現金管理的目標就是要在資產的盈利性與風險性之間進行權衡，以確定合理的現金持有量。在西方財務管理理論中，關於最佳現金持有量有很多模型，這裡只介紹鮑曼模型。

鮑曼模型也叫存貨模式，是由美國經濟學家鮑曼（W. J. Baumol）於1952年提出。鮑曼認為現金最佳持有量與存貨最佳持有量的確定很相似，因此該模型來自於存貨的經濟訂貨批量模型。

由於企業持有現金會帶來一定的成本，最佳現金持有量就是使得企業一定時期內（一般為一年）持有現金的相關總成本達到最低的持有量（如圖8-4所示）。

1. 模型假設與相關成本

該模型有三個假設：

（1）企業未來的現金流量可以準確預測。

（2）現金支出比較穩定，變動較小。

（3）每當現金餘額降為零時，均可以通過有價證券變現取得，而且證券變現不存在不確定性，沒有現金短缺。

相關總成本包括兩個方面：

（1）持有現金的機會成本。它是指企業因持有一定的現金而喪失的再投資收益。如圖8-4所示。其計算公式如下：

年機會成本＝現金平均持有量×有價證券年利率＝（C/2）×K (8-1)

（2）交易成本。它是指出售有價證券以補充現金所需的交易費用。

年交易成本＝（T/C）×F (8-2)

上述公式中：C是現金每次轉換量；K是有價證券年利率；T是每年現金總需求量；F是每次交易費用。

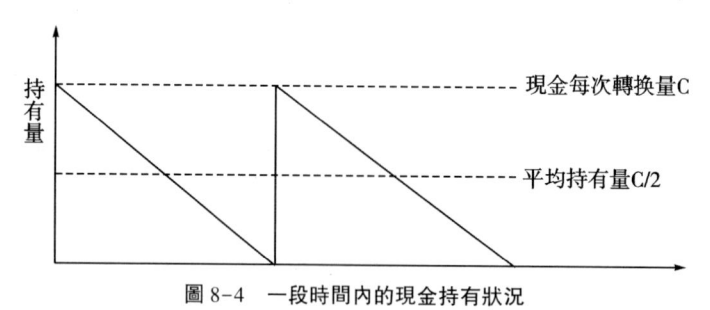

圖8-4 一段時間內的現金持有狀況

綜上，持有現金總成本（TC）的計算公式可以表示為：

$$TC = \frac{C}{2} \times K + \frac{T}{C} \times F \quad (8\text{-}3)$$

2. 最佳現金持有量的確定

上述公式中，如果現金每次轉換量C越小，則持有現金的機會成本就越低，但是轉換次數會增加，因而交易成本會增加；反之，現金每次轉換量C越大，則持有現金的機會成本就越高，但是轉換次數會減少，因而交易成本會降低。所以應當在兩種成本之間進行權衡，以達到總成本最低，使得總成本最低的現金每次轉換量就是最佳的現金持有規模。如圖8-5所示。

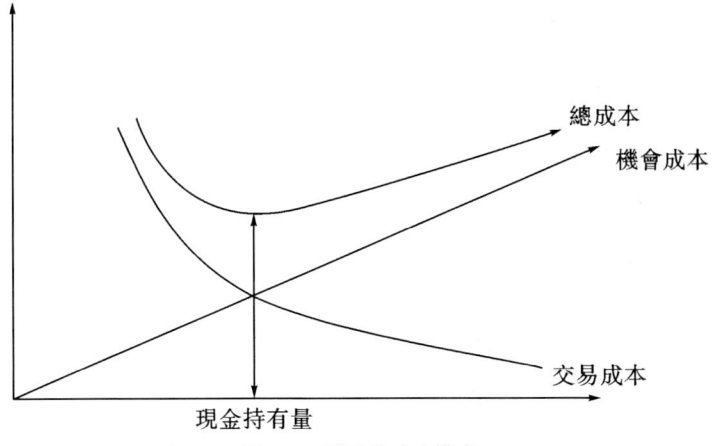

圖 8-5　現金的成本構成

運用求導的方法求 TC 的最小值，令 $d(TC)/d(N) = 0$，則 $k/2 - T \times F/C^2 = 0$

$$C^2 = 2 \times T \times F / K \tag{8-4}$$

因此最佳規模的現金存量：

$$C = \sqrt{\frac{2 \times T \times F}{K}} \tag{8-5}$$

【例 8-1】某企業預計全年現金總需求量為 100 萬元，每次交易費用為 3,000 元，有價證券年利率為 15%。由鮑曼模型，最優現金持有量為：

$$C = \sqrt{\frac{2 \times 100 \times 3,000}{15\%}}$$

$$= 10（萬元）$$

變現次數 = 100 萬 / 10 萬 = 10（次）

二、存貨管理

(一) 存貨管理的目標

存貨是指企業在經營過程中為銷售或耗用而儲備的物資，包括材料、商品、半產品、在產品、低值易耗品等。企業持有存貨的理由主要有以下兩方面：

第一，保證企業生產和銷售的穩定。市場的供求總會出現一定的波動，有時候可能會出現材料短缺或產品短缺，企業生產經營被迫停頓遭受停工損失，或者因無法按時交貨蒙受更大的信用損失。為了減少或避免購產銷過程中的不確定性給企業帶來的損失，企業必須持有一定的存貨。

第二，出於價格因素的考慮。價格因素對於企業存貨影響主要是兩個方面：一是大批量採購可以從供應商處得到更多的折扣優惠；二是適當持有存貨，可以避免未來價格上升的不利影響。

雖然企業持有存貨的理由非常充分，但是，企業存貨並非越多越好。存貨佔用資

金是有成本的，進行存貨管理，就是要盡力在各種存貨成本與存貨效益之間進行權衡，達到最佳效果，這就是存貨管理的目標。

(二) 存貨管理的相關成本

存貨管理主要涉及四項決策：進貨對象以及總量的確定、選擇供應商、決定進貨批量、決定進貨時間。其中，由財務部門決策的是後兩者。按照存貨管理的目標，需要通過合理的進貨批量與進貨時間，使存貨總成本達到最低，這個批量叫經濟訂貨量。

經濟訂貨（批）量，在指在給定預期用量、訂貨成本和儲存成本的條件下，確定某一類特定存貨的最優訂購批量，即既能夠滿足生產經營需要又能使存貨相關成本達到最低的一次採購數量。與存貨管理相關的成本，包括以下四項：

1. 購入成本

購入成本是指採購存貨本身的價值。包括買價與運輸、裝卸費用等。

第一種情況：在無數量折扣的情況下（與訂貨批量無關）

全年購入成本＝年需要量×單價

第二種情況：有數量折扣的情況下（與訂貨批量相關）

全年購入成本＝年需要量×單價×（1−折扣率）

2. 訂購成本

訂購成本是指為訂購貨物而發生的各種成本，包括採購人員的工資、採購部門的一般性費用和採購業務費。訂購成本可進一步分為固定訂購成本與變動訂購成本。固定訂購成本是指為維持一定的採購能力而發生的、各期金額比較穩定的成本，如採購人員的工資，採購部門的辦公費、水電費、折舊費等（與訂貨批量無關）；而變動訂購成本是指隨訂貨次數的變動而正比例變動的成本，如差旅費、郵電費、檢驗費等（與訂貨批量相關）。

全年訂購成本＝全年訂貨次數×每次訂貨費用

$$=\frac{年需要量}{每次訂貨量}\times 每次訂貨費用 \tag{8-6}$$

3. 儲存成本

儲存成本是指為儲存存貨而發生的各種成本，包括存貨占用資金所需支付的利息和各項保管費。儲存成本可進一步分為固定儲存成本與變動儲存成本。固定儲存成本是指總額穩定，與儲存存貨數量的多少及儲存時間長短無關的成本（與訂貨批量無關）；變動儲存成本是指總額大小取決於存貨數量的多少及儲存時間長短的成本（與訂貨批量相關）。

全年儲存成本＝年平均存貨量×單位儲存成本 (8-7)

4. 缺貨成本

缺貨成本是指由於存貨數量不能及時滿足生產和銷售的需要而給企業帶來的直接和間接的損失。

綜上，存貨總成本＝購入成本＋訂購成本＋儲存成本＋缺貨成本 (8-8)

(三) 經濟訂貨量基本模型

經濟訂貨量基本模型六個假定條件：
(1) 企業一定時期的進貨總量可以較為準確地預測。
(2) 存貨的耗用或銷售比較均衡。
(3) 存貨的價格穩定，且不存在數量折扣優惠。
(4) 每次的進貨數量和進貨日期完全由企業自行決定，且每當存貨量降為零時，下一批存貨均能馬上一次到位。
(5) 倉儲條件及所需資金不受限制。
(6) 不允許出現缺貨情形。
在上述假設條件下（如圖8-6所示）：

$$\text{全年訂購成本} = \frac{\text{年需要量}}{\text{每次訂貨量}} \times \text{每次訂貨費用} \tag{8-9}$$

$$\text{全年訂購成本} = \frac{\text{每次訂貨量}}{2} \times \text{單位儲存成本} \tag{8-10}$$

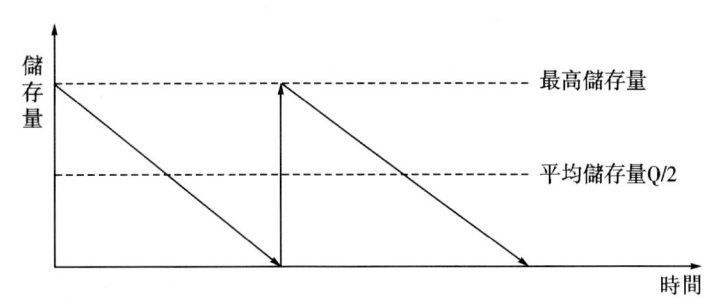

圖8-6 一次性供貨時存貨量的變動

$$\text{存貨總成本} = \frac{D}{Q}K + \frac{Q}{2}K_c \tag{8-11}$$

式中：D 為年需要量，Q 為採購批量，K 為每次訂貨費用，K_c 為單位儲存成本。為了求出總成本的極小值，對其求導數，可以得到下列公式：

$$Q = \sqrt{\frac{2KD}{K_c}} \tag{8-12}$$

$$\text{最佳訂貨次數} = \frac{D}{Q} \tag{8-13}$$

$$\text{年最低成本} = \frac{KD}{\sqrt{\frac{2KD}{K_c}}} + \frac{\sqrt{\frac{2KD}{K_c}}}{2} \times K_c = \sqrt{2KDK_c} \tag{8-14}$$

【例8-2】某公司每年使用某種材料7,200個單位，該種材料儲存成本中的付現成本每單位為4元，單價60元，該公司的資本收益率為20%，訂購該材料一次的成本 K

為 1,600 元。每單位儲存成本 K_c 為 16 元（4+60×20%），則經濟訂貨批量為：

$$經濟訂貨量 = \sqrt{\frac{2 \times 7,200 \times 1,600}{16}} = 1,200（單位）$$

$$最佳訂貨次數 = \frac{D}{Q} = \frac{7,200}{1,200} = 6（次）$$

$$年最低成本 = \frac{KD}{\sqrt{\frac{2KD}{K_c}}} + \frac{\sqrt{\frac{2KD}{K_c}}}{2} \times K_c = \sqrt{2KDK_c}$$

（四）經濟訂貨量基本模型的擴展

1. 最佳訂貨時間的確定

最佳訂貨時間也叫再訂貨點，是指當企業的存貨降低到一定數量時，採購部門就應該提前發出訂單，而不是全部存貨用完再去訂貨。考慮保險儲備量後的再訂貨點計算公式如下：

再訂貨點 = 訂貨提前期×日平均需用量+保險儲備量 　　　　　　　　　　(8-15)

訂貨提前期是指企業發出訂單到收到存貨的時間。

2. 保險儲備量的確定

保險儲備量是指企業為了臨時性的短缺和突發性的需要，必須儲備的保險性庫存量。保險儲備在正常情況下是不動用的，只在原材料等存貨過量使用時或供應商延遲送貨時才動用。

保險儲備量 =（最大日耗量－平均日耗量）×訂貨提前期 　　　　　　　　(8-16)

【例 8-3】A 公司是一家食品製造企業，該公司經理打算確定其原材料之一玉米每批採購的規模，他確信現有的規模過於龐大，想要確定能使訂購成本與儲存成本最低的採購批量，他還希望避免缺貨的發生。為幫助他進行決策，財務經理提供了下列資料：玉米平均日需要量為 320 噸；玉米最大日需要量為 340 噸；玉米年需要量為 80,000 噸；單位儲存成本為 5 元；每次訂購成本為 12,500 元；訂貨提前期 20 天。則：

$$經濟訂貨量 = \sqrt{\frac{2 \times 80,000 \times 12,500}{5}}$$

$$= 20,000（噸）$$

保險儲備 =（340-320）×20 = 400（噸）

再訂貨點 =（平均日需要量×提前期）+保險儲備

=（320 ×20）+400

= 6,800（噸）

即當玉米的存貨量下降至 6,800 噸時，應開始新一批玉米的訂購。

（五）存貨控制

存貨控制是指在日常生產經營過程中，按照存貨計劃的要求，對存貨的使用和週轉情況進行控制管理。

1. 存貨的歸口分級管理

存貨的歸口分級控制是加強存貨日常管理的一種重要方法。包括以下三項內容：

（1）在企業管理層領導下，財務部分對存貨資金實行統一管理。企業必須加強對存貨資金的集中、統一管理，促進供、產、銷互相協調，實現資金使用的綜合平衡，加速資金週轉。

（2）實行資金的歸口管理。根據使用資金和管理資金相結合，物資管理和資金管理相結合原則，每項資金由哪個部門使用，就歸哪個部門管理。

（3）實行資金的分級管理。各歸口的管理部門要根據具體情況將資金計劃指標進行分解，分配給所屬單位或個人，層層落實，實行分級管理。

2. ABC 分類管理

存貨 ABC 分類管理是義大利經濟學家巴雷特於 19 世紀首創的，是一種實踐中運用較多的方法。經過不斷發展和完善，ABC 分類管理法已經廣泛應用於存貨管理、成本管理、生產管理等。它的應用，可以在庫存管理中取得壓縮總庫存量、釋放被占壓的資金、使庫存結構合理化和節約管理力量的效果。

對存貨的日常管理，根據存貨的重要程度，將其分為 ABC 三種類型。A 類存貨品種占全部存貨的 10%～15%，資金占存貨總額的 80% 左右，實行重點管理，如大型備品備件等。B 類存貨為一般存貨，品種占全部存貨的 20%～30%，資金占全部存貨總額的 15% 左右，適當控制，實行日常管理，如日常生產消耗用材料等。C 類存貨品種占全部存貨的 60%～65%，資金占存貨總額的 5% 左右，進行一般管理，如辦公用品、勞保用品等隨時都可以採購。

A 類物品的管理方法：①採取定期訂貨方式，定期調整庫存；②增加盤點次數，每月盤點；③減小物品出庫量的波動，使倉庫的安全儲備量降低；④保證不拖延交貨期；⑤貨物放置於便於進出的地方；⑥貨物包裝盡可能標準化。

B 類物品的管理方法：①正常的控制，採用比 A 類物品相對簡單的管理方法；②銷售額比較高的品種要採用定期訂貨方式或定期定量混合方式；③可半年盤點一次。

C 類物品的管理方法：①將一些物品不列入日常管理的範圍，如對於數量大、價值低的物品不進行日常盤點，並可規定最少出庫的批量，以減少處理次數；②為防止庫存短缺，安全庫存要多些，或減少訂貨次數以降低費用；③減少盤點次數，年終盤點；④通過現代化的工具可以很快訂貨的物品，不設置庫存；⑤給予最低的優先作業次序。

通過 ABC 分類後，抓住重點存貨，控制一般存貨，要求企業將注意力集中在比較重要的庫存物資上，依據庫存物資的重要程度分別管理，制定出較為合理的存貨採購計劃，從而有效地控制存貨庫存，減少儲備資金占用，加速資金週轉。

3. 充分利用 ERP 等先進的管理模式，實現存貨資金信息化管理

利用 ERP 軟件使人、財、物、產、供、銷全方位科學高效集中管理，最大限度地堵塞漏洞，降低庫存，使存貨管理更上一個新臺階。

（1）實現了對存貨管理的即時跟蹤。傳統的存貨管理雖然有事前預計、事中控制和事後分析這幾個環節，但是由於數據資料依靠手工單據，數據核算的週期較長，事

中控制就很難實現。在 ERP 環境下，實現了對存貨管理的即時跟蹤，管理者在 ERP 系統下跟蹤每一筆業務，從而在即時跟蹤控制中發現存貨管理的缺陷，並及時採取相應措施來有效促進存貨管理水平的提高。

（2）實現了信息的暢通交流。在傳統存貨管理中，物流、資金流、信息流是相互分離的，在月底進行物流、資金流的驗收、核算時才會產生信息流。在 ERP 系統下，資金流、物流和信息流是相互融合的，任何一種流動都會帶動其他流動。ERP 系統下無需進行定期的信息處理，財務信息來源分佈於各個業務環節中，形成一個環環相扣的集成信息系統。

（3）實現了企業價值鏈的整合。企業存貨管理根據客戶需求及時調整存貨，實現各個環節上存貨的減少，形成相對完整的供銷體系信息，最終達到共贏的目的。企業運用 ERP 系統，可以登錄客戶的 ERP 平臺，從而獲取客戶的生產計劃和產品需求；也可以登錄供應商的 ERP 平臺，獲取相關信息，據此調整本企業的存貨管理，實現存貨成本的大幅度降低。

例如：以海爾公司為例，為加快物流速度，海爾採取按訂單生產的思路並對訂單實行全信息化管理。海爾在從市場上獲得訂單後，通過訂單信息管理系統同步到達產品部和物流，產品部同步生成生產訂單，物流則同步生成採購和配送訂單。這種模式保證海爾的採購和生產都是為了有價值的訂單進行的，而不會出現採購或生產庫存。通過上述管理，海爾的物流週期得到大大縮短，原材料只有不到 7 天的庫存，成品 24 小時便發往全國的 42 個配送中心。海爾目前採購的物料品種達 26 萬種，在這種複雜的情況下，到目前為止，呆滯物資降低了 90%，原材料庫存週轉天數從 30 天以上降低到不到 10 天。這種物流的加速直接帶來了資金流的加速，保證海爾在營運資金上的占用數量逐漸減少，從而提高了資金的使用效益和附加值。

三、應收帳款管理

（一）應收帳款管理的目標

這裡的應收帳款是指企業因對外銷售產品或提供勞務，應向購貨方或接受勞務方收取的款項，包括應收銷售款、其他應收款、應收票據等。

1. 應收帳款的功能

（1）增加銷售。當前的市場競爭非常激烈，企業採用賒銷方式，相當於給客戶免費提供短期資金，可以吸引到更多客戶，從而增加競爭力和市場佔有率。

（2）減少庫存。企業採用賒銷，增加了銷售，企業庫存數量隨之而減少，減少的不僅是庫存量，還有管理費用。相比較而言，應收帳款的管理費用會低於存貨。

2. 應收帳款的成本

（1）管理成本。主要指企業對應收帳款進行日常管理而耗費的開支，包括：客戶信用調查費用、應收帳款核算費用以及應收帳款的催帳費用等。

（2）機會成本。企業資金如果不是投資於應收帳款，而是做其他投資，可以取得一定的投資收益，這種因投資於應收帳款而放棄其他投資而喪失的收益，就是應收帳

款的機會成本。

應收帳款機會成本＝應收帳款占用資金×資本成本

應收帳款占用資金＝應收帳款平均餘額×變動成本率

應收帳款平均餘額＝（年賒銷額/360）×平均收帳天數＝平均每日賒銷額×平均收帳天數

應收帳款占用資金不是尚未收回的款項（應收帳款餘額），而是企業為獲取賒銷款項而墊付的資金，通常按照賒銷款項中的變動成本（賒銷額變動所引起的增量資金）計算。

【例8-4】M公司經銷某種商品，售價10元/件，進價8元/件。若M公司賒銷100件商品，獲得1,000元應收帳款，則需要先墊付800元進貨，若資本成本為10%，則M公司應收帳款機會成本為：

應收帳款占用的資金為：$1,000 \times 80\% = 800$（元）

應收帳款機會成本：$800 \times 10\% = 80$（元）

（3）壞帳損失成本。對於應收帳款而言，最大的損失就是壞帳損失。而壞帳損失與企業的應收帳款規模呈正比。

壞帳損失＝賒銷收入×預計壞帳損失率

3. 應收帳款管理的目標

一方面，應收帳款有助於企業銷售擴大，提高市場份額；另一方面，投資應收帳款必然會發生成本，如上所述。為此需要在應收帳款投資收益與投資成本之間做出權衡。只有當應收帳款投資收益超過投資成本時，企業才應該實行賒銷。當然，進一步確定最佳的信用策略，也是應收帳款管理的終極目標。

(二) 應收帳款的管理策略

應收帳款的策略，也叫信用策略，是通過衡量收益與風險來確定應收帳款投資水平的策略。確定最佳應收帳款投資量應考慮的主要因素有：信用標準、信用期限、現金折扣、收帳費用等。

1. 信用標準

信用標準是客戶獲得商業信用所應具備的條件。客戶如果達不到為其制定的信用標準，便不能享受到商業信用或只能享受到最低的信用優惠。如果企業把信用標準定得過高，將使許多客戶因信用品質達不到所設定的標準而被企業拒之門外，則不利於企業的市場競爭能力的提高和銷售收入的擴大，雖然高標準有利於降低違約風險及收帳費用。反之，如果企業接受較低的信用標準，雖然有利於企業擴大銷售，提高市場佔有率，但同時也會導致壞帳損失風險的增加和收帳費用的增加。因此，企業應在成本和收益比較的基礎上，確定適合的信用標準。

信用標準通常包括五個方面，也即「5C」系統：品質（Character）、能力（Capacity）、資本（Capital）、抵押（Collateral）以及條件（Conditions）。品質，指顧客的信譽，即客戶履約或賴帳的可能性；能力，指顧客的償債能力，及其流動資產的數量和質量以及與流動負債的比例；資本，指顧客的財務實力和財務狀況，是客戶償付債務

的最終保證；抵押，指顧客拒付款項或無力支付款項時能被用作抵押的資產；條件，指可能影響顧客付款能力的經濟環境。

企業應對客戶這五個方面的因素進行綜合評價，以決定是否對客戶提供信用。企業制定信用標準時，要注意標準的適當性，過嚴的信用標準，雖可減少壞帳損失與機會成本，但不利於擴大銷售；過於寬鬆的信用標準，雖然可增加銷售，但會增加機會成本與收款風險。因此，企業應該根據具體情況進行權衡。

【例8-5】某企業在現有信用政策下的銷售收入（全部為賒銷）是360萬元，銷售利潤率為20%，變動成本率為60%。企業尚有剩餘生產能力，產銷量增加150萬元無需增加固定成本。企業預定下年度放鬆信用政策，預計能增加銷售額90萬元，但平均收帳期將從1個月延長到2個月，假設應收帳款的機會成本為15%，新增銷售額的壞帳損失率會提高6%，問企業下年度能否放寬信用標準？

（1）信用標準變化對利潤的影響：90×20%＝18（萬元）

（2）信用標準變化對應收帳款機會成本的影響：

[（360＋90）/360]×60%×60%×15%－（360/360）×30%×60%×15%＝4.05（萬元）

（3）信用標準變化對壞帳損失的影響：

90×6%＝5.4（萬元）

（4）信用標準變化對企業利潤的綜合影響＝18－4.05－5.4＝8.55（萬元）

以上計算結果表明，企業下年度放寬信用標準將使企業的利潤增加8.55萬元，故應放寬信用標準。

2. 信用條件

信用條件是指企業接受客戶信用訂單時所提出的付款要求，主要包括信用期限、折扣期限和現金折扣等。企業在提供信用時，可以給客戶以不同期限的信用或不同程度現金折扣的選擇權。

（1）信用期限。

信用期限是指企業允許客戶從購貨到支付貨款的時間間隔。通常，延長信用期限可以在一定程度上擴大銷售，增加毛利。但延長信用期限也會給企業帶來負面影響，使平均收帳期延長，占用在應收帳款上的資金相應增加，引起機會成本的增加；引起壞帳損失和收帳費用的增加。因此，企業是否給客戶延長信用期限，應視延長信用期限增加的銷售收入是否大於增加的成本而定。

【例8-6】仍以例8-5資料，求應採用多長信用期限更有利於企業。

30天信用期應計利息：（500,000/360）×30×（400,000/500,000）×15%＝5,000（元）

60天信用期應計利息＝（600,000/360）×60×（480,000/600,000）×15%＝12,000（元）

應計利息增加＝12,000－5,000＝7,000（元）

收帳費用的增加＝4,000－3,000＝1,000（元）

壞帳損失的增加＝9,000－5,000＝4,000（元）

信用成本增加額＝7,000＋1,000＋4,000＝12,000（元）

改變信用期的稅前損益為：

收益增加-信用成本增加=20,000-12,000=8,000（元）

由於收益的增加大於成本的增加，故應採用60天的信用期。

（2）現金折扣和折扣期限。

如帳單中的「2/10, n/30」就是一項現金折扣與折扣期限，即在10天內付款可以享受2%的折扣，而在10天之後，30天以內付款則沒有折扣。提供寬鬆的信用條件，的確有助於銷售，但會增加應收帳款機會成本、現金折扣成本。例如，信用條件「2/10, n/30」，若有80%的客戶享受折扣，即在折扣期滿（10天）時付款，20%的客戶在信用期滿（30天）付款，則平均收帳期為10×80%+30×20%=14天。

【例8-7】沿用例8-5資料，假定該企業在放寬信用期的同時，為了吸引顧客盡早付款，提出了「1/30, n/60」的現金折扣條件，估計會有一半的顧客（按60天信用期所能實現的銷售量計算）將享受現金折扣優惠。問企業是否應提供現金折扣給客戶。

變動成本率=4/5=80%

收益的增加額 =（120,000-100,000）×（5-4）=20,000（元）

信用成本的增加：

①機會成本增加。

30天信用期應計利息=（500,000/360）×30×80%×15%=5,000（元）

提供現金折扣的應計利息=［（600,000×50%/360）×60×80%×15%］+［（600,000×50%/360）×30×80%×15%］=9,000（元）

機會成本增加額=9,000-5,000=4,000（元）

②收帳費用和壞帳損失增加額。

（4,000-3,000）+（9,000-5,000）=5,000（元）

③現金折扣成本增加額。

新的銷售水平×新的現金折扣率×享受現金折扣的客戶比例-舊的銷售水平×舊的現金折扣率×享受現金折扣的客戶比例

=600,000×1%×50%-500,000×0×0=3,000（元）

提供現金折扣後的稅前損益=收益增加-成本費用增加

= 20,000-（4,000+5,000+3,000）= 8,000（元）

由於收益的增加大於成本的增加，故應放寬信用期限，提供現金折扣。

3. 收帳策略

收帳策略是指客戶違反信用條件延遲付款甚至拒絕付款時，企業採取的收帳措施。積極的收帳策略，會減少壞帳損失和機會成本，但會增加收帳費用。反之，消極的收帳策略，會減少收帳費用，但會增加壞帳損失和機會成本。在制定收帳策略時，應在這兩方面之間進行權衡。

一般而言應考慮以下三個方面問題：一是客戶是否會拖欠或拒付帳款，程度如何。對過期較短的客戶，不予過多打擾，以免以後失去市場；對於過期稍長的客戶，可寫信催款；對於過期很長的客戶，應頻繁催款。二是怎樣最大限度地防止客戶拖欠帳款。三是一旦帳款遭到拖欠或拒付，企業應採取怎樣的對策。

第三節　流動負債籌資管理

流動負債也叫短期融資，是指將在1年（含1年）或者超過1年的一個營業週期內償還的債務。企業融資按照償還期限可以分為短期融資與長期融資，兩者在融資渠道與融資方式上都大不相同。短期資金的融資渠道主要有三種：商業信用、短期借款、短期融資券。

一、商業信用

商業信用融資是指在商品交易中，以延遲付款或預收貨款進行購銷活動而形成的企業之間的借貸關係。賒購是銷售企業提供給購貨企業的信用，而預收貨款則是購貨企業提供給銷售企業的信用。賒購讓購貨企業短期佔有一定的資金，預收貨款則讓銷售企業短期佔有了一定的資金。在商品經濟發達的今天，商業信用是企業最重要的短期資金來源。商業信用的主要形式有應付帳款、應付票據以及預收帳款等。

（一）商業信用融資的優缺點

1. 商業信用融資的優點

（1）籌資便利。利用商業信用籌集資金非常方便，因為商業信用與商品買賣同時進行，屬於一種自然性融資，不用做非常正規的安排，也無需另外辦理籌資手續；

（2）籌資成本低。如果沒有現金折扣，或者企業不放棄現金折扣，以及使用不帶息應付票據和採用預收貨款，則企業採用商業信用籌資沒有籌資成本；

（3）限制條件少。與其他籌資方式相比，商業信用籌資限制條件較少，不需要擔保，選擇餘地也較大。

2. 商業信用融資的缺點

（1）期限較短。採用商業信用籌集資金，期限一般都很短，如果企業要取得現金折扣，期限則更短。

（2）籌資數額較小。採用商業信用籌資一般只能籌集小額資金，而不能籌集大量的資金。

（3）有時成本較高。如果企業放棄現金折扣，必須付出非常高的資金成本代價。

（二）商業信用融資成本

與應收帳款相對應，應付帳款等商業信用也有付款期限、現金折扣等信用條件。商業信用融資可分為三種情況：

（1）免費信用，即買方企業在規定的折扣期限內付款從而享受折扣而得到的信用。

（2）有代價信用，即買方企業放棄折扣付出代價而得到的信用。

（3）展期信用，即買方企業超過規定的信用期限延遲付款而強制得到的信用。

除了第一種情況融資沒有成本，後兩種情況商業信用融資都有成本，按照資金成本的計算方式，商業信用融資成本也是可以計算的。

【例8-8】某企業購買貨物，現金折扣條件是1/10、n/30，應付帳款總額為10,000元，則：

如果第10天付款只需付10,000×（1-1%）= 9,900（元）

如果第30天付款需要付10,000元；

所以，相當於因為使用了這筆款（30-10）= 20（天），需要支付（10,000-9,900）= 100（元）利息，而借款本金是第10天付款的金額9,900元，因此，這筆借款的年利率為：

100/9,900×（360÷20）=（10,000×1%）÷［10,000×（1-1%）］×360÷（30-10）

= 1%÷（1-1%）×360÷（30-10）

$$放棄現金折扣的信用成本 = \frac{折扣百分比}{1-折扣百分比} \times \frac{360}{信用期-折扣期} \times 100\% \qquad (8-17)$$

公式表明：放棄現金折扣的信用成本與折扣百分比的大小、折扣期的長短同方向變化，與信用期的長短反方向變化。

二、短期借款

這裡的短期借款是指企業向銀行借入的償還期限在一年以內的借款。

（一）短期借款的種類

目前中國短期借款按照目的和用途分為生產週轉借款、臨時借款、結算借款等。按照國際通行做法，短期借款可以按照償還方式的不同，分為一次性償還借款與分期償還借款。按照利息支付方式的不同，分為收款法借款、貼現法借款和加息法借款。按照有無擔保，分為抵押借款和信用借款。

（二）短期借款的信用條件

短期借款的信用條件主要有信用額度、週轉信用協議和補償性餘額。

1. 信用額度

信用額度也即貸款限額，是借款企業與銀行在協議中規定的允許借款企業借款的最高限額。在信用額度內，企業可隨時按需要向銀行申請貸款。如，銀行在考察某公司的資信情況後，同意如果公司的經營狀況良好，則下一年銀行可向該公司貸款5,000萬元。如果在下一年的4月份，公司已經向銀行借入1,000萬元的短期借款，則其信用額度減少了1,000萬元。公司可在該年度內的任何時間，向銀行申請信用額度範圍內的剩餘借款。但這種非正式的協議，銀行並不承擔按最高借款額度保證借款的法律義務。

2. 週轉信用協議

週轉信用協議是銀行從法律上承諾向企業提供不超過某一最高限額的貸款協定。在協議的有效期內，只要企業借款總額沒有超過最高限額，銀行必須滿足企業任何時候提出的借款要求。週轉信用協議與一般信用額度不同之處在於，銀行對週轉信用額度有法律義務，並因此向企業收取一定的承諾費，一般按未使用額度的一定比例計算。

如，某公司與銀行簽訂一項未來4年內借款8,000萬元的週轉信用協議，承諾費率為公司尚未借用的信用額度的0.25%。那麼，如果公司在4年中都沒有借入這筆資金，則需要支付200萬元（8,000萬元×0.25%）的承諾費。如果公司已經借入4,000萬元，則還有4,000萬元未借，則需支付100萬元（4,000萬元×0.25%）的承諾費。

週轉信用協議一般用於有大額貸款發生的場合，這樣做的目的是保證銀行不至於因借款人不履約而資金閒置、利息損失。

3. 補償性餘額

補償性餘額是銀行要求借款企業按照貸款限額或實際借款額的一定百分比（通常為10%~20%），在銀行中保持的最低存餘額，其目的是降低銀行貸款風險，為銀行提供一定補償。但對借款企業而言，補償性餘額提高了借款的實際利率，增加了企業的財務負擔。如，公司需借入80萬元以償還以前某筆債務，銀行要求其必須保留貸款額的20%作為補償性餘額。為此，公司必須借入100萬元才能滿足資金需求。這樣一來對於公司而言，其實際負擔的利率會比名義利率要高。

(三) 短期借款融資的優缺點

與其他短期融資方式和長期借款相比較，短期借款融資的優點主要有：

1. 融資彈性大

借款企業可以在資金需要增加時借入，在資金需要減少時還款，特別是信用額度貸款和週轉信用貸款為資金的借入和償還提供了更多的彈性。

2. 融資速度快

企業獲得短期借款所需時間比獲得長期借款所需時間要短得多。

短期借款融資的缺點主要有：

1. 資金成本較高

採用短期銀行借款成本比較高，不僅不能與商業信用相比，與短期融資券相比成本也較高。而如果採用抵押借款則需要支付管理費和服務費等成本更高。

2. 限制較多

向銀行借款，銀行要對企業的經營和財務狀況進行調查後才能決定是否貸款，有些銀行還要對企業有一定控制權，要求企業把流動比率等維持在一定範圍之內，這些都會構成對企業的限制。

3. 籌資風險較大

短期銀行借款風險較大，實際利率較高，在存在補償性餘額的情況下更是如此。

三、短期融資券

短期融資券，又稱商業票據或短期債券，是由企業發行的進行短期信貸資金融資的無擔保期票。在中國，短期融資券是指企業依照《短期融資券管理辦法》的條件和程序在銀行間債券市場發行和交易，並約定在一定期限內還本付息的有價證券。短期融資券通常由大型企業或金融機構發行，投資者主要為金融機構和其他企業。

短期融資券的優點主要有：

（1）融資規模大。出於風險考慮，銀行一般不會向企業發放巨額的流動資金借款，發行短期融資券可以籌集大量的資金。

（2）融資成本低。短期融資券一般比銀行貸款利率低，而且沒有補償性存款的要求，是所有短期融資方式中成本最低的方式。

（3）可以提高企業的信譽。人們普遍認為只有信用等級很高的企業才能發行短期融資券，發行短期融資券，不僅可以提高企業的信譽，還有利於企業開拓更加廣泛的籌資渠道，降低資金成本。

短期融資券的缺點主要有：

（1）籌資風險大。短期融資券到期必須還本付息，沒有延期的可能，是所有短期融資方式中風險最大的一種。

（2）彈性比較小。短期融資券發行的數量一般比較大，如果企業需要的數量少，發行非常不經濟，而且，短期融資券一般不能提前償還，即便企業資金比較寬鬆，也要到期才能償還。

（3）發行短期融資券的條件比較嚴格。並不是任何企業都能發行短期融資券，只有信譽好、實力強、效益高的企業才能發行短期融資券籌集資金。

思考題

1. 什麼是營運資金？如何理解營運資金管理的目標？
2. 如何理解三種流動資產投資策略以及三種流動資產籌資策略？
3. 如何理解現金管理的鮑曼模型？
4. 存貨管理的相關成本有哪些？
5. 分析經濟訂貨批量模型的缺陷。
6. 影響企業應收帳款投資的因素有哪些？
7. 比較商業信用融資與短期借款融資，你更傾向於哪種融資方式？為什麼？

練習題

1. 某企業現金收支平衡，預計全年現金需要量為250,000元，現金與有價證券的轉換成本為每次500元，有價證券年利率為10%。

（1）計算最佳現金持有量。

（2）計算最佳現金持有量下的全年現金管理總成本、全年現金交易成本和全年現金持有機會成本。

2. A企業每年耗用某種材料250,000千克，該材料單位成本90元，單位儲存成本5元，一次訂貨成本200元，企業不允許缺貨，計算經濟訂貨量、最佳訂貨次數、最低存貨總成本。

3. 某企業擬採購一批材料，供應商提供的信用條件為：10天內付款付95萬元，20天內付款付98萬元，30天之內付款需全額支付100萬元，如果銀行貸款利率為

15%，計算放棄現金折扣的成本率，並確定對企業最為有利的付款日期。

案例討論

案例一：四川長虹應收帳款管理缺失

四川長虹，作為中國彩電業的老大，有過年淨利潤 25.9 億元的輝煌，也創下了巨虧 37 億元的股市紀錄。長虹的衰敗始自 1998 年產品大量積壓，與 APEX 家電進口公司的合作和巨額應收帳款的產生。截至 2004 年 12 月，長虹應收 APEX 帳款 4.675 億美元，而根據長虹對 APEX 公司資產的估算，可能收回的資金只有 1.5 億美元左右。儘管 APEX 公司是長虹在美國最大的合作夥伴，但是在確定信用政策時，長虹考慮壞帳風險的策略是令人難以理解的。因為，長虹是在明知 APEX 公司拖欠國內多家公司巨額欠款情況下，還與其簽訂了巨額銷售合同，說明了長虹作為知名企業，在應收帳款環節存在重大管理缺陷——沒有合理的內部控制制度。存在的問題主要表現在：

1. 合同設計漏洞

長虹與 APEX 公司簽訂的合同非常簡單，難以理清雙方權利、義務以及潛在風險的分擔。另外，長虹和 APEX 公司的交易，多為 APEX 以支票作為貨款擔保。如果 APEX 故意詐欺，使得這些支票無法兌付，長虹的損失就不可避免。

2. 企業盲目銷售

長虹公司只注重銷售，盲目的銷售導致企業應收帳款風險的增加。在與 APEX 公司簽訂銷售合同時沒有深究其企業狀況：在 APEX 公司表面輝煌下其企業卻存在嚴重的經營問題，拖欠了國內多家 DVD 製造商千萬美元。

3. 對賒銷對象的信用調查不足

在 APEX 公司「有前科」的情況下，長虹管理層還繼續採用先發貨後收款的方式對其進行銷售，導致應收帳款越積越多。雖然長虹彩電在大規模進入美國市場前，曾派公司高管前往美國做過為時不短的市場考察和調研，但他們在考察結束後就把美國市場的銷售業務全部交給了 APEX 公司。而其是否對 APEX 公司的信用情況做過深入的調查不得而知。

長虹集團在明明已經知道 APEX 公司拖欠了國內多家企業巨款的情況下，為了實現自身的利潤還是與其簽訂了巨額銷售合同，很顯然它在企業信用管理方面存在很嚴重缺失；而且按規定，重大金額的合同在簽訂時是要徵求法律顧問和有關專家的意見的，但長虹卻沒有做到，它與 APEX 公司的銷售合同極其簡單，難以理清雙方權利、義務以及風險的分擔；面對 APEX 公司的有意拒付、拖欠貨款，長虹外營部下令不準發貨，但最終貨還是發了出去，這就是長虹沒有按照規定的程序辦理銷售和發貨業務；長虹在與 APEX 公司進行交易時，凡是賒銷都走保理程序，但長虹採用的是低成本的沒有承保的保理收費制度，保理公司沒有保證回款的約定，至使當大量銷售貨物時，大部分的帳款沒有進入保理帳戶，最終形成巨額欠款。

4. 對應收帳款的賒銷管理不完善

應收帳款是一個持續的過程，在考慮賒銷的時候，長虹沒有在賒銷前考慮，也沒在賒銷期間對應收帳款適當地計提壞帳準備，賒銷後也沒有積極地追討帳款。

以上種種內部控制方面的缺失，最終造成了四川長虹海外巨額應收帳款無法收回的嚴重後果，對公司的經營造成了巨大的影響。

思考：長虹應收帳款管理漏洞給我們帶來哪些啟示？

案例二：柳州五菱汽車工業有限公司存貨管理

柳州五菱汽車工業有限公司山東分公司於 2011 年 11 月 15 日發布了存貨管理實施標準，其主要內容如下：

1. 目的

為了便於公司存貨分類管理，特製定本分類標準。

2. 範圍

本標準適用於公司各類存貨。

3. 名詞解釋

（1）存貨：存貨指各類生產物料、輔料，一般包括原材料、半成品、產成品、在製品。在我公司包括供應商寄銷物料、供應商直供我公司客戶物料、一般物料、原材料、半成品（含委外半成品）、產成品、在製品等。

（2）ABC 分類法：又稱帕累托分析法，它是根據事物在技術或經濟方面的主要特徵，進行分類排隊，分清重點和一般，從而有區別地確定管理方式的一種分析方法。它是二八原則的衍生法則，不僅強調要抓住關鍵，更注重分清主次。

（3）存貨 ABC 分類：存貨 ABC 分類是便於庫存管理的一種分類方法，一般按存貨價值高低將其分為 A、B、C 至少三類。考慮我公司物料種類繁多，可分為 A、B、C、D、E 五類，且理論上 A、B、C 三類物資要占到庫存金額 80% 以上。

4. 職責

（1）財務部負責存貨的 ABC 分類標準的制定、持續改進；負責存貨 ABC 分類的判定、審核；

（2）物流部可根據 ABC 分類標準進行存貨的分類判定，價值不確定的，可由物流部預判，財務部審核或直接由財務部判定。

（3）各業務部門應依照本標準實施相關業務管理、存貨管理。

5. 管理規定

（1）分類標準一；按物料價值分類，取價原則如下表：

表 8-2　　　　　　　　　　取價原則表

項目	第一	第二	第三	第四
自製產成品	當年銷售合同價	最近歷史銷售合同價	當年標準成本	同類產品或財務部估價
自製半成品	當年標準成本	當年材料定額	近期核算成本	同類產品或財務部估價

表8-2(續)

項目	第一	第二	第三	第四
採購件	當年採購合同價	最近歷史採購合同價	當年計劃價	同類產品或財務部估價
一般物料	當年採購合同價	最近歷史採購合同價	當年計劃價	同類產品或財務部估價

說明：①計劃價原則上由財務部核定至少每年核定一次。

②臨時新增物料無計劃價的，由財務部核定，或由物流部參照同類物料暫估報財務部備案。

③業務部門發現當年計劃價與當年採購價或市場價明顯有偏差（大於±10%）時，應報財務部修正計劃價。

（2）分類標準二：物料分類單價標準，如下表：

表 8-3　　　　　　　　　　　　　單價標準表

分類	自制產成品	自制半成品	採購件	一般物料	在製品或其他
A 類	100 元及以上	100 元及以上	80 元及以上	80 元及以上	80 元及以上
B 類	20 元~100 元	20 元~100 元	20 元~80 元	20 元~80 元	20 元~80 元
C 類	10 元~20 元	10 元~20 元	10 元~20 元	10 元~20 元	10 元~20 元
D 類	1 元~10 元	1 元~10 元	1 元~10 元	1 元~10 元	1 元~10 元
E 類	1 元以下	1 元以下	1 元以下	1 元以下	1 元以下

（3）特別說明。

對於某些單位價值較小的物料，如果屬特殊貴重材質、特別質量要求、特別管理要求等的可參照 A 類物資進行存貨管理。如銅墊圈。具體由業務部門提出，報財務部備案。

本標準由柳州五菱汽車工業有限公司山東分公司提出。

本標準由財務部歸口並負責解釋。

本標準由財務部負責起草。

（資料來源：柳州五菱汽車工業有限公司山東分公司有關資料）

討論：柳州五菱汽車工業有限公司山東分公司提出的存貨管理標準給我們的啟示。

案例三：華基公司應收帳款及存貨管理案例

華基公司是一家銷售小型及微處理電腦的電腦公司，其市場目標是針對小規模的公司，這些公司只需要使用電腦而不需要購買像 IBM 所供的大型電腦設備。公司所生產之產品極佳，銷路很好，而擴張迅速。關於該公司 2009 年至 2011 年的資產負債表與損益表如表 8-4 及表 8-5 所示。

表 8-4　　　　　　　　　　　　　　資產負債表　　　　　　　　　　　　單位：萬元

項目	2009 年	2010 年	2011 年
現金	100	150	200
應收帳款	1,000	2,000	3,000
存貨	900	1,800	2,800
流動資產淨值	2,000	3,950	6,000
固定資產淨值	3,000	3,550	4,000
資產合計	5,000	7,500	10,000
應付帳款	300	400	500
應付銀行票據（10%）	300	1,280	2,350
應付費用	100	120	150
流動負債合計	700	1,800	3,000
長期負債（10%）	1,000	2,100	3,200
普通權益	3,300	3,600	3,800
負債與淨值總額	5,000	7,500	10,000

表 8-5　　　　　　　　　　　　　　損益表　　　　　　　　　　　　　單位：萬元

項目	2009 年	2010 年	2011 年
銷售毛收入	7,500	8,750	10,000
折讓	80	90	100
銷貨淨額	7,420	8,660	9,900
銷售成本（銷貨毛收入的80%）	6,000	7,000	8,000
毛利	1,420	1,660	1,900
減：利息費用	90	250	500
信用部門及收款費用	20	30	50
呆帳費用	210	330	450
課稅費用	1,100	1,050	900
稅款（40%）	440	420	360
淨利	660	630	540

　　利息費用是根據每年的平均貨款餘額，不是根據表8-4所示年底資產負債表得出。負債的利率為10%，因此，平均負債餘額，2009年為900萬元，2010年為2,500萬元，2011年為5,000萬元。

　　2012年初，該公司有些問題開始呈現出來。該公司過去的成長一向利用保留盈餘、長期負債融資。不過，主要的放款人開始不同意進一步擴大債務而不增加自有資金。

公司最初的創建人王強和李漢兩人沒有資金投資到公司，由於擔心失掉公司控制權，又不願意出售額外股份給外人（他們兩人目前擁有60%的股份，其餘之股份為一機構投資人持有）。該公司的長期負債之利率為10%，王先生及李先生非常憂慮繼續保有其信用額度。該公司的銷貨條件為「2/10, n/60」，約半數的顧客享受折扣，但有許多未享受折扣的顧客，延遲付款。2011年的呆帳損失計450萬元，信貸部門的成本（分析及收款費用）總計為50萬元。該公司製造幾種不同形式的電腦，但售價均為5,000元，銷貨成本約為4,000元。2011年銷售總計20,000部。銷售情況在該年相當平穩，沒有顯著的季節變動。從生產一種電腦形式轉變為另一種形式之設置成本為5,000元，此項數值可視為「訂貨成本」。儲存存貨的成本估計為30%；這麼高的比率，是由於高技術產品如電腦陳舊的耗費很大。試分析該公司的財狀況，特別是其信用存貨政策，並提出改善建議。

假設該公司在2011年營運之信用政策改變如下：
（1）信用條件為「2/10, n/30」而非「2/10, n/60」。
（2）該公司可利用較高的信用標準。
（3）該公司應加強努力收回欠款。

如果這些改變措施，在2011年實施，那麼很可能引起下列的變化：

銷售毛額僅為9,800萬元，而非10,000萬元；呆帳損失減為150,000元；信用部門成本增加至100萬元；平均收款期間減少至30天；享受折扣顧客之百分比由50%增加到80%。

這樣淨利、普通股之報酬率、負債比率、流動情況分別會受到什麼樣的影響？有些因素或許會使得事情不如你分析所預測的那麼進行，列出這些主要因素並加以討論。

第九章 利潤分配管理

引例

宜賓五糧液股份有限公司（深交所代碼000858）2001年1月18日發布董事會公告，宣布公司2000年度的分配預案為「不進行分配，也不實施公積金轉增股本」，並將於2001年2月20日提交股東大會審議。同時擬以1999年末的股本48,000萬股為基數，按10：2配股，配股價25元，股權登記日為2月16日。最後該分配預案經審議通過。股權登記日前一天的股票市價為每股34.52元。國有股以實物資產認購其應配數的10%，放棄了90%的配股權。五糧液1998年上市後一直被譽為股市「第一績優股」，在績優股業績紛紛滑坡的情況下，五糧液的經營業績一直快速增長，2000年的每股收益在上市公司中排名第一，在業績如此優良的情況下，為何五糧液卻採取不分配、不轉增的利潤分配方案，其中的謎題何在？你認為公司該採取何種股利政策？

表9-1　　　五糧液1998—2000年盈利及分配情況

年度	主營業務收入（百萬元）	淨利潤（百萬元）	每股收益（元）	淨資產報酬率（%）	利潤分配方案
1998	2,814	560	1.749	31.6	每10股派現12.5元
1999	3,309	649	1.352	26.81	中期每10股公積金轉增5股，年末不分配，並且每10股配2股（配股價每25元）的方案
2000	3,954	768	1.600	—	不分配、不轉增

學習目標：

1. 瞭解利潤分配的程序與原則。
2. 掌握股利分配的基本理論。
3. 掌握股利分配的類型與選擇。

第一節　利潤分配概述

利潤是銷售收入扣除成本費用後的餘額。由於成本費用包括的內容和表現的形式

不同，利潤所包含的內容與形式也不同，可以分為息稅前利潤、息前利潤、淨利潤。但上述關於利潤的不同內容與表現形式，只是從一般意義而言，在不同時期的財務制度與會計制度中，會因為經濟管理的需要，成本費用與利潤的內容、形式會略有差別。利潤分配主要是確定企業的淨利潤如何在投資者和用於再投資這兩方面進行分配。利潤分配處於財務活動的分配環節，是企業財務管理的重要內容。它不僅影響著企業的投資、籌資決策，還涉及國家、企業、投資者、職工等多方面的利益關係，涉及企業的長期利益和短期利益關係的協調與處理。

一、利潤分配的基本內容

利潤分配是企業財務活動的重要環節，它同時也關係到企業內外部利益相關者的利益得失，也關乎著企業的生存與發展。因此，在企業利潤的分配過程中，我們必須遵循以下原則：

（一）利潤分配基本原則

1. 依法分配原則

該原則的目的是為了保障企業利潤分配的有序進行，促進企業增加內部累積，維護企業所有者、債權人以及員工的合法權益。國家有關利潤分配的法律法規包括公司法、外商投資企業法等一系列法規，企業在利潤分配過程中，必須切實遵守相關法律、法規。企業利潤的分配原則、方法、決策程序等內容也必須在不違背國家相關規定的前提下，在公司章程中明確規定。

2. 資本保全原則

資本保全原則是現代企業制度的基礎性原則之一，是指為了保障企業再生產的正常進行，企業在分配過程中不能侵蝕資本。因為利潤分配是對生產經營過程中資本的增值部分進行分配，不是對資本的返還。因此，一般情況下，企業若有虧損，應該先補虧，再分配。

3. 充分保護債權人利益原則

根據契約規定以及承擔風險的順序，企業必須清償到期債務後才能進行分配。同時，即使在利潤分配完結後，也應保持一定的財務彈性，防範財務危機的產生。此外，企業若存在長期債務契約，其利潤分配方案還應徵得債權人的同意。

4. 多方及長短期利益兼顧原則

利潤分配直接涉及投資者、債權人、政府、職工等利益相關者的切身利益，因此必須統籌兼顧。同時，為了保證社會再生產的進行、內源融資的需要以及企業的長遠發展，累積與消費的權衡是企業在制定利潤分配政策必須考慮的重要因素。所以利潤分配必須多方兼顧，盡可能地保持穩定和平衡，使分配機制真正成為利益機制最終發揮作用的助力。

（二）利潤分配的項目

按照中國《公司法》的規定，企業的利潤分配包括以下內容：

1. 法定公積金

其來源是從淨利潤中提取。用於彌補虧損、擴大公司生產經營或轉為增加公司資本。法定公積金按當年稅後利潤的 10% 計提，當公積金累計額達到公司註冊資本的 50% 時，可不再繼續提取。任意公積金提取比例由股東會根據需要決定。

2. 股利

原則上從累計盈利中分派股利。在公積金彌補虧損以後，為維護股票信譽，經股東大會特別決議，可以用公積金支付股利。以股東（投資者）持有股份（投資額）的數額為依據，股利與股份（投資額）成正比。無盈利不得支付股利，即「無利不分」原則。

為了強調股利分配中現金股利的重要性，中國證監會在 2008 年 10 月 9 日頒布的《關於修改上市公司現金分紅若干規定的決定》中規定，要求上市公司應在公司章程中明確現金分紅的政策，以保證利潤分配政策的連續性和穩定性。並且，公司最近三年的現金股利分配情況，也將作為上市公司申請公開增發或配股的重要前置條件——其最近三年的累計發放現金股利不得少於最近三年實現的年均可分配利潤的 30%。

(三) 利潤分配的順序

中國《公司法》不僅對利潤分配的內容進行了界定，也對其分配順序做出了明確規定：

(1) 計算可供分配的利潤。本年的可供分配利潤為本年的淨利潤（或虧損）與年初未分配利潤（或虧損）的合計。若可供分配利潤為負，則不能進行後續分配；為正，方可進入到後續分配的程序。

(2) 提取法定公積金。為了保證在企業不用資本發放股利，也為了保證其在確有累計盈餘的情況下才提取公積金，法定公積金的提取是按累計「補虧」後的本年淨利潤作為提取基數。所以，計提基數不一定等於可供分配利潤，也不一定等於本年的稅後利潤。特別需要說明的是，這裡的「補虧」是按帳面數字進行的，與稅法口徑的虧損後轉無關。

(3) 提取任意公積金。

(4) 向股東（投資者）分配股利（利潤）。公司若違反該分配順序，在補虧或提取法定公積金前向股東分配利潤，必須將發放的利潤退還公司。

二、股利支付的程序和方式

(一) 決策程序

中國股利分配決策權屬於股東大會。上市公司的現金分紅一般按年度進行，也可進行中期現金分紅。基本程序如下：首先，由董事會根據公司經營情況，制訂股利分配方案，提交股東大會審議。其次，董事會將審議通過的方案向股東宣布，並在規定的股利發放日以約定的支付方式派發。

(二) 分配信息披露

股東大會審議批准利潤分配方案後，董事會應在股東大會召開後兩個月內完成股

利派發或轉增事項，並且對外發布股利分配公告。

股利分配公告一般在股權登記日前 3 個工作日發布。若公司股東較少，股票交易不活躍，公告日與股利支付日可在同一天。公告內容包括：

（1）利潤分配方案。

（2）股利分配對象，即股權登記日當日在冊的全體股東。

（3）股利發放辦法，中國上市公司的股利發放程序應按證券交易所的相關規定進行。

特別需要說明的是，為提高上市公司的信息透明度，證監會在強制分紅的規定中要求上市公司除了在年報、半年報中分別披露利潤分配預案、在報告期實施的利潤分配方案的執行情況外，還要求在年報、半年報、季報中分別披露現金股利在本報告期的執行情況。若在報告期公司有盈利但未提出現金分紅的分配預案，須說明未分紅的原因及未用於分紅的資金用途。

（三）股利支付過程中的重要日期

1. 股利宣告日

公司董事會將利潤分配方案和股利支付情況予以公告的日期。

2. 股權登記日

有權領取股利的股東有資格登記的截止日期。只有在這一天登記在冊的股東，即凡是在股權登記日及該天之前持有或買入股票的股東才有資格領取本期股利。

3. 除息日（除權日）

股利所有權與股票本身分離的日期。即在除息日當天及以後買入的股票不再享有本次股利分配的股利。中國上市公司的除息日通常是在股權登記日的下一個交易日。

4. 股利支付日

公司確定的向股東正式發放股利的日期。

（四）股利支付的方式

1. 現金股利

現金股利是以現金作為支付方式的股利，是股利支付的主要方式。現金股利的支付除了要滿足法律層面的相關規定外，對公司的現金支付能力也會產生一定的壓力，因此，公司在做資金安排時需籌備充足的現金以應對支付需要。

2. 股票股利

股票股利是公司以增發的股票作為股利的支付方式。

3. 財產股利

財產股利是以現金以外的資產支付的股利。公司將擁有的其他企業的有價證券作為股利支付給股東。

4. 負債股利

負債股利是公司以負債支付的股利，通常以公司的應付票據支付給股東，在不得已的情況下也有以發行公司債券抵付股利的。

中國上市公司股利支付方式是現金股利、股票股利或兩種方式兼有，有時也會實

施資本公積轉增股本。財產股利和負債股利在中國實務中很少使用,但並非法律所禁止。

第二節　股利分配理論及股利分配政策

利潤分配政策是指有關當局做出的與利潤分配有關事項的方針與決策。企業的稅後利潤可以留存也可以分配,在企業利潤有限的情況下,如何解決好留存分紅的比例,是處理短期利益與長期利益,企業與投資者關係的關鍵。正確的利潤分配政策對企業具有特別重要的意義,分配政策在一定程度上決定著企業市場價值的大小,分配政策的連續性反應了企業經營的連續、穩定和計劃性。因此,如何確定分配政策並保持其一定程度的連續穩定性,有利於提高企業的財務形象,從而提高企業發行在外的股票價格和企業的市場價值。

一、股利分配基本理論

股利分配理論是指人們對股利分配的客觀規律的科學認識與總結。

(一) 股利無關論

股利無關論是指股利的支付與股票價格無關。也就是說,股份公司的股利發放多少,不會影響股東對公司的態度,因而不會影響股票價格。因此,公司只需從投資機會、投資收益和資金成本方面考慮公司股利政策。投資者並不關心公司股利的分配,股利的支付比率也不影響公司的價值。具體來說包括以下兩種理論:股利剩餘理論和MM股利無關理論。

1. 股利剩餘理論

股利剩餘理論是指公司的股利政策應由投資預期報酬率決定。如果一個公司有較多有利可圖的投資機會,則不應發放現金股利,而應採取保留盈餘的形式(內部籌資)以滿足投資所需資金。反之,則應將利潤分配給股東。其主要理由是由於投資預期報酬率高於資金成本率,則利潤用於投資可帶來更多的報酬,這有利於股價上升,符合股東利益。相反,分配則更有利於股東。股利剩餘理論的缺陷在於其立足點是站在公司角度進行分析的,沒有考慮股東的特殊要求。

2. MM股利無關理論

MM股利無關理論由米勒(Miller)和莫迪利亞尼(Modigliani)在1961年提出。其論文《股利政策,增長與股票估價》被學界認為是對股利政策的性質和影響進行的第一次系統的分析和研究。MM的研究結論之所以被稱為「股利無關論」,是因為他們認為股利政策與企業價值沒有關係。他們假定市場是完美無缺的,則投資者並不關心股利政策。如果股利支付比例太低,可以出售部分股票;如果股利支付較高,則可購入一部分股票;股利支付比率也不影響公司價值;股份公司價值完全由公司資產盈利能力與投資政策決定,分配行為對公司價值不產生影響。

值得注意的是，早期對股利政策的研究論證是在一系列嚴密的假設條件下進行的：

（1）公司的投資政策已確定並且已經為投資者所理解。

（2）不存在股票的發行和交易費用。

（3）不存在個人或公司所得稅。

（4）不存在信息不對稱。

（5）經理與外部投資者之間不存在代理成本。

上述假定描述的是一種完美無缺的市場，因而股利無關論又被稱為完全市場理論。

（二）股利相關論

股利相關論認為，股利發放多少直接影響股東對公司的態度，從而影響公司股票價格。公司應從股東的願望出發考慮股利分配政策，而不能單從公司投資機會與收益做出決策。具體有以下觀點：

1. 稅差理論

投資者投資股票的收益事實上分為兩部分：股利收益和資本利得，資本利得本質上是公司資產的增值，實際上是通過買賣股票的差價實現。一般情況下，股利收益的稅率要高於資本利得的稅率，當這種差異比較顯著時，稅差效應會成為影響股利分配政策的重要因素。

稅差理論認為，如果不考慮股票交易成本，分配股利的比率越高，股東的股利收益納稅負擔會明顯高於資本利得納稅負擔，企業應採取低現金股利比率的分配政策，以提高留存收益再投資的比率，使股東在實現未來的資本利得中享有稅收節省。稅差理論說明了當股利收益稅率與資本利得稅率存在顯著差異時，將使股東在繼續持有股票以期取得預期資本利得與立即實現的股利收益之間進行權衡。如果存在股票的交易成本，甚至當資本利得稅與交易成本之和大於股利收益稅時，偏好取得定期現金股利收益的股東自然會傾向於公司採用高現金股利支付率政策。

2. 客戶效應理論

客戶效應理論認為，投資者不僅僅是對資本利得和股利收入有所偏好，即使是投資者本身，因其稅收類別不同，對公司股利政策的偏好也是不同的。邊際稅率較高的投資者（如富有的投資者）偏好低股利支付率的股票。邊際稅率較低的投資者（如養老基金）喜歡高股利支付率的股票。因此，公司在制定或調整股利政策時，不應該忽視股東對股利政策的需求；公司應該根據投資者的不同需求，對投資者分門別類地制定股利政策：對低收入階層和風險厭惡投資者，公司應該實施高現金分紅比例的股利政策；對高收入階層和風險偏好投資者，公司應該實施低現金分紅比例，甚至不分紅的股利政策。

3.「一鳥在手」理論

「一鳥在手」理論的名稱源於一句諺語：「雙鳥在林不如一鳥在手。」該理論是由理財學家戈登（Myron Gordon）與林特納（John Lintner）根據對投資者心理狀態的分析而提出的。這種理論認為，投資者對風險具有天生的反感，並且認為風險將隨時間的延長而增長，通過保留盈餘再投資而得來的資本利得的不確定性也要高於股利支付的不確定性。因此，投資者比較喜歡近期的確定收入的（無風險）股利，而不喜歡遠

期的不確定的資本利得（因為有風險）。公司支付現金股利，就可消除投資者的不確定感，從而更有利於提高股價。因此，公司應盡可能多支付現金股利。

4. 代理理論

1976年，美國學者詹森（Michael C. Jensen）和麥克森（William H. Meckling）發表了《廠商理論：管理行為、代理成本與所有權結構》一文，提出了「代理關係」的重要概念，並闡述了公司中的委託——代理關係問題。代理理論對現代企業財務理論的發展具有重要的參考價值。一方面，可以正確處理股東、債權人與經理之間以及其內部之間的代理關係，建立適當的公司治理機制；另一方面，可以解決企業資本結構的選擇和風險偏好問題。代理理論中反應的代理關係可以分為以下幾類：

（1）股東與債權人之間的代理衝突。債權人為保護自身利益，希望企業採取低股利支付率，通過多留存、少分配的股利政策以保證有較為充裕的現金留在企業以防發生債務支付困難。

（2）經理人員與股東之間的代理衝突。實施高股利支付率的股利政策有利於降低因經理人員與股東之間的代理衝突而引發的自由現金流的代理成本。

（3）控股股東與中小股東之間的代理衝突。對處於外部投資者保護程度較弱環境的中小股東希望企業採用多分配、少留存的股利政策，以防範控股股東的利益侵害。

5. 信號理論

信號假說認為公司實行的股利政策包含了關於公司價值的信息。投資者認為管理當局會掌握更多的、更為真實的公司當前及未來的各種信息，而管理當局的許多行為均會反應出他們對內部信息的掌握。股利的信號傳遞效應正是源於投資者相信作為內部人的經營者就公司目前的經營狀況和前景擁有權威的信息的信念。公司的股利政策將公司的真實情況反應給了市場，揭示了股利政策在不對稱信息條件下的重要作用：信號揭示功能。

信號理論認為股利向市場傳遞企業信息可以表現為兩個方面：一種是股利增長的信號作用，即如果企業支付股利率增加，被認為是經理人員對企業發展前景做出良好預期的結果，表明企業未來業績將大幅度增長，通過增長發放股利的方式向股東與投資者傳遞了這一信號。此時，隨著股利支付增加，企業股票價格應該是上升的；另一種是股利減少的信號作用，即如果企業股利支付率下降，股東與投資者會感受到這是企業經理人員對未來發展前景做出無法避免衰退預期的結果。顯然，隨著股利支付率下降，企業股票價格應該是下降的。需要注意的是，信號傳遞若要起作用，必須具備幾個條件：第一，管理當局總是能積極性地發出真實信號；第二，成功企業的信號不能被欠成功企業輕易模仿；第三，不存在發布同樣信息的更加經濟的方法和途徑。但現實的情況並不總是這樣的。

二、制定股利分配政策應該考慮的因素

(一) 法律限制

一般來說，法律並不要求公司一定要分派股利，但為了保護債權人和股東的利益，

法律往往會對不能發放股利的情形做出約束和限制。主要有以下幾方面：

　　1. 資本保全的限制

　　資本保全即防止資本侵蝕的規定，這一限制規定公司不能用資本（包括股本和資本公積）發放股利。該條款的目的在於保證公司有完整的產權基礎，從而保護債權人的利益。

　　2. 企業累積的限制

　　它也稱留存盈餘的規定。稅後利潤必須先提取法定公積金，鼓勵提取任意公積金。

　　3. 淨利潤的限制

　　規定公司年度累計淨利潤必須為正數時才可以發放股利，以前年度虧損必須足額彌補。

　　4. 超額累積利潤的限制

　　規定當股利收益稅高於資本利得稅時，企業不得因稅收考慮而超額累積利潤。一旦企業的保留盈餘超過法律許可的水平，將被加徵額外稅額。其目的在於防止公司累計利潤幫助股東避稅，中國沒有此類限制。

　　5. 無力償付的限制

　　即禁止無力償債或發股利會導致無力償債的公司支付股利。這裡的無力償債包含兩種含義：一是企業負債總額超過了資產的公允價值總額；二是企業不能向債權人支付到期債務。

（二）經濟限制

　　股東總是會從自身經濟利益需要出發考慮股利分配方案。

　　1. 穩定的收入

　　如果一個企業擁有較大比例的富有股東，這些股東多半不會依賴企業發放的現金股利維持生活，他們對定期支付現金股利的要求不會顯得十分迫切。相反情況下，則一個企業絕大部分股東將特別關注現金股利，特別是穩定的現金股利的發放。

　　2. 避稅

　　稅負是影響股東財富的重要因素，因而也會是企業在制定股利政策時必須要考慮的因素。這裡的稅負因素主要是考慮股利收益稅與資本利得稅的差異。若股利收益稅高於資本利得稅，應控制股利分配；反之，則可擴大股利分配。

　　3. 控制權的稀釋

　　企業在支付股利的過程中，若支付較高的現金股利，會導致留存盈餘的減少，這將導致未來發新股可能性加大，在股東拿不出更多的資金購買新股時，其原有的控制權必然受到稀釋。

（三）財務限制

　　公司在經營情況下的財務需要也是股利分配政策制定時必須要考慮的因素。

　　1. 盈餘的穩定性

　　公司能否獲得長期穩定的盈餘，是其股利政策決策的重要基礎。盈餘穩定的公司由於其經營及財務風險較小，能夠有能力以較低的資本成本籌措資金，因而這類的公

司能夠有信心可以支付較高的股利，而相對盈餘欠穩定的公司則一般採取低股利政策，這樣可以降低因盈餘下降而造成的股利無法支付、股價下降的風險，並且可以將更多的盈餘轉作再投資，以提高公司的股權資本比重，降低財務風險。

2. 資產的流動性

資產的流動能力決定著企業現金支付能力的強弱，是公司生產經營得以正常進行的必要條件。股利的分配自然也應以不影響、不危及公司經營上的流動性為前提。資產流動性好，則現金支付能力相對較強，現金股利的支付率便也可以相對較高；反之，企業則應控制現金股利的分配。

3. 舉債能力

舉債能力強的公司因為能夠及時籌措到所需的資金，所以可以採取較為寬鬆的股利政策；反之，舉債能力弱的公司為了保證企業必要的支付能力，則往往會選擇保留較多的盈餘，選擇採取低股利政策。

4. 投資機會

股利政策的制定很大程度上會受到企業投資機會的左右。公司決策層必須將股東的短期利益與長期利益相結合，發放股利與保留盈餘相結合。所以有良好投資機會、處於成長中的公司往往少發股利；缺乏良好投資機會，處於經營收縮的公司多採取高股利政策。因此，處於成長中的企業多採取低股利政策，而處於經營收縮中的企業則多採取高股利政策。

5. 資本成本

與發行普通股相比，保留盈餘不會花費籌資費用，資本成本較低。從資本成本角度考慮，公司擴大資金需要而增加權益性資本籌資時，通常會採取低股利政策。

6. 債務需要

有較高債務償還需要的公司可以通過舉新債、發行新股籌措資金用以償還債務，也可以通過保留盈餘以償還債務。如果企業選擇後者的話，往往會減少股利的支付。

(四) 其他限制

1. 債務合同約束

公司的債務合同，特別是長期債務合同，往往會設置限制公司現金支付程度的條款以保障債權人利益。如：未來的股利不得從貸款合同簽訂以前的公司留存盈餘中支付；當營運資本淨額低於某一特定金額時，不得支付股利。這都會使公司只得採取低股利政策。

2. 通貨膨脹

企業為維持再生產的運行，必須要對重置實物資產有所考慮。在通貨膨脹時期，固定資產折舊的購買力水平下降會導致沒有足夠的資金重置固定資產。這時保留較多的盈餘可以作為彌補固定資產折舊購買力水平下降的資金的來源。因此，這個時候公司的股利政策往往偏緊。

三、股利分配政策

股利分配政策包括以下要素：股利支付形式、股利支付率、股利政策的類型、股

利支付程序。

(一) 剩餘股利政策

剩餘股利政策是為維護公司最佳資本結構而採用的政策模式。其基本含義為在公司有良好的投資機會時，根據目標資本結構，算出投資所需的權益資本，先從盈餘中留用，然後將剩餘的盈餘用於股利分配。但公司在確定的目標股利支付率時會受到以下因素的制約：第一，公司的投資機會；第二，公司目標資本結構；第三，外部融資的可能性及其資本成本。當公司按照這種股利分配模式進行操作時，包含以下四個步驟：①設定目標資本結構，並在此資本結構下使得加權平均資本成本水平達到最低。②確定目標資本結構下所需的股東權益數額。③盡可能地使用稅後盈餘滿足資本投資項目對權益性資本的需求，將投資所需的權益資本數額從盈餘中扣除。④將扣除投資所需後的剩餘盈餘作為股利發放。該政策的優點是可以保持理想的資本結構，使加權平均資本成本最低；但該政策的缺點是容易導致股利波動，不利於投資者安排收入與支出。

【例9-1】某公司2014年淨利潤600萬元，預計2015年投資需要資金400萬元，目標資本結構為權益資金占60%，借入資金占40%，該公司採用剩餘股利政策。

要求：計算2014年應分配多少股利。

2015年需要資金中權益資金數額＝400×60%＝240（萬元）

2014年發放股利＝600－240＝360（萬元）

(二) 固定或持續增長股利政策

該種股利政策是為了維持穩定的股利支付而採用的一種政策模式，其主要目的是為了避免出現由於經營不善而削減股利的情況。其基本含義為將每年發放的股利固定在某一穩定水平上並在較長的時期內不變，只有當公司認為未來盈餘會顯著地、不可逆轉地增長時，才提高年度的股利發放額。其優點在於：①向市場傳遞公司正常發展的信息，有利於公司樹立良好的企業形象，提升企業的聲譽，增加投資者對企業的信心，穩定公司股票價格；②有利於投資者安排收入與支出，特別是對那些對股利有著很高依賴性的股東；③可能會不符合剩餘股利政策，但為了將股利維持在穩定的水平上，即使推遲某些投資方案或暫時偏離目標資本結構，也比降低股利或降低股利增長率有利。但缺點是：①會造成股利的支付與盈餘脫節；②不能像剩餘股利政策那樣保持較低的資本成本；③當盈餘較低時也要支付固定股利，有可能會導致資金短缺，財務狀況不斷惡化。

(三) 固定股利支付率政策

該政策又被稱為變動股利額政策。其基本含義為公司確定一個股利占盈餘的比率，長期按此比率支付股利的政策。在這一股利政策下，各年的股利額會隨著公司經營的好壞而上下波動，獲得較多盈利的年份股利較高，獲得盈餘較少的年份股利額較低。其優點是能使股利與公司盈餘緊密地配合，以體現多盈多分、少盈少分、無盈不分的原則。主張實行固定股利支付率的人認為，只有這樣，即股利額能隨盈利情況的變動

而「水漲船高」，才算真正公平地對待了每一位股東，也能使股利支付與公司盈利很好地配合。但是，這種股利政策的缺陷在於，因為公司的股利隨公司的盈利頻繁變動，極易給投資者造成公司不穩定的感覺，既會對公司形象的樹立產生負面影響，也會對穩定股票價格不利。因此，在實務中，很少企業會直接運用這一指標，但是，分析公司股利支付情況時，該指標卻被經常使用，而且被認為是極為重要的評價指標。此外，在固定股利支付率政策下，由於股利支付率不變，即股利支付率的分子、分母的變動幅度相同，意味著股利增長率等於淨利潤的增長率。

（四）低正常股利加額外股利政策

低正常股利加額外股利政策顧名思義，其基本含義為公司一般情況下每年只支付一個固定的、數額較低的股利；在盈餘較多的年份，再根據實際情況向股東發放額外股利。但額外股利並不固定化。其優點在於：

（1）具有較大靈活性。當公司盈餘較少或投資使用的資金較多時，可維持既定的較低但正常的股利，股東不會有明顯的反應；而當盈餘有較大幅度增加時，則可適度增加股利的發放，增加投資者對公司的信心，同時也利於股價的穩定。但需注意的是，額外支付的股利不能讓股東將它視為正常股利的一部分，否則，額外的股利不僅會失去本身的意義，還會產生負面的影響。

（2）使那些依靠股利度日的股東每年至少可以得到雖然較低但比較穩定的股利收入，從而吸引住這部分股東。

第三節　股票股利與股票分割

股票股利與股票分割的經濟意義幾乎完全一樣，都是給公司現有股東增發額外的股票，唯一的區別是它們在會計上的處理方式不同。

一、股票股利

（一）股票股利的影響

股票股利是公司以發放的股票作為股利的支付方式。它並不會直接增加股東的財富，發放股票股利後的資產、負債、所有者權益總額均不會發生變化。股東所持股份占公司所有股份的比例不變；因而每位股東所持股票的市場價值總額保持不變。發放股票股利後會使股份數增加；若盈利總額、市盈率不變，則每股收益和每股市價會下降，但每股面值不變。因此股票股利只會影響所有者權益（或股東權益）內部結構發生變化，不會涉及公司的現金流。

【例9-2】某公司發放股票股利前股東權益情況如表9-2、表9-3所示。

表 9-2　　　　　　　　　　某公司股東權益表　　　　　　　　單位：元

項目	金額
普通股（面額 1 元）	20,000
資本公積	10,000
未分配利潤	50,000
股東權益合計	80,000

該公司現在要按市價發放 10% 的股票股利，目前每股收益 1 元，每股市價 10 元。

要求：計算該公司發放股票股利後的股東權益各項目金額、每股收益及每股市價。

發放股票股利前的股票數量 = 20,000÷1 = 20,000（股）

未分配利潤減少 = 20,000×10%×10 = 20,000（元）

普通股股本增加 = 20,000×10%×1 = 2,000（元）

資本公積增加 = 20,000×10%×（10-1）= 18,000（元）

發放股票股利後每股收益 = 1÷（1+10%）= 0.91（元）

發放股票股利後每股市價 = 10÷（1+10%）= 9.09（元）

表 9-3　　　　　　　　　發放股利後股東權益表　　　　　　　　單位：元

項目	金額
普通股（面額 1 元）	22,000
資本公積	28,000
未分配利潤	30,000
股東權益合計	80,000

從表 9-3 可以發現，發放股票股利後，如果盈利總額及市盈率不變，由於普通股的增加，會引起每股收益從 1 元下降到 0.91 元，每股市價從 10 元下降到 9.09 元。但由於股東持股比例不變，每位股東所持股票的市場價值仍保持不變。

（二）股票在除權（除息）日的除權參考價

中國上市公司在進行股利分配時，現金股利和股票股利兩種方式，可以選擇單獨實施，也可以組合進行，還可以同時從資本公積中轉增股本。由於股票股利和轉增的分配方式都會在每個股東持股比例不變的情況下增加股本數量，從而導致每股價值稀釋，股價下降。

在除權（除息）日，上市公司發放現金股利與股票股利的股票除權參考價如下所示：

$$除權參考價 = \frac{股權登記日收盤價 - 每股現金股利}{1 + 送股率 + 轉增率}$$

【例9-3】某公司2014年利潤分配方案為每10股送3股轉增[①]5股，派發現金紅利0.6元（含稅），股權登記日為2015年3月19日（該日收盤價24.45元），除權（除息）日為2015年3月20日（該日的開盤價13.81）。要求：計算該股票的除權參考價。

$$除權參考價 = \frac{股權登記日收盤價 - 每股現金股利}{1+送股率+轉增率} = \frac{24.45-0.06}{1+0.3+0.5} = 13.55（元）$$

從計算結果中我們可以發現，除權（除息）日的參考價為13.55，開盤價為13.81，相對於股權登記日的收盤價24.45元有大幅的下降。

(三) 發放股票股利的意義

從純經濟的角度講，股票股利不增加股東財富與公司價值，不改變財富的分配，但有其特殊的意義。第一，它可以使股票的交易價格保持在合理的範圍之內。由於在盈餘和現金股利保持不變的情況下，股票股利的發放可以降低每股市價，使股價保持在相對合理的範圍內，從而吸引到更多的投資者。第二，它能夠以較低的成本向市場傳達利好信號。從信號傳遞的角度看，股票股利的發放對外部投資者而言往往是好消息，因為通常情況下，企業管理者作為信息獲取的優勢方，只有在公司前景看好時，才會發放股票股利。第三，它有利於保持公司的流動性。由於股票股利的分配不會產生現金的流出，只是改變所有者權益的內部結構，因而在利潤分配環節不會給企業的現金流造成壓力，有助於企業保持適度的財務彈性；同時，還能使股東分享盈餘成果的同時使現金留存於企業，形成內源性融資的來源。

二、股票分割

股票分割是指將面額較高的股票交換成面額較低的股票的行為。它並不是一種完全意義上的股利分配方式，但其所產生的效果與股票股利雷同：進行股票分割後資產總額不變；負債總額不變；所有者權益總額不變；所有者權益（或股東權益）內部結構不變，這與股票股利有所不同；股東所持股份占公司所有股份的比例不變；每位股東所持股票的市場價值總額保持不變。進行股票分割後會使股份數增加；每股面值降低；若盈利總額不變，則每股收益下降；每股市價下降。

【例9-4】某公司進行股票分割前股東權益情況如表9-4、表9-5所示。

表9-4　　　　　　某公司分割前股東權益表　　　　　　單位：元

項目	金額
普通股（面額1元）	20,000
資本公積	10,000
未分配利潤	50,000
股東權益合計	80,000

---

① 指從資本公積中轉增股本。

該公司要按 1 股分成 4 股的比例進行股票分割，目前每股收益 1 元，每股市價 10 元。

要求：分別計算股票分割後，股東權益各項目、普通股每股面額、普通股股數、每股收益及每股市價的變化情況。

股票分割前的股票數量 = 20,000÷1 = 20,000（股）
股票分割後普通股每股面額 = 1÷4 = 0.25（元）
股票分割後普通股股數 = 20,000×4 = 80,000（股）
股票分割後每股收益 = 1÷4 = 0.25（元）
股票分割後每股市價 = 10÷4 = 2.5（元）

表 9-5　　　　　　　　某公司分割後股東權益表　　　　　　　單位：元

項目	金額
普通股（面額 0.25 元）	20,000
資本公積	10,000
未分配利潤	50,000
股東權益合計	80,000

從表 9-5 可見，對股東而言，只要股票分割後每股現金股利的下降幅度小於股票分割幅度，股東仍能多獲現金股利。對公司而言，第一，股票分割可以通過增加股票股數降低每股市價，從而吸引更多的投資者。第二，股票分割也傳遞「公司正處於發展之中」的有利信息。這與股票股利的作用類似。

由於股票股利與股票分割產生的效果非常相似，大多數證券監管部門會對二者加以區分。如有些國家規定，發放 25% 以上的股票股利即屬於股票分割。

實行股票分割的主要目的在於，通過增加股票數量，降低股價，從而吸引更多的投資者。因此，如公司存在另一種操作路徑，即公司如果認為自己股票的價格過低，為了提高股價，會採取反分割策略。所謂反分割是指與股票分割相反的行為，即將數股面額較低的股票合併為一股面額較高的股票。如原面額 2 元，發行 20 萬股、市價 8 元的股票，按 2 股換 1 股的比例進行反分割，則該公司的股票面額將變為 4 元，股票股數變為 10 萬股，市價也將會上升。

三、股票回購

股票回購是指公司有多餘現金時，向股東回購自己的股票，以此來代替現金股利的發放，特別是考慮到避稅因素時，股票回購可以成為股利政策一個有效的替代方式。

（一）股票回購的意義

股票回購是指公司回購自己發行在外的股票。這樣會使得在外流通的股票數量減少，在盈餘不變的情況下，股利會增加，進而使得股價上升；因此，股東可以從中獲利，相當於支付股東的現金股利，從而使得股票回購可以成為現金股利的替代手段。

【例9-5】乙公司進行股票回購前股東權益情況如下表：

表9-6　　　　　　　　　　　　乙公司股東權益表　　　　　　　　　　單位：萬元

項目	金額
普通股（面額1元）	2,000
資本公積	4,000
未分配利潤	6,000
股東權益合計	12,000

目前每股收益1.4元，每股市價12.6元。該公司要按市價回購30%的股份，回購後市盈率不變。

要求：計算乙公司股票回購後的股票數量、每股收益和每股市價。

股票回購前的股票數量＝2,000÷1＝2,000（萬股）

股票回購後的股票數量＝2,000×（1－30%）＝1,400（萬股）

股票回購後的每股收益＝1.4÷（1－30%）＝2（元）

股票回購前的市盈率＝12.6÷1.4＝9

股票回購後的每股市價＝9×2＝18（元）

從計算中我們可以發現，實施股票回購後的每股收益及每股市價都有所上升，股東可以從中獲取資本利得。然而，與現金股利政策相比，股票回購無論對股東還是對公司都有著不一樣的意義：

1. 股票回購對股東的意義

（1）股票回購後股東得到的資本利得，需交納資本利得稅，發放現金股利後股東需交納股息稅，在前者低於後者的情況下，股東將得到納稅上的好處。

（2）股票回購對股東利益具有不確定的影響。由於股票回購與現金股利相比在避稅上的優勢，是基於如市盈率不變、外部環境不變、投資者決策不變等一系列假設的基礎上的。事實上，上述假設往往會因為股票回購的行為而發生變化，從而造成股東利益的不確定性。

2. 股票回購對公司的意義

對公司而言，進行股票回購的最終目的是有利於增加公司的價值：

（1）與股票發行不同，公司進行股票回購的目的之一向市場傳遞了股價被低估的信號，其市場反應通常是股價提高。如果回購後股價仍被低估，剩餘股東也可以從中獲利。

（2）當公司可支配的現金流明顯超過投資項目所需的現金流時，可以用自由現金流進行股票回購，有助於增加每股盈利水平。從公司治理的角度看，自由現金流減少可以降低股東和管理層之間的代理成本；同時管理層也試圖通過股票回購使投資者相信公司的股票的吸引力，公司沒有把股東的錢浪費在收益欠佳的投資中。

（3）避免股利波動帶來的負面影響。當公司的剩餘現金流不足以長期維持較高的高股利政策時，可以通過股票回購發放股利，以維持相對穩定的股利支付率。

(4）發揮財務槓桿的作用。如果公司認為權益性資本的比例過高，可以通過股票回購降低權益性資本比例，提高資產負債率，同時也可以降低資本成本，優化資本結構。特別地，如果公司採用債務性融資來進行股票回購，可快速提高資產負債率，改變資本結構。

(5）通過股票回購，可以減少外部流通股的數量，提高了股票價格，在一定程度上降低了公司被收購的風險。

(6）調節所有權結構。公司回購的股票作為庫存股，可以用於交換被收購公司的股票，也可用於滿足認股權證持有人或可轉換債券持有人認購公司股票，還可用於兌現期權時使用，避免因增發帶來的收益稀釋。

(二）股票回購的法律規定

中國《公司法》規定，一般情況下，公司不得收購本公司股份。但是下列情形之一的除外：①減少公司註冊資本；②與持有本公司股份的其他公司合併；③將股份獎勵給本公司職工；④股東因對股東大會做出的公司合併、分立決議持異議，要求公司收購其股份的。

其中，減少註冊資本回購的股票須在收購之日起10日內註銷；用於獎勵職工回購的股票不得超過在外發行股票總額的5%，且須在一年內轉讓給職工，所需資金從公司稅後利潤中支付；股東因對股東大會做出的公司合併、分立決議持異議，要求公司收購其股份的須在收購之日起6個月內轉讓或註銷。可見中國法規並不允許公司擁有庫存股。

2005年6月，中國證監會發布的《上市公司回購社會公眾股份管理辦法（試行）》，賦予了上市公司管理層及股東在回購股票方面充分的決定權和選擇權。該辦法允許公司董事會根據公司股票在資本市場的表現、公司的現金流、資本結構、資產結構等情況，基於回購行為對公司持續發展能力的積極作用，自主設計股票回購方案。

(三）股票回購的方式

股票回購行為從不同的視角，可以有以下幾種分類：

(1）按照股票回購的地點不同，可分為場內公開收購和場外協議收購兩種。場內公開收購指公司把自己等同於任何潛在投資者，委託證券公司代自己按市價進行回購。場外協議收購指公司與某一類或某幾類投資者直接見面，就價格、數量、執行時間等交易要素，通過溝通協商確定的股票回購方式。

(2）按照股票回購面向的對象不同，可分為在資本市場上進行隨機回購、向全體股東招標回購、向個別股東協商回購。隨機回購方式最常見，但往往監管較嚴。招標回購，一方面，回購價往往要高於市場價；另一方面，回購工作一般需委託金融仲介機構進行，回購成本較高。協商回購由於並不面向全體股東，所以必須保持回購價格的公正合理，以保護其他股東的利益。

(3）按照籌資方式，可分為舉債回購、現金回購和混合回購。舉債回購是指通過引入債務性資金來獲取回購資金，其主要目的是為了防止惡意兼併和收購；現金回購是指公司利用剩餘資金作為回購資金；如果回購資金來源上述兩種情況均存在，則屬

於混合回購。

（4）按照回購價格的確定方式，可分為固定價格要約回購和荷蘭式拍賣回購。固定價格要約回購是指公司在特定時間發出的以某一高出股票當前市場價格的價格水平，回購既定數量股票的賣出報價。荷蘭式拍賣回購則在回購價格確定方面賦予了公司更大的靈活性。在荷蘭式拍賣回購中，公司會首先指定回購價格範圍和回購數量；而後股東進行競標，說明願意在指定價格範圍內以某一特定價格水平出售的股票數量；公司匯總競價結果後，確定該次回購的「價格—數量曲線」，並根據實際回購數量確定最終回購價。

思考題

1. 企業的期末淨利潤如何進行分配？
2. 股利理論有哪幾種？
3. 常用的股利政策有哪些？企業如何進行選擇？
4. 股票股利與股票回購有何區別？

練習題

1. 正大公司去年稅後淨利為 500 萬元，今年由於經濟不景氣，稅後盈餘降為 475 萬元，目前公司發行在外普通股為 100 萬股。該公司對未來仍有信心，決定投資 400 萬元設立新廠，其 60% 將來自舉債，40% 來自權益資金。此外，該公司去年每股股利為 3 元。

要求：

（1）若該公司維持固定股利支付率政策，則今年應支付每股股利多少元？

（2）若依據剩餘股利政策，則今年應支付每股股利多少元？

2. 某公司去年稅後淨利為 1,000 萬元，因為經濟不景氣，估計明年稅後淨利降為 870 萬元，目前公司發行在外普通股為 200 萬股。該公司決定投資 500 萬元設立新廠，並維持 60% 的資產負債率不變。另外，該公司去年支付每股現金股利為 2.5 元。

要求：

（1）若依據固定股利支付率政策，則今年應支付每股股利多少元？

（2）若依據剩餘股利政策，則今年應支付每股股利多少元？

3. 某企業 2013 年淨利潤 1,000 萬元，550 萬元發放股利，450 萬元留存收益。2014 年利潤為 900 萬元，若企業今年有投資項目 700 萬元，保持自有資金 60%，外部資金 40%。

要求：

（1）投資項目要籌集自有資金多少？外部資金多少？

（2）企業要保持資金結構，2014 年還能發放多少股利？

（3）若不考慮資金結構，企業採取固定股利政策，則應發多少股利，項目投資需

（4）若不考慮資金結構，企業採取固定股利支付率政策，支付率為多少？應支付多少股利？

（5）若企業外部籌資困難，全從內部籌資，在不考慮資金結構情況下，應支付多少股利？

案例分析

案例一：寶鋼股份 2007 年度分紅派息公告

寶山鋼鐵股份有限公司 2007 年度利潤分配方案已在本公司於 2008 年 4 月 28 日召開的 2007 年度股東大會上審議通過，股東大會決議公告刊登於 2008 年 4 月 29 日的有關報紙上。公司派息的具體事宜公告如下：

一、派息方案

2007 年度派息方案為：向 2008 年 5 月 12 日在冊的全體股東派發股利如下：每 10 股派發現金股利 3.5 元（含稅），共計 6,129,200,000 元。

個人股東的現金紅利按其股息紅利所得的 50% 計算個人應納稅所得額，依照現行稅法規定的個人所得稅稅率 20% 代扣個人所得稅，扣稅後實際派發現金紅利為每股 0.315 元；機構投資者不代扣所得稅，實際派發現金紅利為每股 0.35 元。

二、股權登記日、除息日及紅利發放日

股權登記日：2008 年 5 月 12 日

除息日：2008 年 5 月 13 日

紅利發放日：2008 年 5 月 16 日

三、派發對象

2008 年 5 月 12 日下午上海證券交易所交易結束後，在中國證券登記結算有限責任公司上海分公司登記在冊的本公司全體股東。

四、派息辦法

寶鋼集團有限公司持有股票的現金紅利由本公司直接派發，其餘股票的現金紅利委託中國證券登記結算有限責任公司上海分公司通過其資金清算系統改向股權登記日登記在冊並在上海證券交易所各會員單位辦理了指定交易的股東派發。已辦理全面指定交易的投資者可於紅利發放日在其指定的證券營業部領取現金紅利，未辦理指定交易的股東紅利暫由中國證券登記結算有限責任公司上海分公司保管，待辦理指定交易後再進行派發。

特此公告。

寶山鋼鐵股份有限公司董事會
2008 年 5 月 7 日

（資料來源：http://www.p5w.net/stock/ssgsyj/200805/t1645091/htm）

討論：

1. 寶鋼股份有限公司以上股利分配政策的類型是什麼？依據是什麼？
2. 若某股東於 2008 年 5 月 13 日購入該公司股票，他是否能獲得股利？

案例二：用友軟件股利分配方案

北京用友軟件股份有限公司於 2001 年 5 月 18 日上市，以發行價每股 36.68 元、市盈率 64.35 倍在上海證券交易所上網定價發行 25,000 萬股 A 股。憑藉上市，用友募集資金達 8 億多元，淨資產從 2000 年底的 8,384 萬元飆升了 10 倍。上市當日開盤價就為每股 76 元，已經比發行價每股 36.68 元高出 2 倍有餘，當日最高更是創下了每股 100 元的輝煌價格，並以每股 92 元報收，創出中國股市新股上市首日最高的收盤價。

2001 年，公司實現主營業務收入 32,707 萬元，主營業務利潤 30,444 萬元，與 2000 年同期相比，分別增長了 56.2% 和 553%。

2002 年 4 月 28 日，用友軟件再次吸引了人們的眼球——公司股東大會於 2002 年 4 月 28 日召開，其審議通過的公司 2001 年度利潤分配方案如下：本公司 2001 年度淨利潤為 70,400,601 元，提取法定盈餘公積金 7,040,060 元，提取法定公益金 3,520,030 元，上年度結轉利潤 286,436 元，期末可供股東分配的利潤為 60,126,947 元。公司在 2002 年度對 2001 年度淨利潤進行一次分配，每 10 股派發現金 6 元（含稅），共計派發現金股利 6,000 萬元，占本次可分配利潤的 99.79%，剩餘 126,947 元利潤留待以後年度分配。此次分配不計提任意盈餘公積金。本年度不進行公積金轉增股本。

最後表決，贊成票 7,566.98 萬股，占出席會議有效表決權股份總數的 99.97%；反對票 16,108 股；棄權票 6,900 股。

剛剛上市一年即大比例分紅，一時之間市場上眾說紛紜，董事長王文京更是由於其大股東的地位而成為漩渦中心，因為按照王文京對用友軟件的持股比例推算，他可以從這次股利派現中分得 3,312 萬元。根據計算，用友軟件中出資 8,000 多萬元的大股東，一年分得紅利 4,500 萬元，回報率高達 54%，不到兩年就能收回投資。而出資 20 個億的流通股股東分得紅利 1,500 萬元，回報率只有 1.6%，需要 133 年才能收回投資。

股東大會僅有 7 名中小股東出席，並沒有想像中那麼熱鬧。由於股權較集中，分紅方案沒有任何懸念地順利通過。

思考題：
1. 選擇不同的股利分配政策會對企業產生哪些影響？
2. 企業在選擇股利分配政策的時候需要考慮哪些問題？
3. 用友軟件選擇現金股利的理由是什麼？高額現金股利會對公司產生什麼影響？

參考文獻

1. 中國註冊會計師協會. 財務成本管理 [M]. 北京：中國財政經濟出版社, 2014.
2. 張先治, 陳又邦. 財務分析 [M]. 大連：東北財經大學出版社, 2014.
3. 荊新, 王化成, 劉俊彥. 財務管理學 [M]. 北京：中國人民大學出版社, 2013.
4. 魯愛民. 財務分析 [M]. 北京：機械工業出版社, 2015.
5. 陳金龍, 李四能. 財務管理 [M]. 北京：機械工業出版社, 2012.
6. 陳勇, 弓劍煒, 荊新. 財務管理案例教程 [M]. 北京：北京大學出版社, 2003.
7. 趙德武. 財務管理 [M]. 北京：高等教育出版社, 2002.
8. 王化成. 財務管理 [M]. 4 版. 北京：中國人民大學出版社, 2013.
9. 劉淑蓮. 財務管理 [M]. 3 版. 大連：東北財經大學出版社, 2013.
10. 斯蒂芬·A. 羅斯, 等. 公司理財基礎 [M]. 方紅星, 譯. 大連：東北財經大學出版社, 2002.
11. 斯蒂芬·A. 羅斯, 杰弗里·F. 杰富. 公司理財 [M]. 吳世農, 沈藝峰, 等, 譯. 北京：機械工業出版社, 2000.
12. 布里格姆, 等. 財務管理 [M]. 12 版. 佟岩, 譯. 北京：中國人民大學出版社, 2014.
13. 希金斯, 等. 財務管理分析 [M]. 6 版. 沈藝峰, 等, 譯. 北京：北京大學出版社, 2014.
14. 王化成. 高級財務管理學 [M]. 北京：北京大學出版社, 2011.
15. 趙秀芳. 財務管理 [M]. 北京：科學出版社, 2011.
16. 楊麗蓉, 等. 公司金融學 [M]. 3 版. 北京：科學出版社, 2013.

附　　表

附表一　　　　　　　　　　　複利終值係數表

n \ i (%)	1%	2%	3%	4%	5%	6%	7%	8%	9%
1	1.010	1.020	1.030	1.040	1.050	1.060	1.070	1.080	1.090
2	1.020	1.040	1.061	1.082	1.103	1.124	1.145	1.166	1.188
3	1.030	1.061	1.093	1.125	1.158	1.191	1.225	1.260	1.295
4	1.041	1.082	1.126	1.170	1.216	1.263	1.311	1.361	1.412
5	1.051	1.104	1.153	1.217	1.276	1.338	1.403	1.469	1.539
6	1.062	1.126	1.194	1.265	1.340	1.419	1.501	1.587	1.677
7	1.072	1.149	1.230	1.316	1.407	1.504	1.606	1.714	1.828
8	1.083	1.172	1.267	1.369	1.478	1.594	1.718	1.851	1.993
9	1.094	1.195	1.305	1.423	1.551	1.690	1.839	1.999	2.172
10	1.105	1.219	1.344	1.480	1.629	1.791	1.967	2.159	2.367
11	1.116	1.243	1.384	1.540	1.710	1.898	2.105	2.332	2.580
12	1.127	1.268	1.426	1.601	1.796	2.012	2.252	2.518	2.813
13	1.138	1.294	1.469	1.665	1.886	2.133	2.410	2.720	3.066
14	1.150	1.320	1.513	1.732	1.980	2.261	2.579	2.937	3.342
15	1.161	1.346	1.558	1.801	2.079	2.397	2.759	3.172	3.643
16	1.173	1.373	1.605	1.873	2.183	2.540	2.952	3.426	3.970
17	1.184	3.400	1.653	1.948	2.292	2.693	3.159	3.700	4.328
18	1.196	1.428	1.702	2.026	2.407	2.854	3.380	3.996	4.717
19	1.208	1.457	1.754	2.107	2.527	3.026	3.617	4.316	5.142
20	1.220	1.486	1.806	2.191	2.653	3.207	3.870	4.661	5.604
21	1.232	1.516	1.860	2.279	2.786	3.400	4.141	5.034	6.109
22	1.245	1.546	1.916	2.370	2.925	3.604	4.430	5.437	6.659
23	1.257	1.577	1.974	2.465	3.072	3.820	4.741	5.872	7.258
24	1.270	1.608	2.033	2.563	3.225	4.049	5.072	6.341	7.911
25	1.282	1.641	2.094	2.666	3.386	4.292	5.427	6.849	8.623
26	1.295	1.673	2.157	2.773	3.556	4.549	5.807	7.396	9.399
27	1.308	1.707	2.221	2.883	3.734	4.822	6.214	7.988	10.245
28	1.321	1.741	2.288	2.999	3.920	5.112	6.649	8.627	11.167
29	1.335	1.776	2.357	3.119	4.116	5.418	7.114	9.317	12.172
30	1.348	1.811	2.427	3.243	4.322	5.744	7.612	10.063	13.268
35	1.417	2.000	2.814	3.946	5.516	7.686	10.677	14.785	20.414
40	1.489	2.208	3.262	4.801	7.040	10.286	14.975	21.725	31.409

附表一（續）

n \ i (%)	10%	11%	12%	13%	14%	15%	16%	17%	18%
1	1.100	1.110	1.120	1.130	1.140	1.150	1.160	1.170	1.180
2	1.210	1.232	1.254	1.277	1.300	1.323	1.346	1.369	1.392
3	1.331	1.368	1.405	1.443	1.482	1.521	1.561	1.602	1.643
4	1.464	1.518	1.574	1.631	1.689	1.749	1.811	1.874	1.939
5	1.611	1.685	1.762	1.842	1.925	2.011	2.100	2.192	2.288
6	1.772	1.870	1.974	2.082	2.195	2.313	2.436	2.565	2.700
7	1.949	2.076	2.211	2.353	2.502	2.660	2.826	3.001	3.186
8	2.144	2.305	2.476	2.658	2.853	3.059	3.278	3.512	3.759
9	2.358	2.558	2.773	3.004	3.252	3.518	3.803	4.108	4.436
10	2.594	2.839	3.106	3.395	3.707	4.046	4.411	4.807	5.234
11	2.853	3.152	3.479	3.836	4.226	4.652	5.117	5.624	6.176
12	3.138	3.499	3.896	4.335	4.818	5.350	5.936	6.580	7.288
13	3.452	3.883	4.364	4.898	5.492	6.153	6.886	7.699	8.599
14	3.798	4.310	4.887	5.535	6.261	7.076	7.988	9.008	10.147
15	4.177	4.785	5.474	6.254	7.138	8.137	9.266	10.539	11.974
16	4.595	5.311	6.130	7.067	8.137	9.358	10.748	12.330	14.129
17	5.055	5.895	6.866	7.986	9.277	10.761	12.468	14.427	16.672
18	5.560	6.544	7.690	9.024	10.575	12.376	14.463	16.879	19.673
19	6.116	7.263	8.613	10.197	12.056	14.232	16.777	19.748	23.214
20	6.728	8.062	9.646	11.523	13.744	16.367	19.461	23.106	27.393
21	7.400	8.949	10.804	13.021	15.668	18.822	22.575	27.034	32.324
22	8.140	9.934	12.100	14.714	17.861	21.645	26.186	31.629	38.142
23	8.954	11.026	13.552	16.627	20.362	24.892	30.376	37.006	45.008
24	9.850	12.239	15.179	18.788	23.212	28.625	35.236	43.297	53.109
25	10.835	13.586	17.000	21.231	26.462	32.919	40.874	50.658	62.669
26	11.918	15.080	19.040	23.991	30.167	37.857	47.414	59.270	73.949
27	13.110	16.739	21.325	27.109	34.390	43.535	55.000	69.346	87.260
28	14.421	18.580	23.884	30.634	39.205	50.066	63.800	81.134	102.967
29	15.863	20.624	26.750	34.616	44.693	57.576	74.009	94.927	121.501
30	17.449	22.892	29.960	39.116	50.950	66.212	85.850	111.065	143.371
35	28.102	38.575	52.800	72.069	98.100	133.176	180.314	243.504	327.997
40	45.259	65.001	93.051	132.782	188.884	267.864	378.721	533.869	750.378

附表一（續）

n \ i (%)	19%	20%	21%	22%	23%	24%	25%	30%	35%
1	1.190	1.200	1.210	1.220	1.230	1.240	1.250	1.300	1.350
2	1.416	1.440	1.464	1.488	1.513	1.538	1.563	1.690	1.823
3	1.685	1.728	1.772	1.816	1.861	1.907	1.953	2.197	2.460
4	2.005	2.074	2.144	2.215	2.289	2.364	2.441	2.856	3.322
5	2.386	2.488	2.594	2.703	2.815	2.932	3.052	3.713	4.484
6	2.840	2.986	3.138	3.297	3.463	3.635	3.815	4.827	6.053
7	3.379	3.583	3.798	4.023	4.259	4.508	4.768	6.275	8.172
8	4.021	4.300	4.595	4.908	5.239	5.590	5.961	8.157	11.032
9	4.785	5.160	5.560	5.987	6.444	6.931	7.451	10.605	14.894
10	5.695	6.192	6.728	7.305	7.926	8.594	9.313	13.786	20.107
11	6.777	7.430	8.140	8.912	9.749	10.657	11.642	17.922	27.144
12	8.064	8.916	9.850	10.872	11.991	13.215	14.552	23.298	36.644
13	9.596	10.699	11.918	13.264	14.749	16.386	18.190	30.288	49.470
14	11.420	12.839	14.421	16.182	18.141	20.319	22.737	39.374	66.784
15	13.590	15.407	17.449	19.742	22.314	25.196	28.422	51.186	90.159
16	16.172	18.488	21.114	24.086	27.446	31.243	35.527	66.542	121.714
17	19.244	22.186	25.548	29.384	33.759	38.741	44.409	86.504	164.314
18	22.901	26.623	30.913	35.849	41.523	48.039	55.511	112.455	221.824
19	27.252	31.948	37.404	43.736	51.074	59.568	69.389	146.192	299.462
20	32.429	38.338	45.259	53.358	62.821	73.864	86.736	190.050	404.274
21	38.591	46.005	54.764	65.096	77.269	91.592	108.420	247.065	545.769
22	45.923	55.206	66.264	79.418	95.041	113.574	135.525	321.184	736.789
23	54.649	66.247	80.180	96.889	116.901	140.831	169.407	417.539	994.665
24	65.032	79.497	97.017	118.205	143.788	174.631	211.758	542.801	1,342.797
25	77.388	95.396	117.391	144.210	176.859	216.542	264.698	705.641	1,812.776
26	92.092	114.476	142.043	175.936	217.537	268.512	330.872	917.333	2,447.248
27	109.589	137.371	171.872	214.642	267.570	332.955	413.590	1,192.533	3,303.785
28	130.411	164.845	207.965	261.864	329.112	412.864	516.988	1,550.293	4,460.110
29	155.189	197.814	251.638	319.474	404.807	511.952	646.235	2,015.381	6,021.148
30	184.675	237.376	304.482	389.758	497.913	634.820	807.794	2,619.996	8,128.550
35	440.701	590.668	789.747	1,053.402	1,401.777	1,861.054	2,465.190	9,727.876,0	36,448.688
40	1,051.668	1,469.772	2,048.400	2,847.038	3,946.431	5,455.913	7,523.164	36,118.865	163,437.135

附表二　　　　　　　　　　　複利現值系數表

n \ i (%)	1%	2%	3%	4%	5%	6%	7%	8%	9%
1	0.990	0.980	0.971	0.962	0.952	0.943	0.935	0.926	0.917
2	0.980	0.961	0.943	0.925	0.907	0.890	0.873	0.857	0.842
3	0.971	0.942	0.915	0.889	0.864	0.840	0.816	0.794	0.772
4	0.961	0.924	0.889	0.855	0.823	0.792	0.763	0.735	0.708
5	0.952	0.906	0.863	0.822	0.784	0.747	0.713	0.681	0.650
6	0.942	0.888	0.838	0.790	0.746	0.705	0.666	0.630	0.596
7	0.933	0.871	0.813	0.760	0.711	0.665	0.623	0.584	0.547
8	0.924	0.854	0.789	0.731	0.677	0.627	0.582	0.540	0.502
9	0.914	0.837	0.766	0.703	0.645	0.592	0.544	0.500	0.460
10	0.905	0.820	0.744	0.676	0.614	0.558	0.508	0.463	0.422
11	0.896	0.804	0.722	0.650	0.585	0.527	0.475	0.429	0.388
12	0.887	0.789	0.701	0.625	0.557	0.497	0.444	0.397	0.356
13	0.879	0.773	0.681	0.601	0.530	0.469	0.415	0.368	0.326
14	0.870	0.758	0.661	0.578	0.505	0.442	0.388	0.341	0.299
15	0.861	0.743	0.642	0.555	0.481	0.417	0.362	0.315	0.275
16	0.853	0.728	0.623	0.534	0.458	0.394	0.339	0.292	0.252
17	0.844	0.714	0.605	0.513	0.436	0.371	0.317	0.270	0.231
18	0.836	0.700	0.587	0.494	0.416	0.350	0.296	0.250	0.212
19	0.828	0.686	0.570	0.475	0.396	0.331	0.277	0.232	0.195
20	0.820	0.673	0.554	0.456	0.377	0.312	0.258	0.215	0.178
21	0.811	0.660	0.538	0.439	0.359	0.294	0.242	0.199	0.164
22	0.803	0.647	0.522	0.422	0.342	0.278	0.226	0.184	0.150
23	0.795	0.634	0.507	0.406	0.326	0.262	0.211	0.170	0.138
24	0.788	0.622	0.492	0.390	0.310	0.247	0.197	0.158	0.126
25	0.780	0.610	0.478	0.375	0.295	0.233	0.184	0.146	0.116
26	0.772	0.598	0.464	0.361	0.281	0.220	0.172	0.135	0.106
27	0.764	0.586	0.450	0.347	0.268	0.207	0.161	0.125	0.098
28	0.757	0.574	0.437	0.334	0.255	0.196	0.150	0.116	0.090
29	0.749	0.563	0.424	0.321	0.243	0.185	0.141	0.107	0.082
30	0.742	0.552	0.412	0.308	0.231	0.174	0.131	0.099	0.075
35	0.706	0.500	0.355	0.253	0.181	0.130	0.094	0.068	0.049
40	0.672	0.453	0.307	0.208	0.142	0.097	0.067	0.046	0.032

附表二（續）

n \ i (%)	10%	11%	12%	13%	14%	15%	16%	17%	18%
1	0.909	0.901	0.893	0.885	0.877	0.870	0.862	0.855	0.848
2	0.826	0.812	0.797	0.783	0.770	0.756	0.743	0.731	0.718
3	0.751	0.731	0.712	0.693	0.675	0.658	0.641	0.624	0.609
4	0.683	0.659	0.636	0.613	0.592	0.572	0.552	0.534	0.516
5	0.621	0.594	0.567	0.543	0.519	0.497	0.476	0.456	0.437
6	0.565	0.535	0.507	0.480	0.456	0.432	0.410	0.390	0.370
7	0.513	0.482	0.452	0.425	0.400	0.376	0.354	0.333	0.314
8	0.467	0.434	0.404	0.376	0.351	0.327	0.305	0.285	0.266
9	0.424	0.391	0.361	0.333	0.308	0.284	0.263	0.243	0.226
10	0.386	0.352	0.322	0.295	0.270	0.247	0.227	0.208	0.191
11	0.351	0.317	0.288	0.261	0.237	0.215	0.195	0.178	0.162
12	0.319	0.286	0.257	0.231	0.208	0.187	0.169	0.152	0.137
13	0.290	0.258	0.229	0.204	0.182	0.163	0.145	0.130	0.116
14	0.263	0.232	0.205	0.181	0.160	0.141	0.125	0.111	0.099
15	0.239	0.209	0.183	0.160	0.140	0.123	0.108	0.095	0.084
16	0.218	0.188	0.163	0.142	0.123	0.107	0.093	0.081	0.071
17	0.198	0.170	0.146	0.125	0.108	0.093	0.080	0.069	0.060
18	0.180	0.153	0.130	0.111	0.095	0.081	0.069	0.059	0.051
19	0.164	0.138	0.116	0.098	0.083	0.070	0.060	0.051	0.043
20	0.149	0.124	0.104	0.087	0.073	0.061	0.051	0.043	0.037
21	0.135	0.112	0.093	0.077	0.064	0.053	0.044	0.037	0.031
22	0.123	0.101	0.083	0.068	0.056	0.046	0.038	0.032	0.026
23	0.112	0.091	0.074	0.060	0.049	0.040	0.033	0.027	0.022
24	0.102	0.082	0.066	0.053	0.043	0.035	0.028	0.023	0.019
25	0.092	0.074	0.059	0.047	0.038	0.030	0.025	0.020	0.016
26	0.084	0.066	0.053	0.042	0.033	0.026	0.021	0.017	0.015
27	0.076	0.060	0.047	0.037	0.029	0.023	0.018	0.014	0.012
28	0.069	0.054	0.042	0.033	0.026	0.020	0.016	0.012	0.010
29	0.063	0.049	0.037	0.029	0.022	0.017	0.014	0.011	0.008
30	0.057	0.044	0.033	0.026	0.020	0.015	0.012	0.009	0.007
35	0.036	0.026	0.019	0.014	0.010	0.008	0.006	0.004	0.003
40	0.022	0.015	0.011	0.008	0.005	0.004	0.003	0.002	0.001

附表二（續）

n \ i (%)	19%	20%	21%	22%	23%	24%	25%	30%	35%
1	0.840	0.833	0.826	0.820	0.813	0.807	0.800	0.769	0.741
2	0.706	0.694	0.683	0.672	0.661	0.650	0.640	0.592	0.549
3	0.593	0.579	0.565	0.551	0.537	0.525	0.512	0.455	0.406
4	0.499	0.482	0.467	0.451	0.437	0.423	0.410	0.350	0.301
5	0.419	0.402	0.386	0.370	0.355	0.341	0.328	0.269	0.223
6	0.352	0.335	0.319	0.303	0.289	0.275	0.262	0.207	0.165
7	0.296	0.279	0.263	0.249	0.235	0.222	0.210	0.159	0.122
8	0.249	0.233	0.218	0.204	0.191	0.179	0.168	0.123	0.091
9	0.209	0.194	0.180	0.167	0.155	0.144	0.134	0.094	0.067
10	0.176	0.162	0.149	0.137	0.126	0.116	0.107	0.073	0.050
11	0.148	0.135	0.123	0.112	0.103	0.094	0.086	0.056	0.037
12	0.124	0.112	0.102	0.092	0.083	0.076	0.069	0.043	0.027
13	0.104	0.094	0.084	0.075	0.068	0.061	0.055	0.033	0.020
14	0.088	0.078	0.069	0.062	0.055	0.049	0.044	0.025	0.015
15	0.074	0.065	0.057	0.051	0.045	0.040	0.035	0.020	0.011
16	0.062	0.054	0.047	0.042	0.036	0.032	0.028	0.015	0.008
17	0.052	0.045	0.039	0.034	0.030	0.026	0.023	0.012	0.006
18	0.044	0.038	0.032	0.028	0.024	0.021	0.018	0.009	0.005
19	0.037	0.031	0.027	0.023	0.020	0.017	0.014	0.007	0.003
20	0.031	0.026	0.022	0.019	0.016	0.014	0.012	0.005	0.003
21	0.026	0.022	0.018	0.015	0.013	0.011	0.009	0.004	0.002
22	0.022	0.018	0.015	0.013	0.011	0.009	0.007	0.003	0.001
23	0.018	0.015	0.013	0.010	0.009	0.007	0.006	0.002	0.001
24	0.015	0.013	0.010	0.009	0.007	0.006	0.005	0.002	*
25	0.013	0.011	0.009	0.007	0.006	0.005	0.004	0.001	*
26	0.011	0.009	0.007	0.006	0.005	0.004	0.003	0.001	*
27	0.009	0.007	0.006	0.005	0.004	0.003	0.002	*	*
28	0.008	0.006	0.005	0.004	0.003	0.002	0.002	*	*
29	0.006	0.005	0.004	0.003	0.003	0.002	0.002	*	*
30	0.005	0.004	0.003	0.003	0.002	0.002	0.001	*	*
35	0.002	0.002	0.001	*	*	*	*	*	*
40	*	*	*	*	*	*	*	*	*

註：* <0.001

附表三 年金終值系數表

n \ i (%)	1%	2%	3%	4%	5%	6%	7%	8%	9%
1	1.000	1.000	1.000	1.000	1.000	1.000	1.000	1.000	1.000
2	2.010	2.020	2.030	2.040	2.050	2.060	2.070	2.080	2.090
3	3.030	3.060	3.091	3.122	3.153	3.184	3.215	3.246	3.278
4	4.060	4.122	4.184	4.247	4.310	4.375	4.440	4.506	4.573
5	5.101	5.204	5.309	5.416	5.526	5.637	5.751	5.867	5.985
6	6.152	6.308	6.468	6.633	6.802	6.975	7.153	7.336	7.523
7	7.214	7.434	7.663	7.898	8.142	8.394	8.654	8.923	9.200
8	8.286	8.583	8.892	9.214	9.549	9.898	10.260	10.637	11.029
9	9.369	9.755	10.159	10.583	11.027	11.491	11.978	12.488	13.021
10	10.462	10.950	11.464	12.006	12.578	13.181	13.816	14.487	15.193
11	11.567	12.169	12.808	13.486	14.207	14.972	15.784	16.646	17.560
12	12.683	13.412	14.192	15.026	15.917	16.870	17.888	18.977	20.141
13	13.809	14.680	15.618	16.627	17.713	18.882	20.141	21.495	22.953
14	14.947	15.974	17.086	18.292	19.599	21.015	22.551	24.215	26.019
15	16.097	17.293	18.599	20.024	21.579	23.276	25.129	27.152	29.361
16	17.258	18.639	20.157	21.825	23.658	25.673	27.888	30.324	33.003
17	18.430	20.012	21.762	23.698	25.840	28.213	30.840	33.750	36.974
18	19.615	21.412	23.414	25.645	28.132	30.906	33.999	37.450	41.301
19	20.811	22.841	25.117	27.671	30.539	33.760	37.379	41.446	46.019
20	22.019	24.297	26.870	29.778	33.066	36.786	40.996	45.762	51.160
21	23.239	25.783	28.677	31.969	35.719	39.993	44.865	50.423	56.765
22	24.472	27.299	30.537	34.248	38.505	43.392	49.006	55.457	62.873
23	25.716	28.845	32.453	36.618	41.431	46.996	53.436	60.893	69.532
24	26.974	30.422	34.427	39.083	44.502	50.816	58.177	66.675	76.790
25	28.243	32.030	36.459	41.646	47.727	54.865	63.249	73.106	84.701
26	29.526	33.671	38.553	44.312	51.114	59.156	68.677	79.954	93.324
27	30.821	35.344	40.710	47.084	54.669	63.706	74.484	87.351	102.723
28	32.129	37.051	42.931	49.968	58.403	68.528	80.698	95.339	112.968
29	33.450	38.793	45.329	52.966	62.323	73.640	87.347	103.966	123.135
30	34.785	40.568	47.575	56.085	66.439	79.058	94.461	113.283	136.308
35	41.660	49.995	60.462	73.652	90.320	111.435	138.237	172.317	215.711
40	48.886	60.402	75.401	95.026	120.800	154.762	199.635	259.057	337.882

附表三（續）

n \ i (%)	10%	11%	12%	13%	14%	15%	16%	17%	18%
1	1.000	1.000	1.000	1.000	1.000	1.000	1.000	1.000	1.000
2	2.100	2.110	2.120	2.130	2.140	2.150	2.160	2.170	2.180
3	3.310	3.342	3.374	3.407	3.440	3.473	3.506	3.539	3.572
4	4.641	4.710	4.779	4.850	4.921	4.993	5.067	5.141	5.215
5	6.105	6.278	6.353	6.480	6.610	6.742	6.877	7.014	7.154
6	7.716	7.913	8.115	8.323	8.536	8.754	8.977	9.207	9.442
7	9.487	9.783	10.089	10.405	10.731	11.067	11.414	11.772	12.142
8	11.436	11.859	12.300	12.757	13.233	13.727	14.240	14.773	15.327
9	13.580	14.164	14.776	15.416	16.085	16.786	17.519	18.285	19.086
10	15.937	16.722	17.549	18.420	19.337	20.304	21.322	22.393	23.521
11	18.531	19.561	20.655	21.814	23.045	24.349	25.733	27.200	28.755
12	21.384	22.713	24.133	25.650	27.271	29.002	30.850	32.824	34.931
13	24.523	26.212	28.029	29.985	32.089	34.352	36.786	39.404	42.219
14	27.975	30.095	32.393	34.883	37.581	40.505	43.672	47.103	50.818
15	31.773	34.405	37.280	40.418	43.842	47.580	51.660	56.110	60.965
16	35.950	39.190	42.753	46.672	50.980	55.718	60.925	66.649	72.939
17	40.545	44.501	48.884	53.739	59.118	65.075	71.673	78.979	87.068
18	45.599	50.396	55.750	61.725	68.394	75.836	84.141	93.406	103.740
19	51.159	56.940	63.440	70.749	78.969	88.212	98.603	110.285	123.414
20	57.275	64.203	72.052	80.947	91.025	102.444	115.380	130.033	146.628
21	64.003	72.265	81.699	92.470	104.768	118.810	134.841	153.139	174.021
22	71.403	81.214	92.503	105.491	120.436	137.632	157.415	180.172	206.345
23	79.543	91.148	104.603	120.205	138.297	159.276	183.601	211.801	244.487
24	88.487	102.174	118.155	136.832	158.659	184.168	213.978	248.808	289.495
25	98.347	114.413	133.334	155.620	181.871	212.793	249.214	292.105	342.604
26	109.182	127.999	150.334	176.850	208.333	245.712	290.088	342.763	405.272
27	121.100	143.079	169.374	200.841	238.499	283.569	337.502	402.032	479.221
28	134.210	159.817	190.699	227.950	272.889	327.104	392.503	471.378	566.481
29	148.631	178.397	214.583	258.583	312.094	377.170	456.303	552.512	669.448
30	164.494	199.021	241.333	293.199	356.787	434.745	530.312	647.439	790.948
35	271.024	341.590	431.664	546.681	693.573	881.170	1,120.713	1,426.491	1,816.652
40	442.593	581.826	767.091	1,013.704	1,342.025	1,779.090	2,360.757	3,134.522	4,163.213

附表三（續）

n \ i (%)	19%	20%	21%	22%	23%	24%	25%	30%	35%
1	1.000	1.000	1.000	1.000	1.000	1.000	1.000	1.000	1.000
2	2.190	2.200	2.210	2.220	2.230	2.240	2.250	2.300	2.350
3	3.606	3.640	3.674	3.708	3.743	3.778	3.813	3.990	4.173
4	5.291	5.368	5.446	5.524	5.560	5.684	5.766	6.187	6.633
5	7.297	7.442	7.589	7.740	7.893	8.048	8.207	9.043	9.954
6	9.683	9.930	10.183	10.442	10.708	10.980	11.259	12.756	14.438
7	12.523	12.916	13.321	13.740	14.171	14.615	15.074	17.583	20.492
8	15.902	16.499	17.119	17.762	18.430	19.123	19.842	23.858	28.664
9	19.923	20.799	21.714	22.670	23.669	24.713	25.802	32.015	39.696
10	24.709	25.959	27.274	28.657	30.113	31.643	33.253	42.620	54.590
11	30.404	32.150	34.001	35.962	38.039	40.238	42.566	56.405	74.697
12	37.180	39.581	42.142	44.874	47.788	50.895	54.208	74.327	101.841
13	45.245	48.497	51.991	55.746	59.779	64.110	68.760	97.625	138.485
14	54.841	59.196	63.910	69.010	74.528	80.496	86.950	127.913	187.954
15	66.261	72.035	78.331	85.192	92.669	100.815	109.687	167.286	254.739
16	79.850	87.442	95.780	104.935	114.983	126.011	138.109	218.472	344.897
17	96.022	105.931	116.894	129.020	142.430	157.253	173.636	285.014	466.611
18	115.266	128.117	142.441	158.405	176.188	195.994	218.045	371.518	630.925
19	138.166	154.740	173.354	194.254	217.712	244.033	273.556	483.973	852.748
20	165.418	186.688	210.758	237.989	268.785	303.601	342.945	630.166	1,152.210
21	197.847	225.026	256.018	291.347	331.606	377.465	429.681	820.215	1,556.484
22	236.439	271.031	310.781	356.443	408.875	469.056	538.101	1,067.280	2,102.253
23	282.362	326.237	377.045	435.861	503.917	582.630	673.626	1,388.464	2,839.042
24	337.011	392.484	457.225	532.750	620.817	723.461	843.033	1,806.003	3,833.706
25	402.043	471.981	554.242	650.955	764.605	898.092	1,054.791	2,348.803	5,176.504
26	479.431	567.377	671.633	795.165	941.465	1,114.634	1,319.489	3,054.444	6,989.280
27	571.522	681.853	813.676	971.102	1,159.002	1,383.143	1,650.361	3,971.778	9,436.528
28	681.112	819.223	985.548	1,185.744	1,426.572	1,716.101	2,063.952	5,164.311	12,740.313
29	811.523	984.068	1,193.513	1,447.608	1,755.684	2,128.965	2,580.939	6,714.604	17,200.422
30	966.712	1,181.882	1,445.151	1,767.081	2,160.491	2,640.916	3,227.174	8,279.986	23,221.570
35	2,314.214	2,948.341	3,755.938	4,783.645	6,090.334	7,750.225	9,856.761	32,422.868	104,136.251
40	5,529.829	7,343.858	9,749.525	12,936.535	17,154.046	22,728.803	30,088.655	120,392.883	466,960.385

附表四　　　　　　　　年金現值系數表

n \ i (%)	1%	2%	3%	4%	5%	6%	7%	8%	9%
1	0.990	0.980	0.971	0.962	0.952	0.943	0.935	0.926	0.917
2	1.970	1.942	1.914	1.886	1.859	1.833	1.808	1.783	1.759
3	2.941	2.884	2.829	2.775	2.723	2.673	2.624	2.577	2.531
4	3.902	3.808	3.717	3.630	3.546	3.465	3.387	3.312	3.240
5	4.853	4.714	4.580	4.452	4.330	4.212	4.100	3.993	3.890
6	5.796	5.601	5.417	5.242	5.076	4.917	4.767	4.623	4.486
7	6.728	6.472	6.230	6.002	5.786	5.582	5.389	5.206	5.033
8	7.652	7.326	7.020	6.733	6.463	6.210	5.971	5.747	5.535
9	8.566	8.162	7.786	7.435	7.108	6.802	6.515	6.247	5.995
10	9.471	8.983	8.530	8.111	7.722	7.360	7.024	6.710	6.418
11	10.368	9.787	9.253	8.761	8.306	7.887	7.499	7.139	6.805
12	11.255	10.575	9.954	9.385	8.863	8.384	7.943	7.536	7.161
13	12.134	11.348	10.635	9.986	9.394	8.853	8.358	7.904	7.487
14	13.004	12.106	11.296	10.563	9.899	9.295	8.746	8.244	7.786
15	13.865	12.849	11.938	11.118	10.380	9.712	9.108	8.560	8.061
16	14.718	13.578	12.561	11.652	10.838	10.106	9.447	8.851	8.313
17	15.562	14.292	13.166	12.166	11.274	10.477	9.763	9.122	8.544
18	16.398	14.992	13.754	12.659	11.690	10.828	10.059	9.372	8.756
19	17.226	15.679	14.324	13.134	12.085	11.158	10.336	9.604	8.950
20	18.046	16.351	14.878	13.590	12.462	11.470	10.594	9.818	9.129
21	18.857	17.011	15.415	14.029	12.821	11.764	10.836	10.017	9.292
22	19.660	17.658	15.937	14.451	13.163	12.042	11.061	10.201	9.442
23	20.456	18.292	16.444	14.857	13.489	12.303	11.272	10.371	9.580
24	21.243	18.914	16.936	15.247	13.799	12.550	11.469	10.529	9.707
25	22.023	19.524	17.413	15.622	14.094	12.783	11.654	10.675	9.823
26	22.795	20.121	17.877	15.983	14.375	13.003	11.826	10.810	9.929
27	23.560	20.707	18.327	16.330	14.643	13.211	11.987	10.935	10.027
28	24.316	21.281	18.764	16.663	14.898	13.406	12.137	11.051	10.116
29	25.066	21.844	19.189	16.984	15.141	13.591	12.278	11.158	10.198
30	25.808	22.397	19.600	17.292	15.373	13.765	12.409	11.258	10.274
35	29.409	24.999	21.487	18.665	16.374	14.498	12.948	11.655	10.567
40	32.835	27.356	23.115	19.793	17.159	15.046	13.332	11.925	10.757

附表四（續）

n \ i (%)	10%	11%	12%	13%	14%	15%	16%	17%	18%
1	0.909	0.901	0.893	0.885	0.877	0.870	0.862	0.855	0.848
2	1.736	1.713	1.690	1.668	1.647	1.626	1.605	1.585	1.566
3	2.487	2.444	2.402	2.361	2.322	2.283	2.246	2.210	2.174
4	3.170	3.102	3.037	2.975	2.914	2.855	2.798	2.743	2.690
5	3.791	3.696	3.605	3.517	3.433	3.352	3.274	3.199	3.127
6	4.355	4.231	4.111	3.998	3.889	3.785	3.685	3.589	3.498
7	4.868	4.712	4.564	4.423	4.288	4.160	4.039	3.922	3.812
8	5.335	5.146	4.968	4.799	4.639	4.487	4.344	4.207	4.078
9	5.759	5.537	5.328	5.132	4.946	4.772	4.607	4.451	4.303
10	6.145	5.889	5.650	5.426	5.216	5.019	4.833	4.659	4.494
11	6.495	6.207	5.938	5.687	5.453	5.234	5.029	4.836	4.656
12	6.814	6.492	6.194	5.918	5.660	5.421	5.197	4.988	4.793
13	7.103	6.750	6.424	6.122	5.842	5.583	5.342	5.118	4.910
14	7.367	6.982	6.628	6.303	6.002	5.725	5.468	5.229	5.008
15	7.606	7.191	6.811	6.462	6.142	5.847	5.576	5.324	5.092
16	7.824	7.379	6.974	6.604	6.265	5.954	5.669	5.405	5.162
17	8.022	7.549	7.120	6.729	6.373	6.047	5.749	5.475	5.222
18	8.201	7.702	7.250	6.840	6.467	6.128	5.818	5.534	5.273
19	8.365	7.839	7.366	6.938	6.550	6.198	5.878	5.585	5.316
20	8.514	7.963	7.469	7.025	6.623	6.259	5.929	5.628	5.353
21	8.649	8.075	7.562	7.102	6.687	6.313	5.973	5.665	5.384
22	8.772	8.176	7.645	7.170	6.743	6.359	6.011	5.696	5.410
23	8.883	8.266	7.718	7.230	6.792	6.399	6.044	5.723	5.432
24	8.985	8.348	7.784	7.283	6.835	6.434	6.073	5.747	5.451
25	9.077	8.422	7.843	7.330	6.873	6.464	6.097	5.766	5.467
26	9.161	8.488	7.896	7.372	6.906	6.491	6.118	5.783	5.480
27	9.237	8.548	7.943	7.409	6.935	6.514	6.136	5.798	5.492
28	9.307	8.602	7.984	7.441	6.961	6.534	6.152	5.810	5.502
29	9.370	8.650	8.022	7.470	6.983	6.551	6.166	5.820	5.510
30	9.427	8.694	8.055	7.496	7.003	6.566	6.177	5.829	5.517
35	9.644	8.855	8.176	7.586	7.070	6.617	6.215	5.858	5.539
40	9.779	8.951	8.244	7.634	7.105	6.642	6.234	5.871	5.548

附表四（續）

n \ i (%)	19%	20%	21%	22%	23%	24%	25%	30%	35%
1	0.840	0.833	0.826	0.820	0.813	0.807	0.800	0.769	0.741
2	1.547	1.528	1.510	1.492	1.474	1.457	1.440	1.361	1.289
3	2.140	2.107	2.074	2.042	2.011	1.981	1.952	1.816	1.696
4	2.639	2.589	2.540	2.494	2.448	2.404	2.362	2.166	1.997
5	3.058	2.991	2.926	2.864	2.804	2.745	2.689	2.436	2.220
6	3.410	3.326	3.245	3.167	3.092	3.021	2.951	2.643	2.385
7	3.706	3.605	3.508	3.416	3.327	3.242	3.161	2.802	2.508
8	3.954	3.837	3.726	3.619	3.518	3.421	3.329	2.925	2.598
9	4.163	4.031	3.905	3.786	3.673	3.566	3.463	3.019	2.665
10	4.339	4.193	4.054	3.923	3.799	3.682	3.571	3.092	2.715
11	4.487	4.327	4.177	4.035	3.902	3.776	3.656	3.147	2.752
12	4.611	4.439	4.278	4.127	3.985	3.851	3.725	3.190	2.779
13	4.715	4.533	4.362	4.203	4.053	3.912	3.780	3.223	2.799
14	4.802	4.611	4.432	4.265	4.108	3.962	3.824	3.249	2.814
15	4.876	4.676	4.489	4.315	4.153	4.001	3.859	3.268	2.826
16	4.938	4.730	4.536	4.357	4.189	4.033	3.887	3.283	2.834
17	4.990	4.775	4.576	4.391	4.219	4.059	3.910	3.295	2.840
18	5.033	4.812	4.608	4.419	4.243	4.080	3.928	3.304	2.844
19	5.070	4.844	4.635	4.442	4.263	4.097	3.942	3.311	2.848
20	5.101	4.870	4.657	4.460	4.279	4.110	3.954	3.316	2.850
21	5.127	4.891	4.675	4.476	4.292	4.121	3.963	3.320	2.852
22	5.149	4.909	4.690	4.488	4.302	4.130	3.971	3.323	2.853
23	5.167	4.925	4.703	4.499	4.311	4.137	3.976	3.325	2.854
24	5.182	4.937	4.713	4.507	4.318	4.143	3.981	3.327	2.855
25	5.195	4.948	4.721	4.514	4.323	4.147	3.985	3.329	2.856
26	5.206	4.956	4.728	4.520	4.328	4.151	3.988	3.330	2.856
27	5.215	4.964	4.734	4.524	4.332	4.154	3.990	3.331	2.856
28	5.223	4.970	4.739	4.528	4.335	4.157	3.992	3.331	2.857
29	5.229	4.975	4.743	4.531	4.337	4.159	3.994	3.332	2.857
30	5.235	4.979	4.746	4.534	4.339	4.160	3.995	3.332	2.857
35	5.251	4.992	4.756	4.541	4.345	4.164	3.998	3.333	2.857
40	5.258	4.997	4.760	4.544	4.347	4.166	4.000	3.333	2.857

國家圖書館出版品預行編目(CIP)資料

財務管理 / 袁蘊 主編. -- 第一版. -- 臺北市：財經錢線文化出版：崧博發行, 2018.10

面；公分

ISBN 978-986-97059-2-9(平裝)

1.財務管理

494.7　　　107017674

書　名：財務管理
作　者：袁蘊 主編
發行人：黃振庭
出版者：財經錢線文化事業有限公司
發行者：崧博出版事業有限公司
E-mail：sonbookservice@gmail.com
粉絲頁　　　　　　　網　址：
地　址：台北市中正區延平南路六十一號五樓一室
8F.-815, No.61, Sec. 1, Chongqing S. Rd., Zhongzheng Dist., Taipei City 100, Taiwan (R.O.C.)
電　話：(02)2370-3310　傳　真：(02) 2370-3210
總經銷：紅螞蟻圖書有限公司
地　址：台北市內湖區舊宗路二段 121 巷 19 號
電　話：02-2795-3656　傳真：02-2795-4100　網址：
印　刷：京峯彩色印刷有限公司（京峰數位）

　　本書版權為西南財經大學出版社所有授權崧博出版事業有限公司獨家發行電子書及繁體書繁體版。若有其他相關權利及授權需求請與本公司聯繫。

定價：500元

發行日期：2018 年 10 月第一版

◎ 本書以POD印製發行